마 이 크 로 전 자 공 학 실 험

Microelectronics Laboratory

Third Edition

Sang Dae Yu
School of Electronics Engineering
Kyungpook National University
Daegu, South Korea

GB 가디언북

GuardianBook Publishing

마이크로전자공학실험 (제 3 판)

Microelectronics Laboratory (Third Edition)

저 자: 유상대 (경북대학교 전자공학부)
초판일: 2015년 8월 31일 (제 1 판)
발행일: 2017년 8월 31일 (제 2 판)
2021년 8월 31일 (제 3 판)
발행인: 이상령 (메일 gdpub@naver.com)
출판사: 가디언북 (전화 070-4226-8351)
등 록: 504-92-02859
정 가: 20,000원
ISBN 979-11-87021-10-0 93560

Published by GuardianBook Publishing, Daegu, South Korea.

Yu, Sang Dae.
Microelectronics Laboratory / Sang Dae Yu.
Includes bibliographical references and index.
ISBN 979-11-87021-04-9 93560
1. Electronic circuits. 2. Circuit laboratory. I. Title.

Printed in the Republic of Korea.

10 9 8 7 6 5 4 3 2 1

머리말

마이크로 전자공학 실험은 회로 이론에 기초하여 전자 회로의 기본적인 내용으로 구성되었다. 일반적으로 전자 회로를 이해하고 설계하기 위해 컴퓨터 이용 해석이 사용된다. 이를 위한 사실상의 표준인 Spice를 실험 1에서 다룬다. 실험 2에서는 저항기와 커패시터로 구성된 RC 회로에 대한 시간 영역과 주파수 영역의 동작을 정리하여 미분 방정식과 전달 함수의 관계를 다룬다. 실험 3에서 접합 다이오드의 전류 전압 특성을 학습하고 직류 특성을 측정하여 대신호와 소신호 등가 회로의 모델 파라미터들을 구한다. 실험 4에서 연산 증폭기의 기본적인 특성과 사용법을 학습하고 연산 증폭기를 사용한 증폭 회로의 실험을 통해 연산 증폭기의 회로 성능과 동작 원리를 체험한다. 실험 5에서는 다이오드 정류기와 전압 조정기의 기본 개념을 이해하고 실험을 통해 교류를 직류로 변환하는 직류 전원 공급기의 동작 원리를 체험한다. 실험 6에서는 공진 회로의 기본적인 개념을 학습하고 병렬 공진 회로의 전기적 특성에 관한 실험을 통하여 공진 회로의 원리를 이해한다. 그리고 공진 원리를 광석 라디오의 동조 회로에 적용하여 AM 방송을 수신한다.

실험 7에서 바이폴라 접합 트랜지스터의 동작 원리를 학습하고 직류 특성을 측정하여 직류와 소신호 등가 회로의 모델 파라미터들을 구한다. 실험 8에서 전계효과 트랜지스터의 전기적 특성을 측정하여 MOS 전계효과 트랜지스터의 동작 원리를 이해하고 직류 등가 모델의 파라미터를 구한다. 실험 9에서 MOSFET의 바이어스 원리와 안정화를 학습하여 바이어스 회로를 설계하고 동작점의 안정성을 관측한다. 그리고 전자 검전기를 실험해 본다. 실험 10에서 바이폴라 접합 트랜지스터를 바이어스하는 원리, 회로, 그리고 바이어스 안정화를 학습하고, 전압 분할기 바이어스 회로에 대해 동작점의 변화에 따른 증폭기 출력 파형의 변화를 관측한다. 실험 11에서 전계효과 트랜지스터의 소신호 동작과 등가 회로를 이해하고 공통 소스 증폭기와 공통 드레인 증폭기를 구성하여 증폭 현상을 관측하고 그 특성을 측정한다. 실험 12에서 바이폴라 접합 트랜지스터의 소신호 동작과 등가 회로를 이해하고 공통 이미터 증폭기를 구성하여 증폭 현상을 관측하며 그 특성을 측정한다. 이 증폭기에 공통 컬렉터 증폭기를 결합하여 스피커를 구동함으로써 오디오 증폭기의 동작을 관찰한다.

전자 회로 1의 표준적인 강의에서 첫 4주 동안 전자 회로의 기본 개념과 다이오드를 공부하고, 다음 4주 동안은 바이폴라 트랜지스터와 전계효과 트랜지스터의 특성과 직류 해석을 다룬다. 그리고 나머지 4주 동안 MOSFET와 BJT의 증폭기 구성을 학습한다. 이런 전자 회로 1의 진도를 고려하여 다음과 같은 실험 순서가 권장되지만 변경될 수도 있다.

(괄호 안에 표기한 주제는 개정판에 추가된 내용이다.)

1. Spice의 사용법
2. 저항기와 커패시터 회로
3. 다이오드의 특성 (접합 다이오드의 구조와 동작)
4. 연산 증폭기 회로 (비선형 발진기)
5. 다이오드 정류 회로 (푸리에 해석)
6. 공진 회로와 광석 라디오 (상호변조)
7. 바이폴라 트랜지스터의 특성
8. 전계효과 트랜지스터의 특성 (회로 감도)
9. 전계효과 트랜지스터의 바이어스 (몬테 카를로 해석)
10. 바이폴라 트랜지스터의 바이어스 (전압 전달 특성)
11. 전계효과 트랜지스터 증폭기
12. 바이폴라 트랜지스터 증폭기 (임피던스 변환기)

2021년 8월 21일

유상대

차례

실험 1

SPICE의 사용법

1.1 실험 목적

Spice의 간단한 사용법을 이해하여 전자 회로의 해석에 이용한다.

1.2 실험 해설

1.2.1 전자 회로의 컴퓨터 해석

일반적으로 전자 회로 설계는 시험용 회로를 제작하여 검증될 수 있다. 하지만 집적 회로 설계에는 다른 방법이 요구된다. 그것은 집적 회로의 전자 소자가 매우 작아 시험용 회로 기판에 구현하기 어렵고, 기생 성분의 차이로 테스트 결과도 본래의 회로와 다르게 된다. 이 문제는 시험용 집적 회로를 제작하면 해결될 수 있지만, 이 집적 회로를 테스트하려면 고가의 측정 장비를 사용해야 한다. 더구나 시험용 집적 회로 제작에는 많은 비용과 몇 주간의 시간이 요구된다.

전자 회로의 성능을 해석하거나 시뮬레이션하는 컴퓨터 프로그램은 전자 회로를 제작하기 전에 그 동작을 확인하거나 회로 성능을 개선할 새로운 아이디어를 검증하기 위한 간단하고 효율적인 수단이 될 수 있다. 그러한 컴퓨터 프로그램은 여러 가지 고집적 회로의 개발을 주도하면서 전자 산업을 혁신해 오고 있다. 그 결과 스마트폰이 개발되었으며 결국 매일 사용하는 아름다운 제품이 되었다. 그리고 Spice (Simulation Program with Integrated Circuit Emphasis)는 컴퓨터 이용 회로 해석을 위한 사실상의 산업 표준이 되었고 가장 널리 사용되고 있다. 이 소프트웨어는 1970년대 University of California, Berkeley에서 개발되었다. Spice에 기반을 둔 회로 시뮬레이션 프로그램은 HSPICE®, LTspice®, 그리고 PSpice® 등이 있다. 우리는 PSpice로 실험을 수행할 것이다.

원래는 Spice가 집적 회로를 해석하기 위해 개발되었으나 일반적인 회로 개념을 사용하므로 저항기, 커패시터, 인덕터, 그리고 종속 전원이나 독립 전원 등의 회로 소자를 사용하는 어떤 회로에도 적용될 수 있다. 현재에는 고전압 전기 네트워크, 귀환 제어 시스템, 그리고 전자 회로에 대한 열분포의 영향과 같은 응용 분야에도 Spice가 자주 이용된다.

컴퓨터 이용 설계 (CAD) 도구인 Spice는 컴퓨터로 전자 회로의 동작을 시뮬레이션하고 그 해석 결과를 확인하기 위해 출력할 수 있다. 이를 위해 신호 발생기 (signal generator)와 멀티미터 (multimeter), 오실로스코프 (oscilloscope), 커브 트레이서 (curve tracer), 그리고 스펙트럼 분석기 (spectrum analyzer)와 같은 소프트웨어 측정 장비들을 내장하고 있다.

1.2.2 회로 파일의 구성

Spice로 해석할 전자 회로는 연속적인 줄들로 구성된 회로 파일 (circuit file)로 기술될 수 있다. 이 파일은 **회로 표현**, **회로 해석**, 그리고 **신호 출**

력의 세 가지 주된 부분으로 구성된다. 표 1.1은 표준적인 회로 파일의 구성을 나타낸다. 회로 파일의 각 줄은 회로 소자, 제어 명령, 해석 종류, 또는 출력 신호 등을 기술하는 문 (statement)이다. 첫 번째 줄은 회로 파일의 내용은 간단히 기술하는 회로 제목으로 Spice에 의해 무시되지만 생략될 수 없다. 그 이유는 Spice가 첫 번째 줄은 무조건 무시하기 때문이다. 마지막 줄은 회로 파일의 끝을 표시하는 `.End` 문이 되어야 한다. 제목과 마지막 문을 제외한 문들의 순서는 중요하지 않다. 그리고 Spice는 회로 파일 내에서 대소문자를 구별하지 않는다. 예를 들면 `.End` 문은 `.END`로 대체할 수 있다. 첫 번째 문자가 더하기 기호 `+`로 시작하면 그 줄은 바로 앞줄의 연속을 나타내고, 첫 번째 문자가 별표 `*`로 시작하면 그 줄은 회로 파일에 설명을 부가하는 해설문을 의미한다.

표 **1.1** Standard format for a Spice circuit file

Title statement
Analysis description
Output description
Circuit description
Power supplies
Signal sources
Element descriptions
Model statements
+   Continued line
*   Comment line
`.End`

회로 파일에 있는 명칭, 숫자, 그리고 마디 번호와 같은 항목 (field)들은 하나 이상의 빈칸, 쉼표, 등호, 또는 좌우 괄호에 의해 분리된다. 그리고 추가된 빈칸은 무시된다. 명칭 항목은 A에서 Z까지의 문자로 시작하고 특수 문자를 포함하지 않아야 한다. 보통 처음 8 문자만 사용된다. 숫자 항목은 정수나 부동 소수점을 갖는 수를 과학적인 표기나 공학

적인 환산 단위를 사용하여 표현한다. 표 1.2는 회로 파일에 허용된 환산 단위를 나타낸다. 숫자 뒤에 오는 환산 단위가 아닌 문자들은 무시되며 환산 단위 뒤에 오는 문자들도 무시된다. 예를 들면 10, 10 V, 10 Volts, 그리고 10 Hz는 같은 숫자를 나타내며 G, GA, GV, 그리고 GHz는 같은 환산 단위를 나타낸다. 또한 1000, 1000.0, 1000 Hz, 1e3, 1.0e3, 1 k, 그리고 1 kHz는 모두 같은 수를 표현한다. 특히 커패시턴스 뒤에 오는 F는 단위 Farad가 아니고 femto를 나타낸다는 사실에 유의해야 한다. 그래서 1 F는 10^{-15} Farad를 표현하는 반면 1은 1 Farad를 표현한다.

표 **1.2** Scale factors used in a Spice circuit file

Scale factor	Meaning	Multiplying
T	tera	10^{+12}
G	giga	10^{+9}
Meg	mega	10^{+6}
k	kilo	10^{+3}
m	milli	10^{-3}
u	micro	10^{-6}
n	nano	10^{-9}
p	pico	10^{-12}
f	femto	10^{-15}

전자 회로의 각 마디 번호는 0에서 9999 사이의 적절한 정수로 지정되며 접지 마디는 0이 할당된다. Spice3에서는 마디 번호가 Spice2와 달리 숫자로 취급되지 않고 문자열인 명칭으로 취급된다. 그래서 문자열을 마디 명칭으로 사용할 수 있다. 예를 들면 '0'과 '00'은 숫자가 아닌 문자열이므로 두 표현은 다른 마디 명칭이 된다. 전송선 마디를 제외하고 모든 마디는 적어도 두 개의 회로 소자와 접속되어야 하므로 각 마디 번호는 회로 파일에 두 번 나타나야 한다. 또한 모든 마디는 접지 마디와 직류적으로 연결되어야 한다. 그렇지 않은 경우에는 그 마디와 접지 사이에 매우 큰 저항을 접속하여 그 직류 경로를 보장할 수 있다.

1.2.3 전자 회로의 표현

전자 회로의 각 소자는 소자문 (element statement)로 표현된다. 이 소자문은 소자 명칭, 접속된 마디들, 그리고 소자 크기를 포함한다. Spice는 독립 전원, 종속 전원, 수동 소자, 그리고 전자 소자로 분류되는 네 가지 종류의 회로 소자들을 인식한다. 소자 명칭의 첫 번째 문자는 소자 종류를 나타낸다. 소자 명칭 다음에 오는 항목들은 소자 종류에 따라 달라진다. 표 1.3은 기본적인 소자들과 그 명칭들의 첫 문자들을 나타낸다.

표 **1.3** Basic circuit elements used in a Spice circuit file

First letter	Circuit element
B	GaAs field-effect transistor (MESFET)
C	Capacitor
D	Junction diode
E	Voltage-controlled voltage source (VCVS)
F	Current-controlled current source (CCCS)
G	Voltage-controlled current source (VCCS)
H	Current-controlled voltage source (CCVS)
I	Independent current source
J	Junction field-effect transistor (JFET)
K	Coupled inductors
L	Inductor
M	MOS field-effect transistor (MOSFET)
Q	Bipolar junction transistor (BJT)
R	Resistor
V	Independent voltage source

수동 소자의 표현

그림 1.1은 임의의 저항기, 커패시터, 그리고 인덕터에 대한 소자문을 나타낸다. 각 소자문의 첫 항목은 회로 소자의 종류와 명칭을 표현한다.

다음 두 항목은 접속할 마디를 표시하며 소자 전류의 **기준 방향**은 n_1에서 n_2로 흐르는 전류의 방향이다. 그리고 소자 전압도 n_2에 대한 n_1의 전압을 기준으로 정한다. 에너지 저장 소자인 커패시터나 인덕터의 초깃값도 이런 기준에 따라 지정할 수 있다. 소자문의 네 번째 항목은 소자의 크기를 명기하기 위해 사용되며 저항 R, 커패시턴스 C, 그리고 인덕턴스 L의 단위는 각각 Ohms (Ω), Farads (F), 그리고 Henries (H)이다. 이 단위들은 주로 생략되지만 명확한 회로 파일 작성을 위해 부가될 수 있다. 보통 수동 소자의 크기는 양수이지만 음의 값을 지정할 수도 있다. 마지막 항목 ic는 소자의 초기 조건 (initial condition)을 명기하는 것이며 초깃값을 지정할 필요가 없으면 생략될 수 있다.

Element	Symbol	Spice description
R	n_1  n_2	Rname n_1 n_2 value
L	n_1  n_2	Lname n_1 n_2 value [ic = I_0]
C	n_1 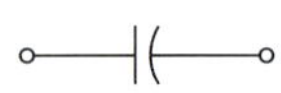 n_2	Cname n_1 n_2 value [ic = V_0]

그림 **1.1** Spice description for passive circuit elements R, L, and C. n_1 is the positive node and n_2 is the negative node. Fields between brackets are optional.

저항기 R_1의 크기가 3 kΩ이고 마디 1과 마디 2 사이에 접속된 경우에 이 저항기의 소자문은 다음과 같이 몇 가지로 기술될 수 있다.

```
R1   1   2   3k
R1   1   2   3kOhm
R1   1   2   3000
R1   1   2   3e3
```

커패시터 C_1의 크기가 3 μF이고 마디 1과 마디 2 사이에 접속된 경우에 이 커패시터의 소자문은 다음과 같이 몇 가지로 기술될 수 있다.

```
C1   1   2   3u
C1   1   2   3uF
C1   1   2   3e-6   ic = 0
```

독립 전원의 표현

보통 독립 전원들은 전압이나 전류 전원이고 그 크기가 일정한 직류 전원이거나 시간에 따라 변화하는 가변 전원일 수도 있다. 그림 1.2는 독립 전원들에 대한 소자문을 나타낸다. 마디들이 전압 전원의 극성과 전류 전원의 방향에 연관되므로 그 마디들의 순서는 정확하게 표현되어야 한다. 전원 모델들은 그 전원이 직류인지, 크기와 위상을 갖는 Index교류 전원인지, 또는 몇 가지 파라미터를 갖는 과도 전원인지를 지정한다.

Element	Symbol	Spice description
V	n_1 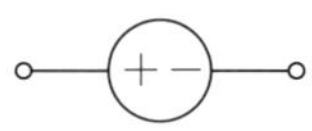 n_2	Vname n_1 n_2 models
I	n_1 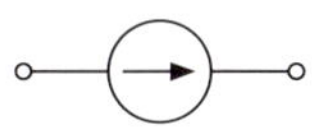 n_2	Iname n_1 n_2 models

그림 **1.2** Spice description for independent sources V and I. The models are dc, ac with magnitude and phase, or transient with amplitudes and other parameters.

독립 전원에 대한 대표적인 모델들이 표 1.4에 정리되어 있으며, 각 전원 모델이 사용되는 해석 종류도 명시되어 있다. 크기가 A_0인 직류 전원은 항상 일정한 크기로 직류, 교류, 그리고 과도 해석에 사용된다. 크기가 A_m이고 위상이 ϕ인 교류 전압 전원 V는 ac A_m ϕ로 표현되면서

$$\boxed{V = A_m \angle \phi \quad \text{(phasor)}} \tag{1.1}$$

를 의미하며 교류 해석에 사용된다. 보통 $A_m = 1$과 $\phi = 0$으로 설정하며, 위상이 명기되지 않으면 그 값은 0으로 간주된다. 감쇠를 포함하는 정현파 전압 신호는 다음과 같이 표현되며 과도 해석에 사용된다.

$$v(t) = \begin{cases} A_0 & \text{if } t \le t_d \\ A_0 + A_a e^{-(t-t_d)\theta} \sin\left[2\pi f(t - t_d)\right] & \text{if } t \ge t_d \end{cases} \tag{1.2}$$

마디 1과 접지 사이에 접속된 크기가 -1 V인 교류 신호의 소자문은

$V_i = -1 = 1\angle 180^\circ \rightarrow$ `vi 1 0 ac 1 180`

표 1.4 Typical source models used in a source statement

Source model	Analysis type
dc A_0	all types
ac A_m ϕ	ac small signal
sin A_0 A_a f t_d θ	transient
pulse A_1 A_2 t_d t_r t_f t_w t_p	transient
pwl t_1 A_1 t_2 A_2 $\cdots$ t_n A_n	transient

으로 기술되며, 단위가 V인 정현파 신호에 대한 소자문은 다음과 같다.

$$v_i(t) = 3\sin(2\pi 10^3 t) \quad \rightarrow \quad \texttt{vi 1 0 sin (0 3V 1kHz)}$$

주기적인 펄스 (pulse) 파형이나 신호는 펄스 전원 pulse로 표현된다. 초깃값 A_1과 펄스값 A_2는 지정되어야 하며, 지연 시간 t_d, 상승 시간 t_r, 하강 시간 t_f, 펄스폭 t_w, 그리고 펄스 주기 t_p는 기본값을 갖는다. 임의의 파형에서 한 점은 좌표 (시간 t_i, 크기 A_i)로 표현될 수 있다. 이러한 점들을 사용하여 전원이나 신호를 근사할 수 있으며, 두 점 사이의 중간 값들은 선형 보간 (linear interpolation)을 사용하여 근사된다. 이 전원 모델이 바로 구분적 선형 (piecewise linear) 전원 pwl이다.

선형 종속 전원의 표현

종속 전원은 한 포트 (port)의 전압이나 전류로 다른 포트의 전압이나 전류를 제어하는 전원이다. Spice에는 전압 제어 전압원 (VCVS), 전압 제어 전류원 (VCCS), 전류 제어 전압원 (CCVS), 그리고 전류 제어 전류원 (CCCS)와 같은 네 가지 종류의 선형 종속 전원들이 사용된다. 이 종속 전원들은 트랜지스터나 전자 회로로 실현될 수 있다. 그림 1.3은 선형 종속 전원들에 대한 소자문을 나타낸다. 전압 제어 전원의 제어 전압은 두 마디 n_3와 n_4 사이의 전압이므로 그 전압은 마디들의 번호를 사용하여 간단히 얻어진다. 전류 제어 전원에서는 제어 전류를 얻기 위해 크기가

0인 전압원 v_c가 제어 전류가 흐르는 가지에 사용된다. 제어 전류의 기준은 전압원의 양의 마디에서 전압원을 통해 음의 마디로 흐르는 방향이다. 이 전류 측정용 전압원은 크기가 0이므로 회로 동작에는 아무런 영향을 주지 않는다. 소자문의 마디들이 전압 전원의 극성과 전류 전원의 방향에 연관되므로 그 마디들의 순서는 정확하게 표현되어야 한다.

Element	Symbol	Spice description
VCVS	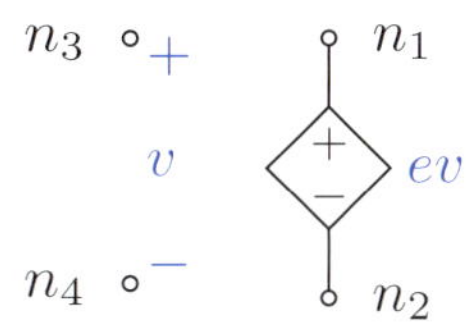	Ename n_1 n_2 n_3 n_4 e (e = voltage gain)
VCCS	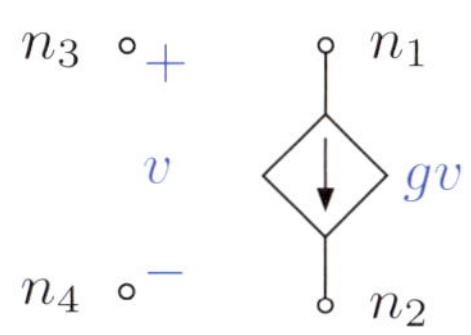	Gname n_1 n_2 n_3 n_4 g (g = transconductance)
CCCS	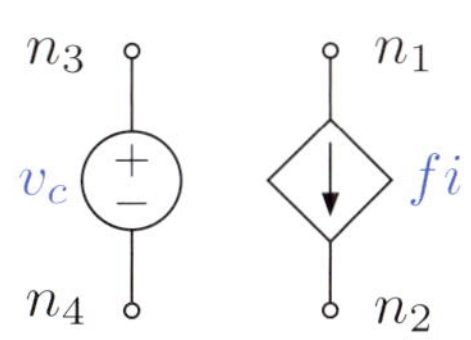	Fname n_1 n_2 v_c f v_c n_3 n_4 0 (f = current gain)
CCVS	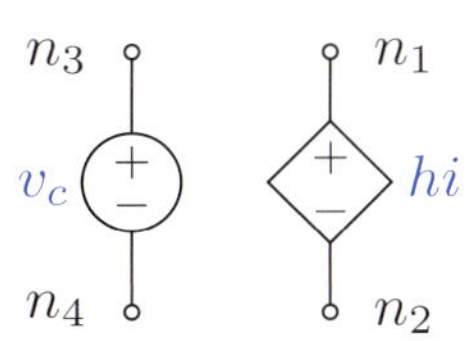	Hname n_1 n_2 v_c h v_c n_3 n_4 0 (h = transresistance)

그림 **1.3** Spice description for four linear dependent sources. The CCCS and CCVS are both described using two Spice statements. v_c is the name of a voltage source through which the controlling current i flows from node n_3 to node n_4.

전자 소자의 표현

전자 소자에 대한 표현은 수동 소자와 유사하다. 주된 차이는 전자 소자의 모델 명칭이 수반되는 점이다. 그림 1.4는 대표적인 전자 소자인 다이오드 (diode), 바이폴라 접합 트랜지스터 (BJT), 그리고 금속 산화물 반도체 전계효과 트랜지스터 (MOSFET)에 대한 소자문을 나타낸다. 여기서 다이오드의 n_A와 n_C는 애노드와 캐소드 단자들이고 BJT의 n_C, n_B, n_E, 그리고 n_S는 컬렉터, 베이스, 이미터, 그리고 기판 단자들이며 MOSFET의 n_D, n_G, n_S, 그리고 n_B는 드레인, 게이트, 소스, 그리고 기판 단자들이다. 소자문의 mod는 각 소자의 모델 명칭으로 .model로 시작하는 모델문에 명기되어야 한다. 이 모델문은 전자 소자의 종류와 여러 가지 모델 파라미터들의 설정으로 표현된다. 그리고 area는 등가 병렬 소자의 수를 표현하기 위해 사용된다. 이 인자가 생략되면 그 값은 1로 가정된다. W와 L은 MOSFET의 채널 폭과 길이를 의미한다. 부록 A Spice 사용자 안내서에서 전자 소자의 모델에 관한 자세한 내용을 알 수 있다.

Element	Symbol	Spice description
Diode	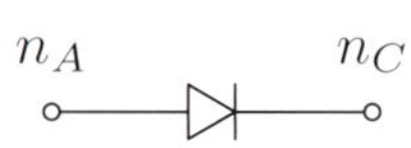	Dname n_A n_C mod area .model mod D ($\cdots$)
BJT	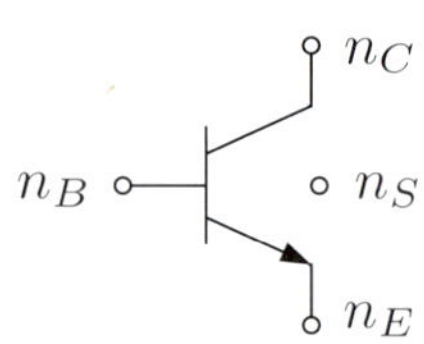	Qname n_C n_B n_E [n_S] mod area .model mod NPN ($\cdots$)
MOSFET	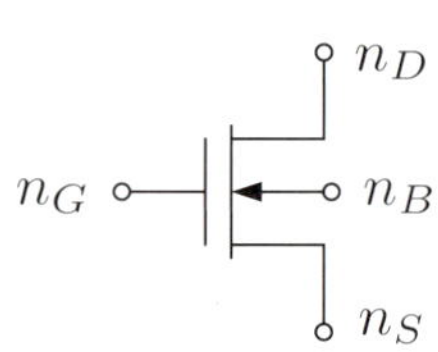	Mname n_D n_G n_S n_B mod W L .model mod NMOS ($\cdots$)

그림 **1.4** Spice description for typical electronic devices. The substrate node n_S is used for modeling the BJT substrate junction and its default is the ground node.

1.2.4 회로 해석과 신호 출력

대표적인 회로 해석 종류는 **직류 해석** (dc analysis), **교류 소신호 해석** (ac small signal analysis), 그리고 **과도 해석** (transient analysis)로 분류된다. 표 1.5는 이런 해석에 대한 해석문들을 나타낸다. 가장 기본적인 해석은 직류 동작점 (operating point) 해석이다. 이 해석에서 모든 인덕터는 단락되고 커패시터는 개방된다. 동작점 해석은 .op로 표현되며 직류 마디 전압들과 가지 전류들, 전자 소자들의 소신호 파라미터들, 그리고 직류 전원들의 전력 소모를 계산하여 자동적으로 출력 파일에 기록한다. 그리고 교류 소신호 해석에서 비선형 전자 소자들의 선형 소신호 모델을 구하거나 과도 해석에서 전자 회로의 초기 조건을 결정하기 위해 직류 동작점 해석은 자동적으로 수행된다. 수렴이 어려운 회로의 동작점을 얻기 위한 초기 마디 전압들은 .nodeset 문으로 지정될 수 있다.

표 **1.5** Typical analysis statements and two lines for setting initial conditions

Analysis type	Analysis statement
Dc operating point	.op
Dc transfer function	.dc source start stop step [source$_2$ $\cdots$]
Ac small signal	.ac sweep points start stop
Transient	.tran step stop [start tmax] [uic]
Initial node voltages	.nodeset $v(n_1)$ = value$_1$ $v(n_2)$ = value$_2$ $\cdots$
Transient initial conditions	.ic $v(n_1)$ = value$_1$ $v(n_2)$ = value$_2$ $\cdots$

직류 전달 함수 (transfer function)은 직류 전원의 크기 변화에 대한 직류 출력 신호의 변화로 정의된다. 이 경우에 모든 인덕터는 단락하고 커패시터는 개방하여 직류 전원의 크기에 따라 직류 동작점이 구해진다. 이 해석이 바로 직류 전달 함수를 구하는 .dc 해석이다. 파라미터 source는 변화되는 직류 전원 명칭이고 start, stop, 그리고 step은 그 전원의 크기에 대한 시작, 종료, 그리고 간격이다. 선택적으로 두 번째 전원에 대한 변화도 같은 방법으로 지정될 수 있다. 이 경우에는 두 번째 전원의 각 크기에 대해 첫 번째 전원의 크기를 변경하면서 동작점 해석을

수행한다. 이 선택 사항은 전자 소자의 특성 곡선들을 얻기 위해 유용하게 사용된다. 이 기법이 바로 소프트웨어 커브 트레이서 기능이다.

교류 소신호 해석에서는 입력 신호 주파수의 변화에 대한 출력 신호의 크기와 위상, 즉 신호 전달 함수인 주파수 응답 (frequency response)를 계산한다. 이 해석을 수행하기 전에 Spice는 직류 동작점을 먼저 구하여 모든 비선형 소자를 각각의 소신호 모델로 표현한다. 그 결과 얻어진 선형 소신호 등가 회로에 대해서 교류 소신호 해석을 수행한다. 이 해석은 .ac로 표현되며, sweep은 dec (decade), oct (octave), 그리고 lin (linear)와 같은 주파수 변화의 유형을 갖는다. 보통 주파수 범위가 좁을 때는 선형 변화를 사용하고 주파수 범위가 넓을 때는 대수적 변화를 사용한다. points는 각 주파수 변화 유형에 대한 해석점의 수이고 start와 stop은 각각 교류 소신호 해석의 시작과 종료 주파수이다.

과도 해석은 시간의 함수로 출력 신호를 계산하는 .tran 해석이다. 이 해석이 소프트웨어 오실로스코프를 위한 기능이다. 이 해석은 항상 시간 0에서 시작하여 stop에서 종료한다. 구간 (0, start)의 해석 결과는 저장되지 않는다. 구간 (start, stop)의 해석 결과는 저장되어 출력될 수 있다. step은 해석 결과의 출력 시간 간격이고, tmax는 Spice가 미분 방정식의 해를 구하는 과정에 사용하는 최대 시간 간격을 나타내며 해석 결과의 정확도에 연관된다. 보통 이 간격은 자동적으로 정해지지만 해석 결과나 출력 파형에 오차가 커지면 작은 간격으로 지정할 수 있다. 그러면 회로 해석에 더 많은 시간이 요구된다. 파라미터 uic (use initial conditions)가 과도 해석문에 명기되면 Spice는 직류 동작점 해석을 수행하지 않고 .ic 문에 명기된 마디 전압들을 과도 해석을 위한 초기 조건의 계산에 사용한다. 하지만 .tran 문에 uic가 명기되지 않으면 .ic 문의 마디 전압들은 동작점 해석의 초기 마디 전압들로 사용된다. 그리고 소자문에 명기된 ic 파라미터가 .ic 문보다 더 우선한다.

회로 해석이 종료되면 Spice는 많은 회로 데이터를 산출한다. 오실로스코프를 사용하여 회로 마디의 전압을 관측하는 것처럼 .print나 .plot 문들을 사용하여 회로의 전압이나 전류를 인쇄하거나 그릴 수 있다. 이 문들은 마치 오실로스코프의 측정 프로브 (probe)와 같다. 표 1.6은 이런 출력문들의 형식을 나타낸다. 회로 시뮬레이션에 사용된 독립 변수, 즉 시간이나 주파수와 연관되는 analysis는 해석 종류인 dc, ac, 또는 tran을 나타내며 variables는 회로의 전압이나 전류와 연관되는 출력 변수들을 표현한다. 그리고 lower와 upper는 출력 변수의 하한과 상한을 제한하는 값들이다. .probe 문은 PSpice나 LTspice에서 해석한 회로의 마디 전압들이나 가지 전류들을 그래프로 처리하기 위해 프로브 파일로 저장하는 명령이다. 이 명령은 Spice3에서는 무시된다. 파라미터 variables에 변수들이 지정되지 않으면 모든 회로 전압이나 전류의 값들이 파일에 저장된다. 그렇지 않으면 지정된 변수들만 파일에 저장된다. 이 경우에는 프로브 파일의 크기가 작아지고 처리 시간도 단축된다.

표 **1.6** Typical output statements used in a Spice circuit file

Output type	Output statement
Print data points	.print analysis variables
Plot data points	.plot analysis variables [lower, upper]
Graphics postprocessor	.probe [variables]

일반적으로 직류 해석이나 과도 해석의 출력문에 사용되는 전압 변수는 두 마디 사이의 전압 차이인 $v(n_1, n_2)$로 표현된다. 마디 n_2가 생략되면 그 마디는 접지를 의미한다. 그러므로 $v(n_1, n_2) = v(n_1) - v(n_2)$인 관계가 성립한다. 그리고 출력문에 사용되는 전류 변수는 독립 전압 전원의 전류로 나타낸다. 양의 전원 단자에서 그 전압 전원 v_s를 통해 흐르는 전류 변수는 $i(v_s)$로 표현된다. 전압 전원이 없는 특정한 가지의 전류를 출력하려면 크기가 0인 전압 전원을 이 가지와 직렬로 추가하고 이 전류 측정용 전압원의 전류를 출력한다. 이 전원은 크기가 0이므로 회로 동작에는 아무런 영향을 주지 않는다. 교류 해석에서는 변수들이 크기와 위상을 갖는 페이저 (phasor)이며 실수부와 허수부를 갖는 복소수로도 표현될 수도 있다. 표 1.7은 교류 해석의 출력 변수들을 표현하기 위한 대표적인 접미사들을 나타낸다. 출력문에 사용되는 이러한 변수 표현들은 Spice2에서 지원되는 기본적인 표현이며 다른 회로 시뮬레이터에서는 다양한 변수 표현들이 제공된다.

표 1.7 Typical augmented suffixes for output variables of ac analysis

Suffix	Meaning	Example
m	Peak magnitude	$\mathrm{vm}(2) = \lvert V_2 \rvert$
p	Phase in degrees or radians	$\mathrm{vp}(2) = \angle V_2$
db	Peak magnitude in decibels	$\mathrm{vdb}(2) = 20\log(\lvert V_2 \rvert)$
r	Real part	$\mathrm{vr}(2) = \Re(V_2)$
i	Imaginary part	$\mathrm{vi}(2) = \Im(V_2)$

1.3 예비 문제

1. 마디 1과 3 사이에 연결된 2 MΩ 저항기 R_1의 소자문을 작성하라.
2. 마디 3과 5 사이에 연결된 50 fF 커패시터 C_1의 소자문을 작성하라.
3. 마디 1과 접지 사이에 접속된 크기가 1 V이고 위상이 0°인 교류 신호 V_1의 Spice 소자문을 작성하라.
4. 마디 1과 접지 사이에 접속된 정현파 신호 $v_i(t) = 10\sin(2\pi 60t)$ V에 대한 소자문을 작성하라.
5. 마디 1과 접지 사이에 접속된 펄스 신호 v_p는 초기 전압 0 V, 펄스 전압 5 V, 지연 시간 3 ns, 상승 시간 2 ns, 하강 시간 2 ns, 폭 8 ns, 그리고 주기 20 ns를 갖는다. 이 신호의 파형을 그리고 소자문을 작성하라.

1.4 실험 부품 및 장비

부품 및 장비	규격 및 기능	수량
개인용 컴퓨터	Windows XP or later	1
회로 시뮬레이터	PSpice 9.1, LTspice*, or Spice3	1

*LTspice는 실험에 필요한 배치 모드 (batch mode)를 지원하지 않는다.

1.5 실험 내용

1. 설치 폴더는 `C:\Cad`로 입력하고 프로그램 폴더는 `PSpice`로 입력하면서 PSpice를 설치하라.[†] 윈도우 환경 변수의 사용자 변수 Path에 이 프로그램 폴더가 포함되도록 설정하라. 이 변수의 경로는 시작 > 컴퓨터 (우클릭) > 속성 > 고급 시스템 설정 > 고급 > 환경 변수 > 사용자 변수 (Path)이다. 이 변수에 `;C:\Cad\PSpice`를 추가하거나 설정하라.

2. 그림 1.5의 회로 파일 `vsrc.cir`을 `C:\Cad\Lab` 폴더에 메모장을 사용하여 다음과 같이 작성하고 명령 프롬프트를 그 폴더로 이동하라.

```
A source and resistors
.op
Vi  1  0  dc  2v
R1  1  2  1k
R2  2  0  1k
.end
```

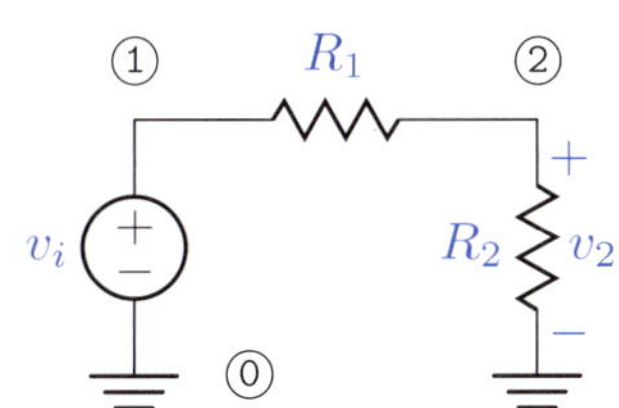

그림 **1.5** 저항기로 구성된 전압 분할기. 원으로 싸인 수는 마디 번호이다.

3. 명령 창에서 다음과 같이 회로 파일 `vsrc.cir`의 해석을 수행하라.

```
C:\Cad\Lab> pspice -e -r vsrc.cir -o vsrc.out
```

4. 메모장으로 출력 파일 `vsrc.out`를 열어라. 저항기 R_2 양단 전압이 1 V인 것을 확인하라. 직류 전원 `Vi`의 전류와 전력 소모를 기록하고 전류가 음인 이유를 명확히 검토하라. ($I_i =$ mA, $P_i =$ mW)

[†] 설치가 필요한 경우에만 설치하며 환경 변수의 설정은 윈도우에 따라 약간씩 다르다.

5. 경로 시작 > 모든 프로그램 > PSpice > PSpice AD를 통해 PSpice를 수행하라. 그리고 File > Open을 통해 회로 파일 `vsrc.cir`을 연다.

6. 클릭 Simulation > Run vsrc를 통해 회로 해석을 수행한다. 왼쪽 아래 출력 창에 `no errors`가 있는 것을 확인하라. 회로 파일 창에서 고의로 다음 오류를 만들어 File > Save로 저장하고 해석을 수행하라.

```
R1  2  3  1k
```

시뮬레이션 메인 창의 출력 파일에 `ERROR`가 나타나는 것을 확인하라. 이 오류의 원인을 검토하라. 오류는 회로 파일 창에서 수정하고 저장해야 한다. 회로 파일은 View > Circuit File을 클릭하면 메인 창에 나타나고 출력 파일은 View > Output File을 클릭하면 나타난다.

7. 회로 파일에 교류 전원을 추가하라. 또한 해석문을 `.ac`로 수정하고 출력문을 다음과 같이 추가하라. 그리고 회로 해석을 수행하라.

```
A source and resistors
*.op
.ac dec 10 100Hz 1kHz
.print  ac  vdb(2) vp(2)
Vi  1  0  dc  2v  ac  1v  30
R1  1  2  1k
R2  2  0  1k
.end
```

주파수 1 kHz에서 V_2의 크기와 위상을 출력 파일에서 확인하라.

$$|V_2| = \qquad \text{dB}, \quad \angle V_2 = \qquad ^\circ$$

이 값들을 마디 2에 대한 다음 전달 함수로 계산한 결과와 비교하라.

$$\frac{V_2}{V_i} = \frac{R_2}{R_1 + R_2} = 0.5 \tag{1.3}$$

8. 회로 파일에 sin 과도 전원을 추가하라. 또한 해석문을 `.tran`으로 수정하고 다음과 같은 출력문을 추가하여 회로 해석을 수행하라.

```
A source and resistors
*.op
*.ac dec 10 100Hz 1kHz
*.print  ac  vdb(2) vp(2)
.tran   10n  4m
.print  tran v(1) v(2)
.probe
Vi  1   0   dc  2v  ac  1v  30
+           sin 0 5V 1kHz
R1  1   2   1k
R2  2   0   1k
.end
```

오른쪽 아래 상태 창에서 과도 해석이 종료되면 Trace > Add Trace > Trace Expression에 `V(1) V(2)`를 입력하고 OK 버턴을 클릭하라. 그 다음 Trace > Cursor > Display로 프로브 창에 프로브 커서 (cursor)를 표시하고 방향키들을 사용하여 v_i와 v_2의 진폭을 관측하라.

$$V_i = \qquad \text{V}, \quad V_2 = \qquad \text{V}$$

프로브 창의 파형들로부터 정현파 전압 $v_i(t)$와 $v_2(t)$를 표현하라. 시간 영역에서도 전달 특성 $v_2 = 0.5v_i$가 성립하는지를 확인하라.

9. 회로 파일의 sin 과도 전원에 다음과 같이 파라미터들을 추가하라.

```
Vi  1   0   dc  2v  ac  1v  30
+           sin 0 5V 1kHz
+           0.5m 0.3k 0
```

회로 해석을 수행하고 지수적으로 감쇠된 정현파를 감상하라. 프로브 커서를 이용하여 이 정현파의 지연 시간 t_d와 0.9 ms에서 v_2의 값을 관측하고 기록하라. 회로 파일의 신호를 검출하는 `.probe` 문을 사용한 이 관측 기법은 소프트웨어 오실로스코프로 생각할 수 있다.

$$t_d = \qquad \text{ms}, \quad v_2(0.9\,\text{ms}) = \qquad \text{V}$$

10. 저항기와 커패시터의 직류 특성을 구하기 위한 회로 파일 rc.cir을 작성하라. 전압 전원 VR과 VC는 저항기와 커패시터로 흐르는 전류를 각각 측정하기 위한 측정용 전압 전원들이다. PSpice에서는 이런 전원을 사용하지 않고 회로 소자의 전류를 직접 측정할 수도 있다.

```
A resistor and capacitor
.dc Vi -5v  5v 0.1v
.print  dc  i(VR) i(VC)
.probe
Vi  1   0   dc  0v  ac  1v  0
+           sin 0 3V 1kHz
R1  1   2   1k
VR  2   0   dc  0v
C1  1   3   1u
VC  3   0   dc  0v
.end
```

회로 해석을 수행하고 직류 해석이 종료되면 Trace > Add Trace > Trace Expression에 i(VR) i(VC)를 입력하고 OK 버턴을 클릭하라. 저항기와 커패시터의 특성이 $i = G_i v_i$인 직선인가를 확인하라. 두 소자에 대한 비례 상수 G_i의 크기를 측정하여 기록하라.

$$G_R = \qquad \text{mS}, \quad G_C = \qquad \text{mS}$$

비례 상수들 G_R과 G_C의 물리적인 의미를 검토하라.

11. 회로 파일 rc.cir의 해석과 출력 표현을 다음과 같이 수정하라.

```
.tran   20u  2m  0  10u
.print  tran v(1) i(VR) i(VC)
```

회로 해석을 수행하고 과도 해석이 종료되면 Trace > Add Trace > Trace Expression에 v(1)/200 i(VR) i(VC)를 입력하여 파형들을 표시하라. 정현파 신호 v_i에 대한 전류 신호들 i_R과 i_C를 관측하여

그림 1.6에 기록하고 각 신호의 진폭도 측정하여 기록하라. 그리고 저항기와 커패시터의 전류 전압 관계식들이 각각 만족되는가?

$$V_i = \qquad \text{V}, \quad I_R = \qquad \text{mA}, \quad I_C = \qquad \text{mA}$$

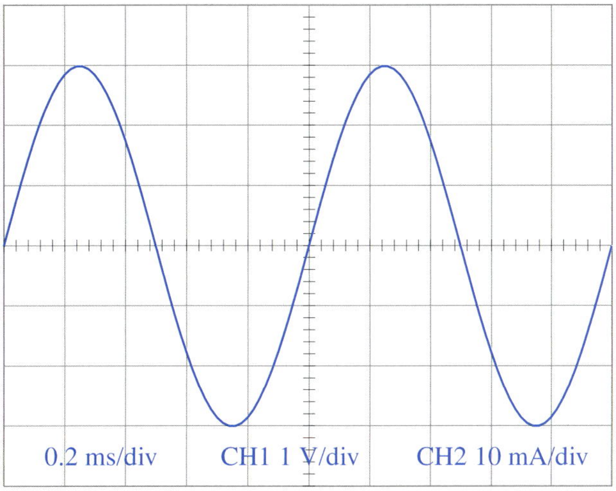

그림 **1.6** 입력 정현파, 저항기의 전류, 그리고 커패시터의 전류에 대한 파형.

12. 그림 1.7에서 $v_i = \sin(2\pi 10^9 t)$ mV, $r_\pi = 1\,\text{k}\Omega$, $g_m = 30\,\text{mS}$, 그리고 $r_o = 50\,\text{k}\Omega$이다. 이 회로를 Spice 소자문들로 표현하는 회로 파일을 작성하고 그 파일을 해석하여 출력 신호 전압 $v_o(t)$를 표현하라.

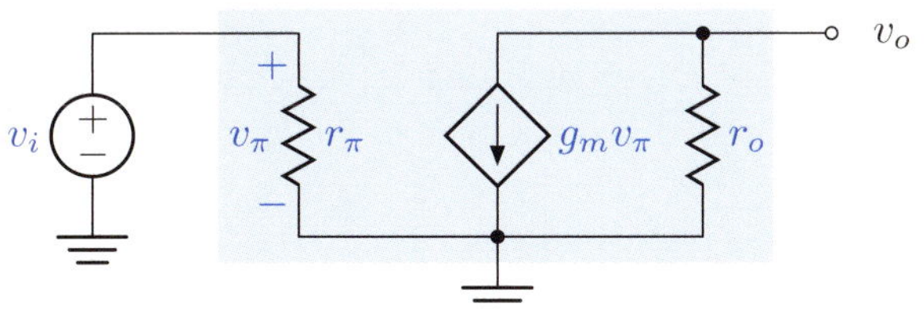

그림 **1.7** 신호 전원과 전압 제어 전류원이 있는 회로.

13. 앞으로 주어지는 연습 문제나 예비 문제를 풀기 위한 회로 해석을 수행할 개인용 컴퓨터에 PSpice를 설치할 수 있는 과정을 준비하라.

1.6 연습 문제

1. 실험 10에서 측정한 기울기를 사용하여 저항기의 크기 R을 구하라. 그리고 커패시터의 특성에서 기울기 G_C가 0인 이유를 설명하라.

2. 실험 11에서 입력 정현파는 $v_i(t) = 3\sin(2\pi ft)$ V로 표현된다. 저항기 전류 $i_R(t)$와 커패시터 전류 $i_C(t)$의 표현식을 측정한 진폭을 사용하여 기술하라. 그리고 회로 이론으로 $i_R(t)$와 $i_C(t)$를 구하여 비교하라. 커패시터 전류는 그 전압의 미분에 정말로 비례하는가?

3. 회로 파일을 해석하여 펄스의 지연을 관측하고 지연 시간을 구하라. 지연 시간 t_d는 펄스 진폭의 0%에서 50%까지 상승하는 시간이다.

```
An RC delay circuit
.tran   20u  2m  0  10u  uic
.print  tran v(1) v(2)
.probe
Vi  1   0   dc  0v
+           pulse 3v 0v 0.5m 1n 1n 0.5m 1m
R1  1   2   1k
C1  2   0   0.1u  ic = 0v
.end
```

참고 문헌

1. *PSpice A/D Reference Guide*, Cadence Design Systems, Inc.
2. C. K. Alexander and M. N. O. Sadiku, *Fundamentals of Electric Circuits*, 2013.
3. L. W. Nagel and D. O. Pederson, "SPICE: Simulation program with integrated circuit emphasis," Memo. No. UCB/ERL M382, Electronics Research Laboratory, University of California, Berkeley, April 1973, online.

切

실험 2

저항기와 커패시터 회로

2.1 실험 목적

RC 적분기와 RC 미분기의 동작 특성을 이해하고 실험으로 확인한다.

2.2 실험 해설

기본적으로 저항기와 커패시터 회로는 간단하지만 중요한 회로이다. 이 회로에는 신호를 나타내는 전압과 전류가 있고 시간과 복소 주파수도 있으며, 더불어 미분과 적분이 수반되고 옴의 법칙과 전압 법칙에 의해 구성되는 방정식도 있다. 이러한 개념을 이해하기 위해 우리는 지금까지 많은 시간을 할애해 왔다. 지난 실험에서 시뮬레이션을 통해 이 저항기 R과 커패시터 C의 회로 동작을 확인하였다. 이제 이런 개념들을 이론적으로 확인하고 실제적인 실험을 통해 정확히 인식한다면 R과 C가 있는 여러 가지 전자 회로의 동작을 더욱 잘 이해할 수 있을 것이다.

2.2.1 RC 회로의 시간 영역 동작

시간 영역에서 저항기의 전압과 전류의 관계는 Ohm의 법칙에 의해

$$v(t) = Ri(t) \tag{2.1}$$

로 주어진다. 커패시터의 전하와 전압은 $q = Cv$로 연관되므로 시간 영역에서 커패시터의 전압과 전류의 관계는 $i \equiv dq/dt$로부터 구해진다.

$$\boxed{i(t) = C\frac{dv(t)}{dt}} \tag{2.2}$$

그림 2.1에 주어진 RC 적분기 회로에 전압 법칙을 적용하면

$$v_i(t) = RC\frac{dv_o(t)}{dt} + v_o(t) \tag{2.3}$$

와 같은 미분 방정식이 얻어진다. 급변하는 전압에 대해 미분항이 크므로 결국 출력 전압은 작아진다. 이 사실은 고속 신호나 고주파 전압은 출력에 잘 나타날 수 없다는 것을 의미한다. 반면에 직류 전압이나 저주파 신호는 미분값이 0이거나 작으므로 출력에 거의 그대로 나타난다. 입력 전압이 주기가 $T \ll RC$인 고주파 신호이면 오른쪽 변의 출력 전압항은 무시된다. 그 결과 회로 방정식은 다음과 같이 근사된다.

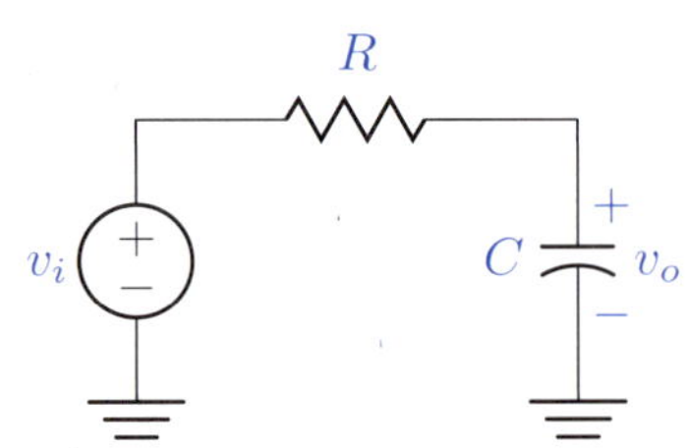

그림 **2.1** 시간 영역의 RC 적분기.

$$v_i(t) \simeq RC\frac{dv_o(t)}{dt} \tag{2.4}$$

이 식의 양변을 시간 0에서 t까지 적분하고 초기 조건 $v_o(0) = 0$을 적용하면 출력 전압은 입력 전압의 적분에 비례하는 함수로 표현된다.

$$v_o(t) \simeq \frac{1}{RC}\int_0^t v_i(t)\,dt \tag{2.5}$$

여기서 시정수 (time constant) $\tau_i \equiv RC$는 적분기 시정수이다. 이러한 회로 동작에 기인하여 이 직렬 회로를 RC **적분기**라고 부른다.

적분기 입력 전압이 주기가 1 ms인 구형파일 때 그림 2.2는 시정수에 대한 RC 적분기의 특성을 나타낸다. 출력 전압은 입력 전압의 적분값

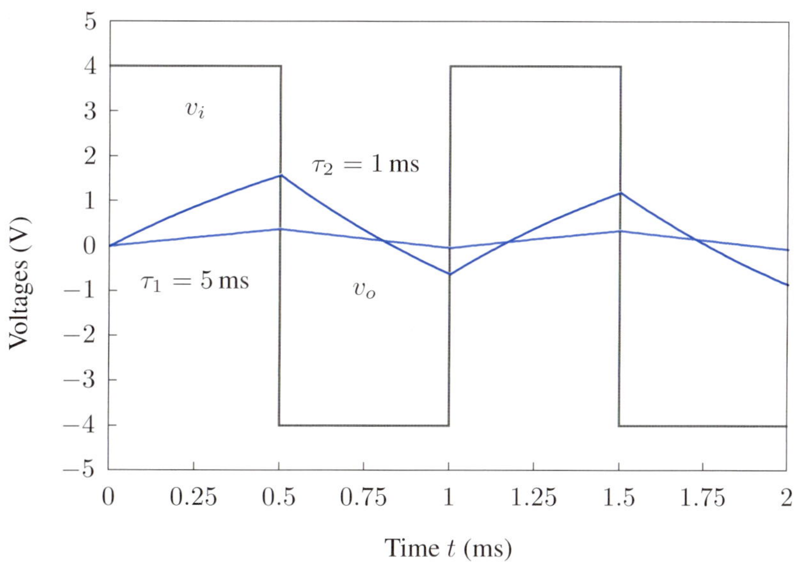

그림 **2.2** 입력 전압이 1 kHz 구형파일 때 시정수에 대한 RC 적분기의 특성.

에 의존하는 삼각파이며, 커패시터 직류 전압이 저항기를 통해 방전하므로 출력 전압의 평균값인 직류 전압은 서서히 0 V로 감소한다. 적분기 시정수가 주기보다 큰 ($\tau_1 > T$) 경우에는 출력 전압은 비교적 양호한 적분 특성을 나타내지만 출력 전압의 크기는 작아진다. 반면에 적분기 시정수가 주기와 같아지면 ($\tau_2 = T$) 출력 전압은 지수적 특성이 우세하여 적분 특성은 저하되지만 출력 전압의 크기는 증가한다. 따라서 적절한 적분 특성과 출력 크기를 갖도록 RC 적분기를 설계해야 한다.

그림 2.3에 주어진 RC 미분기 회로에 옴의 법칙을 적용하여 정리하면

$$RC\frac{dv_i(t)}{dt} = RC\frac{dv_o(t)}{dt} + v_o(t) \tag{2.6}$$

와 같은 미분 방정식이 얻어진다. 변화가 느린 전압에 대해 미분항이 작으므로 결국 출력 전압은 작아진다. 이 사실은 저속 신호나 저주파 전압

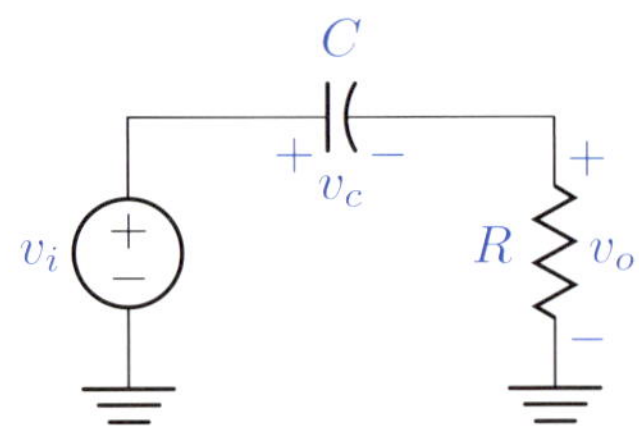

그림 **2.3** 시간 영역의 RC 미분기.

은 출력에 잘 나타날 수 없다는 것을 의미한다. 반면에 고속 신호나 고주파 전압은 미분값이 크므로 출력에 잘 나타날 수 있다. 입력 전압이 주기가 $T \gg RC$인 저주파 신호이면 오른쪽 변에 있는 출력 전압의 미분항은 무시된다. 그 결과 회로 방정식은 다음과 같이 근사된다.

$$\boxed{v_o(t) \simeq RC\frac{dv_i(t)}{dt}} \tag{2.7}$$

이 함수는 출력 전압이 입력 전압의 미분에 비례하는 사실을 나타낸다. 여기서 시정수 $\tau_d \equiv RC$는 미분기 시정수이다. 이러한 시간 영역의 회로 동작에 기인하여 이 직렬 회로를 RC **미분기**라고 부른다.

미분기 입력 전압이 주기가 1 ms인 구형파일 때 그림 2.4는 시정수에 대한 RC 미분기의 특성을 나타낸다. 출력 전압은 입력 전압의 미분에 연관된 뾰족파이다. 입력 전압이 급변하는 시간에서 미분값이 큰 반면 입력 전압이 변하지 않는 시간에서는 미분값이 작다. 이론적으로는 구형파의 가장자리에서 미분값은 $\pm\infty$일 것이다. 이런 파형을 임펄스(impulse)라고 부른다. 그러나 실제로 임펄스는 거의 나타나지 않는다.

시간 $t = 1$ ms에서 입력 전압은 급속히 8 V 증가한다. 이런 고속 변화는 그대로 커패시터를 통과하여 출력에 나타나므로 출력 전압은 8 V가

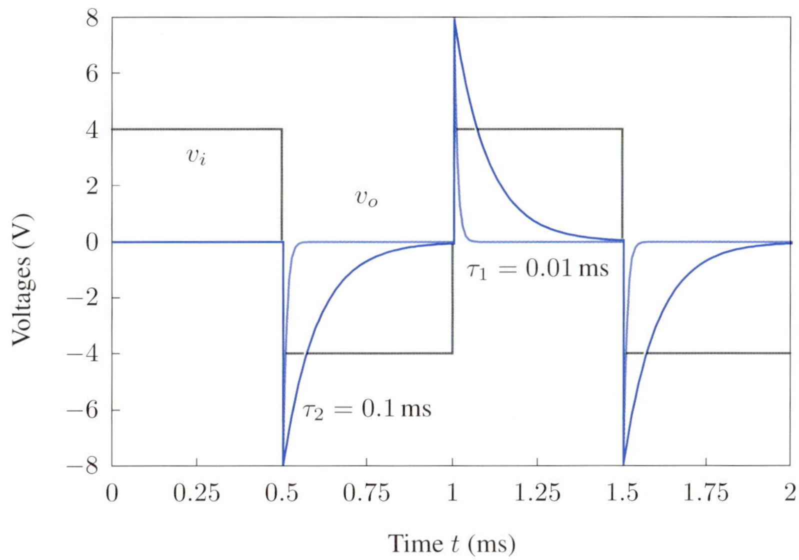

그림 **2.4** 입력 전압이 1 kHz 구형파일 때 시정수에 대한 RC 미분기의 특성.

된다.* 그러면 커패시터와 저항기를 통해 접지로 전류가 흐르고 커패시터 전압 v_c는 시정수에 의존하여 증가한다. 그 결과 $v_o = v_i - v_c$인 출력 전압은 0 V까지 감소한다. 미분기 시정수가 주기보다 매우 작은 ($\tau_1 = 0.01T$) 경우에는 출력 전압은 양호한 미분 특성을 나타낸다. 반면에 미분기 시정수가 주기보다 매우 작지 않으면 ($\tau_2 = 0.1T$) 출력 전압은 지수적 특성이 우세하여 미분 특성은 저하된다. 따라서 공학적으로 적절한 미분 특성과 출력 파형을 갖도록 RC 미분기를 설계해야 한다.

2.2.2 복소 주파수와 Laplace 변환

보통 선형 회로는 시간과 주파수 두 영역에서 표현될 수 있다. 앞에서 기술한 대로 선형 회로는 시간 영역에서 미분 방정식으로 표현되며, 그것의 자연 응답은 일반적으로 지수 함수 e^{st}를 포함한다. 또한 이 함수

* 임펄스 전류가 흐르지 않으면 커패시터 전압 v_c는 시간에 대해 연속 함수이다. 즉, 커패시터 한 단자 전압이 순간적으로 증가하면 다른 단자 전압도 그 순간에 같은 크기로 증가한다. 그래서 그 순간 전후에 커패시터 전압은 변하지 않고 연속성을 갖게 된다.

는 입력 지수파 e^{st}에 대한 구동 응답이기도 하다. 여기서 s는 미분 방정식에 대한 특성 방정식의 근으로 **복소 주파수** (complex frequency)

$$\boxed{s \equiv \sigma + j\omega} \tag{2.8}$$

에 대응된다. 오일러 공식 (Euler formula)를 사용하면 지수 함수 e^{st}는

$$\boxed{e^{st} = e^{\sigma t}(\cos\omega t + j\sin\omega t) = e^{\sigma t}\angle\,\omega t} \tag{2.9}$$

로 표현된다.† 그러므로 시간 영역에서 복소 주파수의 실수부 σ는 지수적 감쇠나 증가에 해당되는 반면 허수부 ω는 정현파 진동 (oscillation)에 해당된다. 이런 두 가지 주파수 개념을 하나로 융합한 것이 바로 복소 주파수이다. 허수는 유령처럼 물리적으로 실존하지 않는다는 관점에서 본다면 복소 주파수의 허수부는 물리적으로 허수가 아니다. 단지 수학에서 크기와 위상을 갖는 함수에 대한 다른 표현의 두 부분을 지칭하는 용어인 실수부와 허수부를 빌려왔을 뿐이다. 그 결과 우리는 쉽고 편리하게 회로 응답, 즉 미분 방정식의 해를 계산할 수 있게 되었다.

시간 영역 전압 $v(t)$는 라플라스 (Laplace) 변환에 의해 주파수 영역 전압 $V(s)$로 변환될 수 있다. 이 변환은 다음과 같이 정의된다.

$$\boxed{\mathcal{L}[v(t)] = V(s) \equiv \int_{0_-}^{\infty} v(t)e^{-st}dt} \tag{2.10}$$

여기서 적분 하한이 0_-인 것은 $t = 0$에서 발생하는 현상을 포함하기 위한 것이다. 예를 들면 임펄스 $\delta(t)$의 라플라스 변환은 $\mathcal{L}[\delta(t)] = 1$이지만 적분 하한이 0_+이라면 $t = 0$에서의 현상이 제외되므로 0이 될 것이다. 표 2.1은 대표적인 함수들에 대한 라플라스 변환들을 나타낸다. 보통 역라플라스 변환 (inverse Laplace transform)도 이런 표를 이용한다.

2.2.3 RC 회로의 주파수 영역 동작

앞에서 시간 영역에서 저항기와 커패시터의 전류 전압 관계를 논의하였다. 이러한 기본적인 관계들은 복소 주파수 영역에서도 표현될 수 있

†주파수가 $\omega > 0$인 경우 e^{st}는 s 평면에서 크기가 $e^{\sigma t}$이고 반시계 방향으로 회전하는 페이저 (phasor)에 연관된다. 반면에 주파수가 음인 경우 e^{st}는 시계 방향으로 회전하는 페이저에 대응된다. 이런 페이저는 크기와 위상을 가지고 정현파를 벡터로 표현한다.

표 **2.1** Laplace transforms for typical functions of a single variable

Function	Time t domain	Complex frequency s domain
Unit impulse	$\delta(t)$	1
Unit step	$u(t)$	$\frac{1}{s}$
Ramp	t	$\frac{1}{s^2}$
Exponential decay	$e^{-\alpha t}$	$\frac{1}{s+\alpha}$
Cosine	$\cos\omega t$	$\frac{s}{s^2+\omega^2}$
Sine	$\sin\omega t$	$\frac{\omega}{s^2+\omega^2}$
Differentiation	$\frac{dv(t)}{dt}$	$sV(s)-v(0_-)$
Integration	$\int_{0_-}^{t} v(\tau)\,d\tau$	$\frac{V(s)}{s}$
Time delay	$v(t-a)u(t-a)$	$e^{-as}V(s)$

다. 라플라스 변환을 사용하여 주파수 영역에서 전압과 전류는 각각 $V(s) \equiv \mathcal{L}[v(t)]$와 $I(s) \equiv \mathcal{L}[i(t)]$로 표현된다. 그러므로 주파수 영역에서 저항기의 전류 전압 관계는 옴의 법칙 $v(t) = Ri(t)$를 변환하여

$$V(s) = RI(s) \tag{2.11}$$

로 표현된다. 커패시터의 전류 전압 관계도 $i(t) = Cdv(t)/dt$로부터

$$\boxed{I(s) = sCV(s) - Cv(0_-)} \tag{2.12}$$

로 변환된다. 회로가 동작을 시작하는 초기에 커패시터의 전압이 0 V이라면 $V(s) = I(s)/sC$로 간단히 표현된다. 여기서 $1/sC$는 커패시터의 **임피던스** (impedance)이고 그 역수 sC는 **어드미턴스** (admittance)이다.

주파수 영역에서 회로 소자의 전류 전압 관계를 사용하여 시간 영역의 RC 적분기 회로는 그림 2.5와 같이 s 영역으로 변환된다. 이 변환된

회로에 전압 분할 원리를 적용하면 출력 전압은 간단히

$$V_o(s) = V_i(s)\,\frac{\frac{1}{sC}}{R + \frac{1}{sC}} = V_i(s)\,\frac{1}{1 + sRC} \equiv V_i(s)H(s) \tag{2.13}$$

로 구해진다. 주파수 영역에서 RC 적분기의 입력 전압과 출력 전압의 관계는 미분 방정식 대신 대수 방정식으로 표현된다. 여기서 $H(s)$는

$$\boxed{H(s) = \frac{V_o(s)}{V_i(s)} = \frac{1}{1 + sRC}} \tag{2.14}$$

로 주어지며 **전달 함수** (transfer function) 또는 시스템 함수라고 부른다. 이것은 입력 전압이 $v_i(t) = \delta(t)$인 경우의 출력 전압인 **임펄스 응답** $h(t)$의 라플라스 변환이다. 즉, $H(s) = \mathcal{L}[h(t)]$이다.

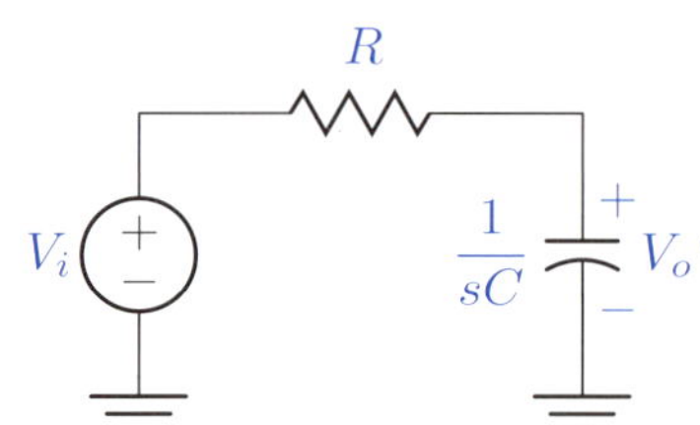

그림 **2.5** 주파수 영역의 RC 적분기.

일반적으로 전달 함수는 선형 회로의 시간과 주파수 영역의 특성을 함축하고 있다. 이 함수는 보통 유리 함수 (rational function)으로 분자 다항식 $N(s)$와 분모 다항식 $D(s)$를 가지고 있다. $H(s)$의 **영점** (zero)는 $N(s) = 0$의 근으로 정의되고 $H(s)$의 **극점** (pole)은 $D(s) = 0$의 근으로 정의된다. 극점의 수는 독립적으로 에너지를 저장할 수 있는 소자의 수이다. 그리고 같은 선형 회로의 모든 전달 함수의 분모는 같은 반면 분자는 출력 신호의 종류와 위치에 의존한다. 예를 들면 RC 적분기의 전달 함수는 하나의 극점을 가지므로 이 적분기에는 한 개의 커패시터가 있다. 반면에 커패시터의 전류를 출력 신호로 선택하면 전달 함수는

$$H_i(s) = \frac{I_o(s)}{V_i(s)} = \frac{sC}{1 + sRC} \tag{2.15}$$

로 구해진다. 그 결과 분모는 적분기와 같고 하나의 영점이 추가된다.

회로의 주파수 특성은 정현파 입력 신호의 주파수에 대한 정현파 출력 신호의 진폭과 위상 응답을 의미한다. 이는 시간 영역에서 선형 회로의 표현인 미분 방정식의 정상 상태 응답이다. RC 적분기의 주파수 응답은 전달 함수에 정현파 입력 신호를 의미하는 $s = j\omega$를 대입하여

$$\boxed{H(j\omega) = \frac{1}{1 + j\omega RC} = A(\omega)e^{j\phi(\omega)}} \tag{2.16}$$

로 간단히 구해진다. 이 복소 함수의 크기 $A(\omega)$와 위상 $\phi(\omega)$가 바로 진폭과 위상 특성이므로 우리는 주파수 응답을 편리하게 계산할 수 있다.

$$A(\omega) = \frac{1}{\sqrt{1 + (\omega RC)^2}}, \quad \phi(\omega) = -\tan^{-1}(\omega RC) \tag{2.17}$$

그림 2.6은 이 크기와 위상을 나타낸다. 주파수 $\omega = 0$인 직류에서 크

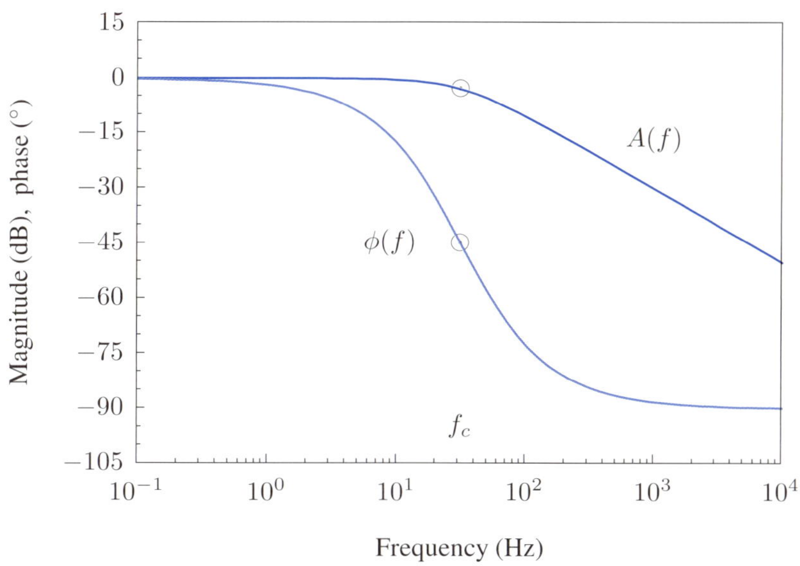

그림 **2.6** RC 적분기의 주파수 특성. 고주파에서 양호한 적분 특성이 얻어진다. 기호 ⊙는 적분기 주파수 f_c에서 전달 함수의 크기와 위상을 나타낸다.

기는 1이고 위상은 0이다. 이는 직류 신호가 적분기를 그대로 통과한다는 것을 의미한다. 주파수 $\omega = 1/RC$에서 전달 함수의 크기는 0.707, 즉

-3 dB이고 위상은 $-45°$이다. 이 주파수를 **차단 주파수** (cutoff frequency) ω_c라고 한다. 주파수가 증가하면 크기와 위상은 감소하므로 고주파나 고속 신호일수록 출력 신호 크기는 작아지고 위상 변이는 커진다. 결국 주파수 $\omega = \infty$에서 크기는 0이 되고 위상은 $-90°$가 된다. 그러므로 적분기는 일종의 **저역 통과 필터** (LPF: low pass filter)로 볼 수 있다.

주파수가 $\omega \gg \omega_c$이면 RC 적분기의 전달 함수는

$$H(s) = \frac{V_o(s)}{V_i(s)} \simeq \frac{1}{sRC} = \frac{\omega_c}{s} \tag{2.18}$$

로 근사된다. 적분기에서는 ω_c를 적분기 주파수라고도 한다. 라플라스 변환 표로부터 이 전달 함수의 출력 전압이 입력 전압의 적분을 나타낸다는 사실을 확인할 수 있다. 그리고 이상적인 적분기의 주파수 특성은 크기가 주파수에 반비례하고 위상은 $-90°$로 일정한 응답이다.

적분기와 마찬가지로 시간 영역의 RC 미분기 회로도 그림 2.7과 같이 주파수 영역으로 변환된다. 이 변환된 회로에도 전압 분할 원리를 적용

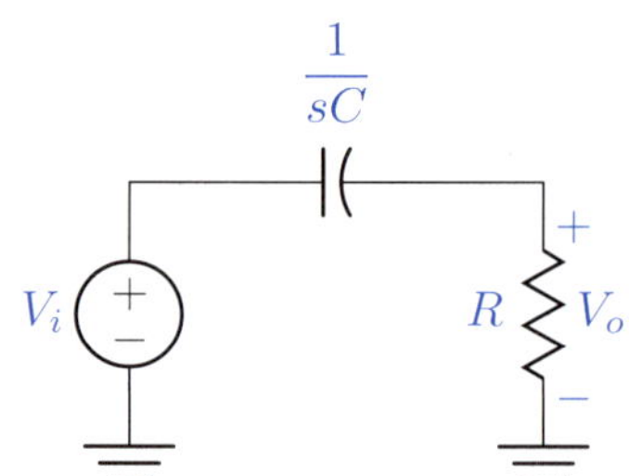

그림 **2.7** 주파수 영역의 RC 미분기.

하면 출력 전압은 다음과 같이 간단히 구해진다.

$$V_o(s) = V_i(s)\,\frac{R}{\frac{1}{sC}+R} = V_i(s)\,\frac{sRC}{1+sRC} \equiv V_i(s)H(s) \tag{2.19}$$

따라서 주파수 영역의 RC 미분기 회로에 대한 전달 함수는

$$\boxed{H(s) = \frac{V_o(s)}{V_i(s)} = \frac{sRC}{1+sRC}} \tag{2.20}$$

로 표현된다. 이 전달 함수의 분모는 적분기의 분모와 같고 영점 하나가 추가된다. 이는 직렬로 접속된 저항기와 커패시터를 교환해도 그 전류는 변화하지 않고 다만 출력 전압의 위치만 달라지기 때문이다.

적분기와 마찬가지로 RC 미분기의 주파수 응답은 전달 함수에 주파수 ω인 정현파 입력 신호를 의미하는 $s = j\omega$를 대입하여

$$\boxed{H(j\omega) = \frac{j\omega RC}{1 + j\omega RC} = A(\omega)e^{j\phi(\omega)}} \tag{2.21}$$

로 구해지고 크기 $A(\omega)$와 위상 $\phi(\omega)$는 다음과 같이 주어진다.

$$A(\omega) = \frac{\omega RC}{\sqrt{1 + (\omega RC)^2}}, \quad \phi(\omega) = 90^\circ - \tan^{-1}(\omega RC) \tag{2.22}$$

그림 2.8은 이 크기와 위상을 나타낸다. 주파수 $\omega = \infty$에서 크기는 1이

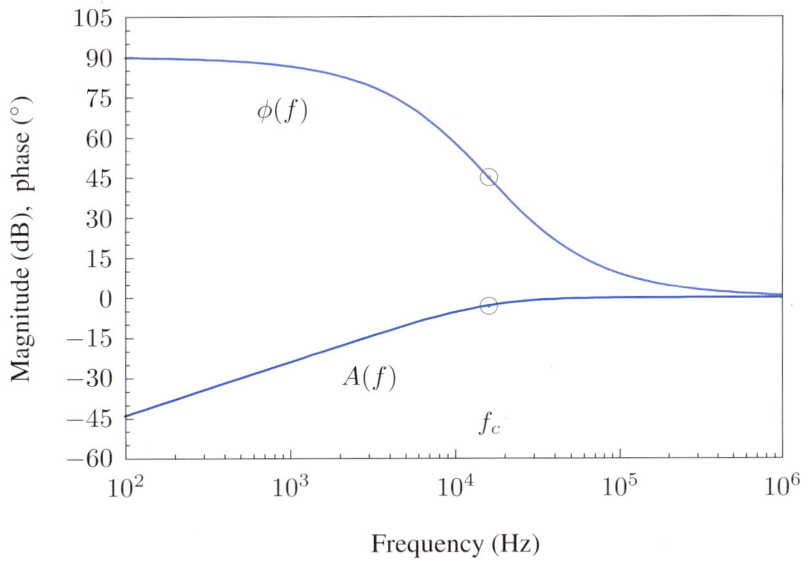

그림 **2.8** RC 미분기의 주파수 특성. 저주파에서 양호한 미분 특성이 얻어진다. 기호 ⊙는 미분기 주파수 f_c에서 전달 함수의 크기와 위상을 나타낸다.

고 위상은 0이다. 이는 고주파 신호가 미분기를 그대로 통과한다는 것을 의미한다. 차단 주파수 $\omega_c = 1/RC$에서 크기는 0.707, 즉 $-3\,\text{dB}$이고 위상은 $+45^\circ$이다. 주파수가 감소하면 크기는 감소하고 위상은 증가하

므로 저주파나 저속 신호일수록 출력 크기는 작아지고 위상 변이는 커진다. 결국 $\omega = 0$에서 크기는 0이 되고 위상은 $+90°$가 된다. 그러므로 미분기는 일종의 **고역 통과 필터** (HPF: high pass filter)로 볼 수 있다.

주파수가 $\omega \ll \omega_c$이면 RC 미분기의 전달 함수는

$$H(s) = \frac{V_o(s)}{V_i(s)} \simeq sRC = \frac{s}{\omega_c} \tag{2.23}$$

로 근사된다. 미분기에서는 ω_c를 미분기 주파수라고도 한다. 라플라스 변환 표로부터 이 전달 함수의 출력 전압이 입력 전압의 미분을 나타낸다는 사실을 확인할 수 있다. 그리고 이상적인 미분기의 주파수 특성은 크기가 주파수에 비례하고 위상은 $+90°$로 일정한 응답이다.

2.3 예비 문제

1. 오일러 공식을 증명하고 아름다운 항등식 $e^{j\pi} + 1 = 0$을 감상하라.
2. 그림 2.4의 입력 전압 v_i와 τ_2에 대한 출력 전압 v_o로부터 커패시터 전압 v_c를 그려서 v_c가 시간에 대한 연속 함수인 사실을 확인하라.
3. 이상적인 적분기와 미분기의 주파수 특성을 기술하라.
4. 고역 통과 필터의 출력 펄스파에 대한 감소율 (sag)를 설명하라.
5. 전달 함수가 e^{-as}인 회로는 파형에 진폭이나 위상 왜곡 없이 시간 지연만 수반한다. 이 **무왜곡 회로**의 진폭과 위상 특성을 기술하라.

2.4 실험 부품 및 장비

부품 및 장비	규격 및 기능	수량
저항	1 kΩ, 5.1 kΩ 1/4 W	1
세라믹 커패시터	0.01 μF, 0.1 μF 50 V	1
전해 커패시터	1 μF 50 V	1
LCR 미터	LCR 821 또는 KC 535C	1

2.5 실험 내용

1. 그림 2.9의 적분기를 구성하라. 입력 v_i는 진폭이 3 V이고 주파수가 1 kHz인 구형파로 설정하라. 이 회로의 시정수는 $\tau = 5.1T$이다.

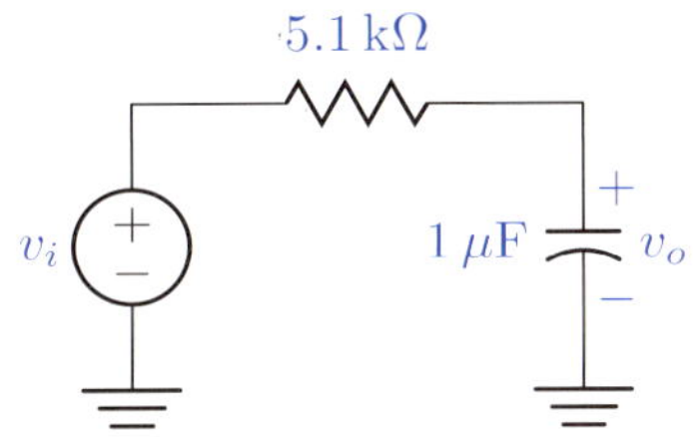

그림 **2.9** RC 적분기의 실험 회로.

구형파 입력 v_i에 대한 출력 전압 v_o를 관측하여 그림 2.10에 기록하고 출력 전압의 첨둣값도 측정하여 기록하라. 그리고 회로 시정수가 주기와 같도록 ($\tau = T$) 저항을 1 kΩ으로 교체하여 반복하라. 비대칭 파형의 진폭이나 첨둣값은 첨두간값의 절반으로 측정하라.

$V_i = 3\,\text{V}, \quad V_o = \qquad \text{V}, \quad V_{o,\,\tau=T} = \qquad \text{V}$

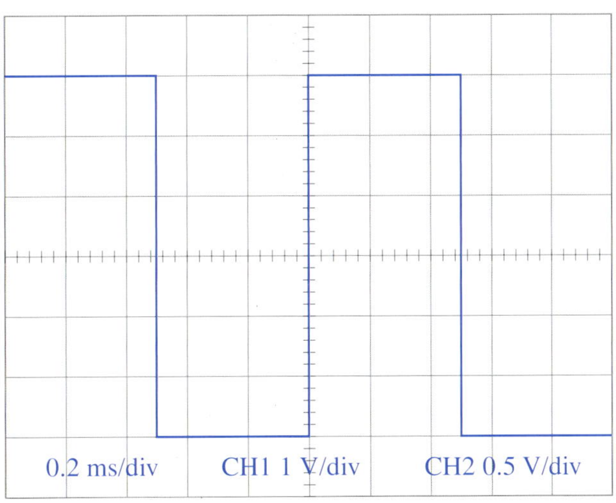

그림 **2.10** 입력 구형파와 회로 시정수에 대한 적분기의 출력 파형.

2. LCR 미터로 5.1 kΩ 저항기와 1 μF 커패시터의 크기를 측정하여 표 2.2에 기록하고 적분기를 구성하라. 주파수가 1 kHz인 구형파의 주어진 첨둣값들에 대해 출력 첨둣값을 측정하여 표 2.2에 기록하라.

표 **2.2** 적분기의 입력 진폭에 대한 출력 전압의 진폭 특성 (진폭 = 첨둣값)

V_i (V)	1	3	5	7	9
V_o (V)					
계산값 (V)					
오차 (%)					
$f = 1$ kHz, $T = 1$ ms, $R =$ kΩ, $C =$ μF					

3. 1 kΩ 저항기와 0.1 μF 커패시터로 시정수가 0.1 ms인 저역 통과 필터를 구성하고 진폭이 3 V이고 주파수가 1 kHz인 구형파 입력 v_i에 대한 출력 v_o와 상승과 하강 시간을 관측하여 그림 2.11에 기록하라. 상승 시간 t_r는 펄스 진폭의 10 %에서 90 %까지 상승하는 시간이다.

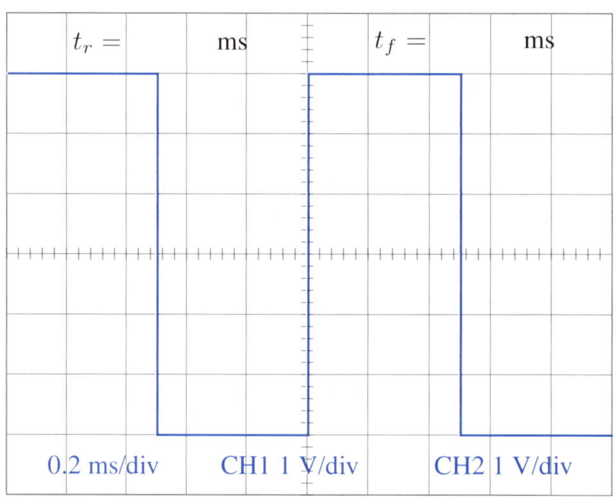

그림 **2.11** 입력 구형파에 대한 저역 통과 필터의 출력 전압 파형.

4. 그림 2.9의 RC 적분기를 구성하라. 입력 v_i는 진폭이 3 V이고 주파수가 1 kHz인 정현파로 설정하라. 입력 전압 v_i에 대한 출력 전압 v_o를 관측하여 그림 2.12에 기록하고 출력 전압의 진폭과 위상도 측정하여 기록하라. ($V_i = 3\,\mathrm{V}$, $V_o =$ V, $\phi =$ °)

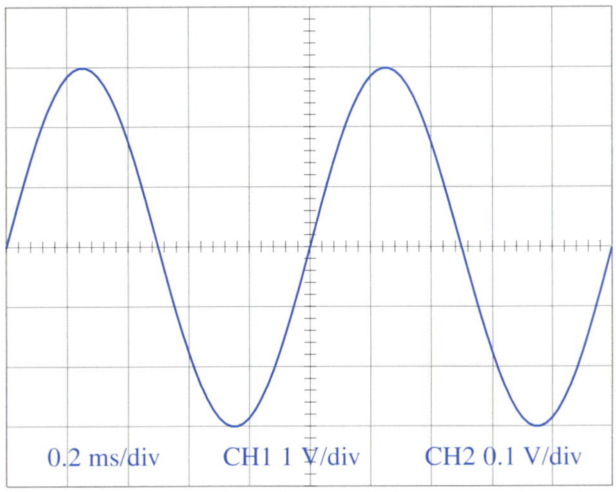

그림 **2.12** 입력 정현파에 대한 적분기의 출력 전압 파형.

5. 주어진 주파수들에 대해 출력 전압의 크기와 위상을 측정하여 표 2.3에 기록하라. 위상 ϕ는 입력에 대한 출력 전압의 위상차이다.

표 **2.3** RC 적분기의 입력 정현파에 대한 출력 전압의 주파수 특성

f (kHz)	0.1	0.2	0.4	0.6	1	2	4	6
V_o (V)								
ϕ (°)								
V_o 계산값								
오차 (%)								

6. 그림 2.13의 미분기를 구성하라. 입력 v_i는 진폭이 3 V이고 주파수가 1 kHz인 구형파이다. 이 경우에 회로의 시정수는 $\tau = 0.01T$이다.

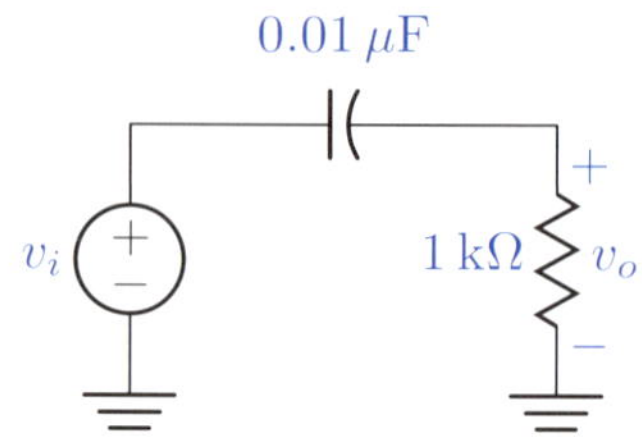

그림 **2.13** RC 미분기의 실험 회로.

입력 전압 v_i에 대한 출력 전압 v_o를 관측하여 그림 2.14에 기록하고 출력 전압의 첨둣값도 측정하여 기록하라. 또한 회로 시정수가 $\tau = 0.1T$가 되도록 커패시터를 0.1 μF으로 교체하여 반복하라. 비대칭 파형의 진폭이나 첨둣값은 첨두간값의 절반으로 측정하라. 커패시터 전압이 시간 연속이므로 출력 진폭은 $V_o = 6$ V로 계산된다.

$V_i = 3$ V, $V_o =$ V, $V_{o,\,\tau=0.1T} =$ V

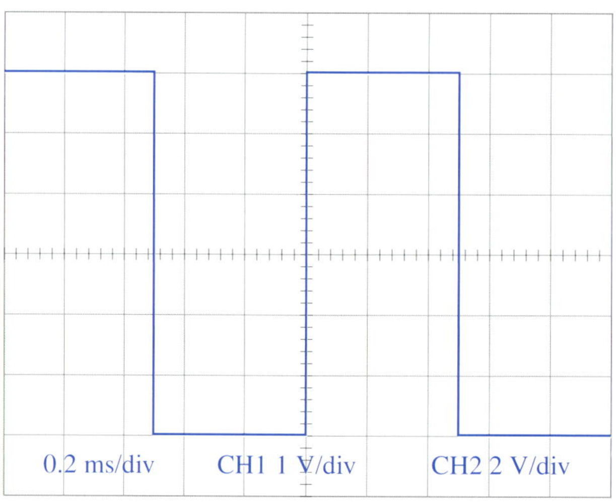

그림 **2.14** 입력 구형파와 회로 시정수에 대한 미분기의 출력 파형.

7. LCR 미터로 1 kΩ 저항기와 0.01 μF 커패시터의 크기를 측정하여 표 2.4에 기록하고 미분기를 구성하라. 주파수가 1 kHz인 구형파의 주어진 첨둣값들에 대해 출력 첨둣값을 측정하여 표 2.4에 기록하라.

표 **2.4** 미분기의 입력 진폭에 대한 출력 전압의 진폭 특성 (진폭 = 첨둣값)

V_i (V)	1	3	5	7	9
V_o (V)					
계산값 (V)	2				
오차 (%)					
$f = 1\,\text{kHz}$, $T = 1\,\text{ms}$, $R =$ kΩ, $C =$ μF					

8. 1 kΩ 저항기와 1 μF 커패시터를 사용하여 시정수가 1 ms인 고역 통과 필터를 구성하고 진폭이 3 V이고 주파수가 1 kHz인 구형파 입력 v_i에 대한 출력 v_o와 감소율 (sag)를 관측하여 그림 2.15에 기록하라.

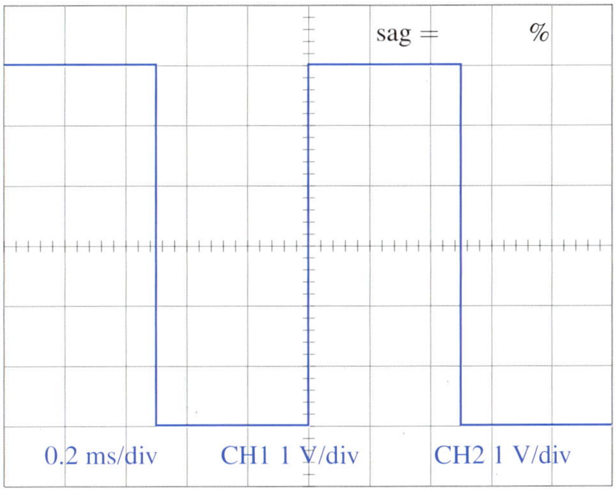

그림 **2.15** 입력 구형파에 대한 고역 통과 필터의 출력 전압 파형.

9. 그림 2.13의 RC 미분기를 구성하라. 입력 v_i는 진폭이 3 V이고 주파수가 1 kHz인 정현파로 설정하라. 입력 전압 v_i에 대한 출력 전압 v_o를 관측하여 그림 2.16에 기록하고 출력 전압의 진폭과 위상도 측정하여 기록하라. ($V_i = 3\,\text{V}$, $V_o =$ V, $\phi =$ °)

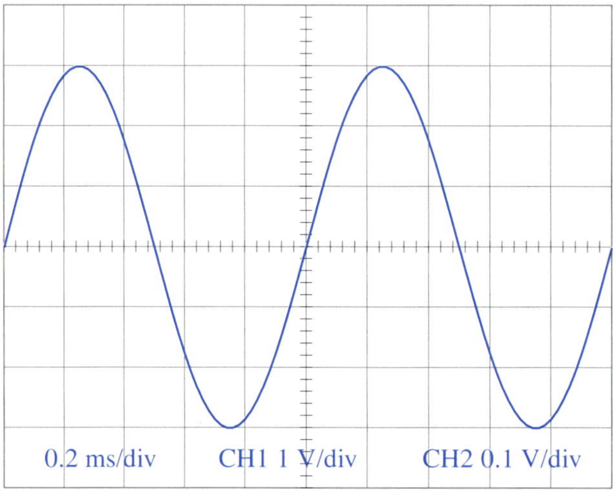

그림 **2.16** 입력 정현파에 대한 미분기의 출력 전압 파형.

10. 주어진 주파수들에 대해 출력 전압의 크기와 위상을 측정하여 표 2.5에 기록하라. 위상 ϕ는 입력에 대한 출력 전압의 위상차이다.

표 **2.5** RC 미분기의 입력 정현파에 대한 출력 전압의 주파수 특성

f (kHz)	1	2	4	6	10	20	40	60
V_o (V)								
ϕ (°)								
V_o 계산값								
오차 (%)								

2.6 연습 문제

1. 실험 2에서 측정한 저항기와 커패시터의 크기로 시정수를 구하여 표 2.2를 완성하라. 출력 첨둣값이 입력의 적분값에 비례하는가?

2. 실험 2에서 측정한 적분기 시정수를 사용하여 표 2.3을 완성하라. 또한 측정값을 그림 2.17의 이론적인 특성에 중첩하여 표시하라.

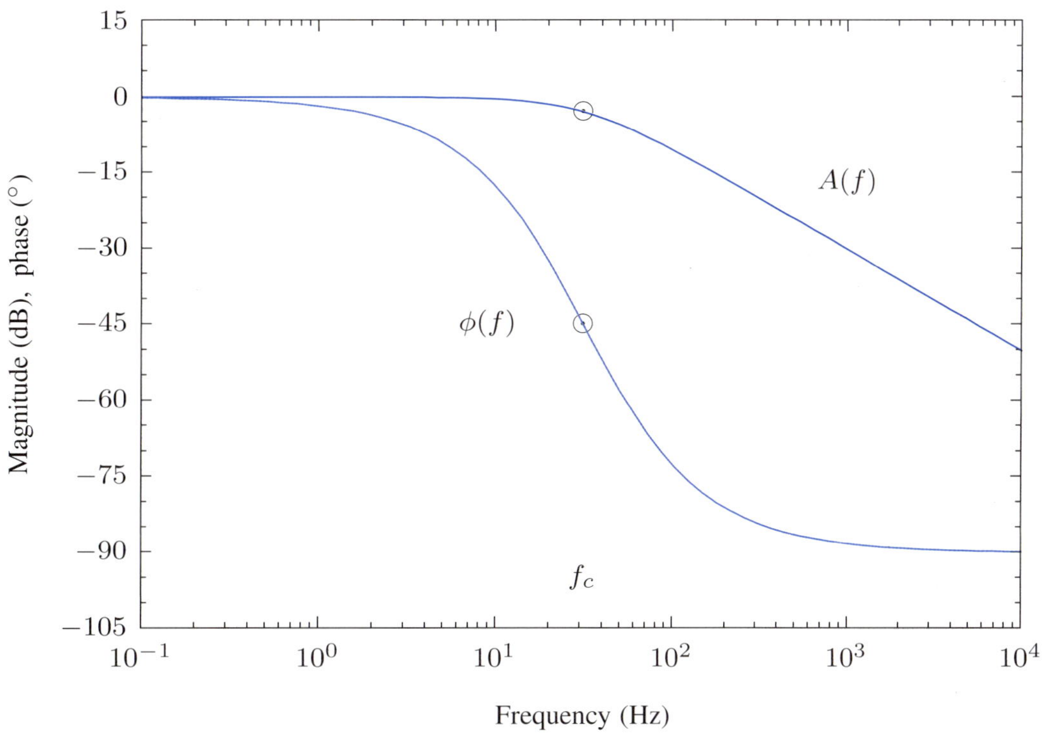

그림 **2.17** RC 적분기의 이론적인 주파수 특성. 저역 통과 특성의 고주파에서 양호한 적분 특성이 얻어진다. 기호 ⊙는 적분기 주파수 f_c에서 전달 함수의 크기와 위상을 나타낸다.

3. 실험 7에서 측정한 저항기와 커패시터의 크기로 시정수를 구하여 표 2.4를 완성하라. 출력 첨둣값이 입력의 첨둣값에 비례하는가?

4. 실험 7에서 측정한 미분기 시정수를 사용하여 표 2.5를 완성하라. 또한 측정값을 그림 2.18의 이론적인 특성에 중첩하여 표시하라.

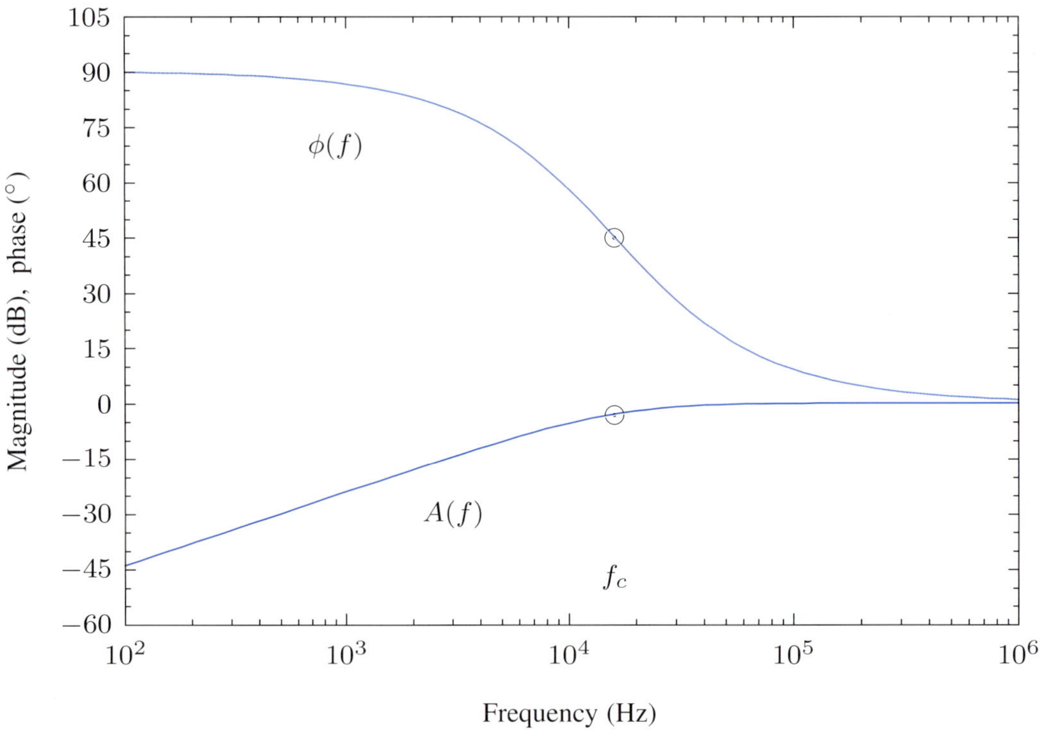

그림 **2.18** RC 미분기의 이론적인 주파수 특성. 고역 통과 특성의 저주파에서 양호한 미분 특성이 얻어진다. 기호 ⊙는 미분기 주파수 f_c에서 전달 함수의 크기와 위상을 나타낸다.

참고 문헌

1. A. S. Sedra and K. C. Smith, *Microelectronic Circuits*, 2021.

2. R. W. Roberts and A. S. Sedra, *SPICE*, 2nd Ed., Oxford University Press, 1997.

3. C. K. Alexander and M. N. O. Sadiku, *Fundamentals of Electric Circuits*, 2013.

皆

실험 3

다이오드의 특성

3.1 실험 목적

접합 다이오드의 구조와 전류 전압 특성을 간단히 학습하고 직류 특성을 측정하여 대신호와 소신호 등가 회로의 모델 파라미터들을 구한다.

3.2 실험 해설

다이오드는 다양한 반도체 소자들을 이해하기 위한 가장 기본적이고 중요한 소자이며 여러 가지 전자 회로를 구성하기 위해 널리 사용된다.

3.2.1 접합 다이오드의 구조와 동작

그림 3.1은 pn 접합 (junction)의 간단한 구조를 나타낸다. p형 실리콘과 n형 실리콘 사이에 접합 J_D가 형성되어 있다. 각 영역의 단자는 애노드 (anode) 단자 A와 캐소드 (cathode) 단자 K이다. p형 영역에는 정공 (hole)이 많고 n형 영역에는 전자가 많다. 이로 인해 접합 근방에 정공과 전자의 농도 경사가 존재한다. 그래서 정공은 p 영역에서 n 영역으로 확산하고 전자는 반대로 확산한다. 전공과 전자들의 이런 이동이 p 영역에서 n 영역으로 흐르는 **확산 전류** (diffusion current)를 구성한다.

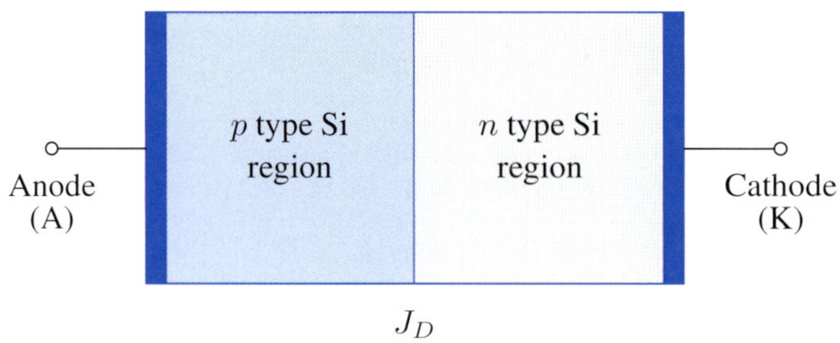

그림 **3.1** 실리콘 pn 접합 다이오드의 간단한 구조.

확산하는 정공은 n 영역의 전자와 재결합 (recombination)하여 사라진다. 이로 인해 그림 3.2처럼 접합 근방의 n 영역에는 전자 농도가 적어지고 농도가 N_D인 도너 (donor) 원자들의 이온화로 인해 양전하 영역이 형성된다. 반면에 p 영역에는 정공 농도가 적어지고 농도가 N_A인 억셉터 (acceptor) 원자들의 이온화로 인해 음전하 영역이 형성된다. 이동할 수 있는 전자와 정공의 농도가 충분히 적은 이 영역들은 **공핍 영역** (depletion region)으로 근사된다. 움직일 수 없는 양과 음의 이온들은 가우스 법칙에 따라 공핍 영역에 전장을 야기한다. 이 전장은 정공과 전자의 유동을 유발한다. 공핍 영역의 가장자리 x_n에서 정공의 확산 길이 (diffusion length) L_p 이내에 열적으로 생성된 정공들은 공핍 영역 안으로 확산한다. 그러면 공핍 영역의 전장에 의해 정공들은 접합을 넘어 p 영역으로 유동한다. 확산 길이가 L_n인 전자들은 반대 상황으로 유동한다. 이런 유동 성분들이 **유동 전류** (drift current)를 구성한다. 이는 열적으로 생성된 소수 캐리어 (minority carrier) 전류이기 때문에 크기가 전압보다는 주로 온도에 의존한다. 실제적인 접합에서는 공핍 영역에서 열적으로 생성된 정공과 전자들도 전장에 의해 유동 전류에 기여하거나 거기서 정공과 전자들이 재결합을 통해 확산 전류에 기여할 수 있다.

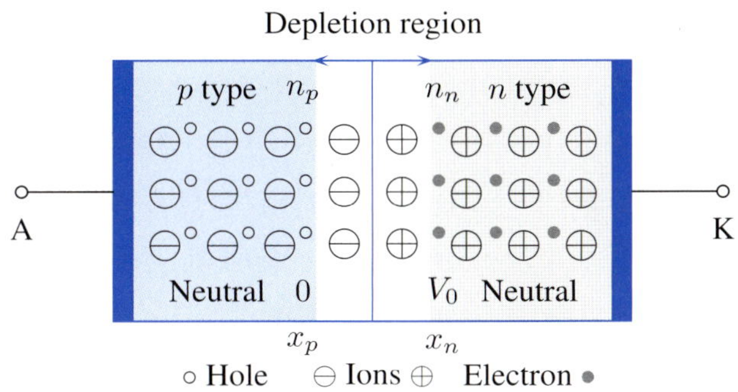

그림 **3.2** 이온들로 구성된 공핍 영역을 나타낸 pn 접합.

전자 농도 n의 미분에 비례하는 전자의 확산 전류는

$$I_n \text{ (diffusion)} = qAD_n \frac{dn}{dx} \tag{3.1}$$

으로 표현된다.* 여기서 q는 전자의 전하량이고 D_n은 전자의 확산 계수이며 A는 접합 면적이다. 전장 E에 비례하는 전자의 유동 전류는

$$I_n \text{ (drift)} = qAn\mu_n E \tag{3.2}$$

로 표현된다. 여기서 μ_n은 전자 이동도 (electron mobility)이다.

다이오드 전류 I_D는 전자와 정공의 확산 전류와 유동 전류의 합으로 구성된다. 개방 회로에서는 p 영역에서 n 영역으로 흐르는 다이오드 전류는 $I_D = 0$이다. 이 등식은 정공 전류 I_{Dp}와 전자 전류 I_{Dn} 각각에 대해서도 성립한다. 전장은 $E = -dV/dx$이므로 전자에 대한 이 관계는

$$qAn\mu_n \frac{dV}{dx} = qAD_n \frac{dn}{dx} \tag{3.3}$$

으로 정리된다. 이 미분 방정식은 다음과 같은 적분형으로 표현된다.†

$$\mu_n \int_0^{V_0} dV = D_n \int_{n_p}^{n_n} \frac{dn}{n} \tag{3.4}$$

*전자는 음의 전하 (negative charge)를 갖는다. 전자 농도 n은 $n$egative의 n을 의미한다.

†x_p에서 $V = 0$이고 전자 농도는 n_p인 반면 x_n에서는 $V = V_0$이고 전자 농도는 n_n이다.

외부의 물리적인 작용이 없는 열적 평형 상태에서 x_p에서 소수 캐리어인 전자 농도는 $n_p = n_{p0} = n_i^2/p_{p0} \simeq n_i^2/N_A$이고 x_n에서 다수 캐리어인 전자 농도는 $n_n = n_{n0} \simeq N_D$로 주어진다. 여기서 n_i는 진성 농도 (intrinsic concentration)이다. 따라서 접합 **내재 전압** (built-in voltage) V_0는

$$\boxed{V_0 = V_T \ln \frac{n_{n0}}{n_{p0}} = V_T \ln \frac{N_A N_D}{n_i^2}} \tag{3.5}$$

로 표현되며 열전압은 $V_T = D_n/\mu_n$으로 관계된다. 보통 실리콘 접합의 내재 전압은 0.6 V에서 0.9 V 이내이다. 이 내재 전압은 공핍 영역에서 정공이나 전자의 확산을 방해하므로 **장벽 전압** (barrier voltage)로 작용한다. 이 장벽 전압은 K 단자에 대한 애노드 단자의 전압인 다이오드 전압 V_D에 의해 실효 장벽 전압 $V_0 - V_D$로 제어될 수 있다. 다이오드 전압이 양이면 실효 장벽 전압은 낮아지고 전자와 정공의 확산은 증가한다. 그 결과 공핍 영역 양단의 소수 캐리어들의 농도는 증가한다. 그리고 공핍 영역 양단의 전자 농도들은 다음과 같이 실효 장벽 전압에 연관된다.

$$\boxed{V_0 - V_D \simeq V_T \ln \frac{n_n}{n_p}} \tag{3.6}$$

확산된 소수 캐리어의 농도가 다수 캐리어의 농도보다 훨씬 적은 저준위 주입 (low-level injection)인 경우 n 영역의 전자 농도는 평형 상태의 농도로 근사될 수 있다. 즉, $n_n \simeq n_{n0}$. 따라서 방정식 (3.6)은

$$V_D = V_T \ln \frac{n_{n0}}{n_{p0}} - V_T \ln \frac{n_n}{n_p} \simeq V_T \ln \frac{n_p}{n_{p0}} \tag{3.7}$$

로 근사된다. 그 결과 전자 농도 n_p는 전압 V_D에 지수적으로 의존한다.

$$\boxed{n_p = n_{p0}\, e^{V_D/V_T}} \tag{3.8}$$

공핍 영역을 제외한 p 영역에서 이 경계 조건을 만족하는 전자 연속 방정식 (continuity equation)의 해로 주어지는 정상 상태의 전자 농도는

$$n(x) = n_{p0} + n_{p0}(e^{V_D/V_T} - 1)e^{(x-x_p)/L_n}, \quad x \le x_p \tag{3.9}$$

로 표현된다. 공핍 영역의 가장자리 x_p에서 전자의 확산 전류는

$$\boxed{I_n(x_p) = qA\frac{D_n}{L_n} n_{p0}(e^{V_D/V_T} - 1)} \tag{3.10}$$

로 구해진다. 유사한 방법으로 x_n에서 정공의 확산 전류는

$$I_p(x_n) = qA\frac{D_p}{L_p}p_{n0}(e^{V_D/V_T} - 1) \tag{3.11}$$

로 표현된다. 여기서 D_p는 정공의 확산 계수이며 $p_{n0} \simeq n_i^2/N_D$는 공핍 영역의 오른쪽 가장자리 x_n에서 평형 상태의 정공 농도이다.

공핍 영역 양단의 소수 캐리어 전류는 주로 확산 전류이며 유동 전류는 무시된다. 그래서 전자와 정공 전류 $I_{Dn}(x_p)$와 $I_{Dp}(x_n)$은 확산 전류로 근사된다. 공핍 영역에서 전자와 정공의 생성과 재결합을 무시하면 공핍 영역 양단의 정공 전류들은 근사적으로 같다. 즉 $I_{Dp}(x_p) \simeq I_{Dp}(x_n)$. 그러므로 위치 x에 의존하지 않고 일정한 다이오드 전류 I_D는

$$I_D = I_{Dn}(x_p) + I_{Dp}(x_p) \simeq I_n(x_p) + I_p(x_n) \tag{3.12}$$

으로 표현된다. 그 결과 이상적인 **다이오드 방정식**은 다음과 같다.

$$I_D = qAn_i^2\left(\frac{D_n}{L_nN_A} + \frac{D_p}{L_pN_D}\right)\left(e^{V_D/V_T} - 1\right) \tag{3.13}$$

이 식은 다이오드 전류의 전압에 대한 지수적인 의존성을 나타낸다. 다이오드가 열전압 V_T보다 충분히 크게 역바이어스되는 경우 다이오드 전류는 $I_D = -I_S$가 되며 바이어스 전압에는 거의 의존하지 않고 일정하게 포화된다. 따라서 역방향 포화 전류 I_S는 다음과 같이 표현된다.

$$I_S = qAn_i^2\left(\frac{D_n}{L_nN_A} + \frac{D_p}{L_pN_D}\right) \tag{3.14}$$

이 포화 전류는 접합 면적 A에 비례할 뿐만 아니라 큰 온도 의존을 갖는 진성 농도 ($n_i^2 \propto T^3e^{-E_g/kT}$)로 인해 절대 온도 T에도 크게 의존한다.

3.2.2 접합 다이오드의 전기적 특성

앞서 논의한 다이오드를 실현한 pn 접합에서 순방향으로는 전류가 지수적으로 잘 흐르지만 역방향으로는 전류가 거의 흐르지 않는다. 그림 3.3은 항복 전압이 -11 V 근방인 접합 다이오드의 전기적 특성을 나타

낸다. 이 특성은 세 가지 동작 영역으로 나눌 수 있다. 다이오드 전압이 $V_D > 0$인 경우는 순바이어스 영역이고 $V_D < 0$인 경우는 역바이어스 영역이며 V_D가 항복 전압보다 작은 경우는 항복 (breakdown) 영역이다.

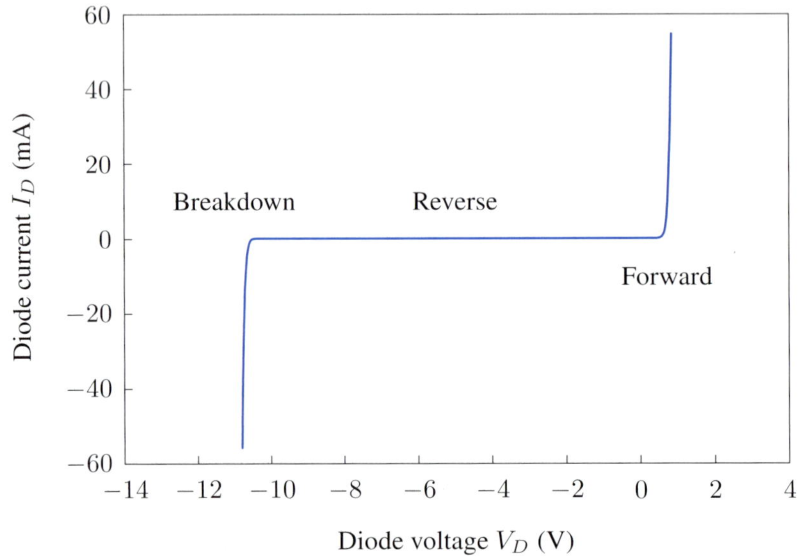

그림 **3.3** 실리콘 접합 다이오드의 전류 전압 특성.

순방향과 역방향 바이어스에서 다이오드의 일반적인 특성은

$$\boxed{I_D = I_S(e^{V_D/nV_T} - 1)} \tag{3.15}$$

로 표현된다. 여기서 포화 전류 (saturation current) I_S는 접합 면적과 온도에 의존하며 스케일 (scale) 전류라고 부르기도 한다. 이 명칭은 I_S가 접합 면적에 비례함을 나타낸다. 보통 포화 전류는 10^{-15} A 정도이지만 공핍 영역의 생성 전류로 인해 역방향 전압에 약간 의존한다. 계수 n은 다이오드 재료와 구조 그리고 공핍 영역의 재결합 전류와 고준위 주입의 영향에 연관된다. 열전압 (thermal voltage) V_T는 kT/q로 정의된다.

3.2.3 다이오드의 대신호 모델

이제 다이오드의 순방향 특성을 이해하였으므로 순바이어스 영역에서 동작하는 다이오드 회로를 해석할 수 있다. 그림 3.4는 간단한 다이오드

회로를 나타낸다. 이 회로는 직류 전압 전원 V_{DD}, 저항기 R, 그리고 다이오드로 구성되어 있다. 이 회로를 해석하여 다이오드 전류 I_D와 전압 V_D를 구하려면 다이오드에 대한 전류 전압 관계, 즉 모델이 필요하다. 가장 간단한 모델은 이상적인 다이오드 모델이다. 이 모델은 순바이어스된 다이오드는 단락 회로로 표현하고 역바이어스된 다이오드는 개방 회로로 표현한다. 가장 정확한 모델은 이미 기술한 지수 모델이다.

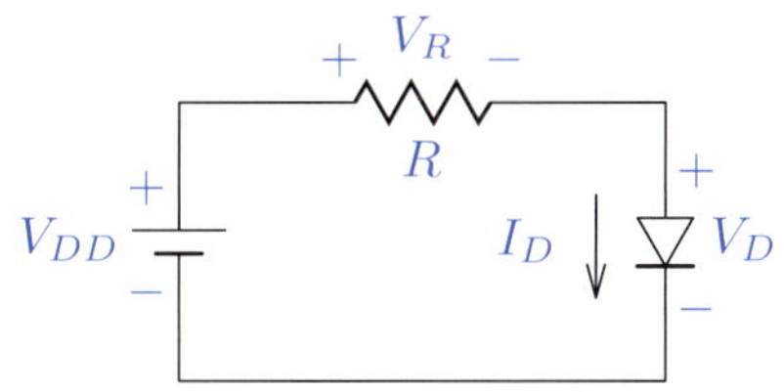

그림 **3.4** 순바이어스 영역에서 동작하는 다이오드 회로.

비록 지수 모델은 순바이어스 영역의 다이오드 동작을 가장 정확하게 표현하지만 비선형 (nonlinear) 회로 방정식을 수반하므로 우리가 그 모델을 회로 해석에 사용하기는 어렵다. 그림 3.4의 V_{DD}가 0.5 V 정도 이상이라면 다이오드 전류 I_D는 포화 전류 I_S보다 훨씬 커진다. 그 결과 순바이어스 영역의 다이오드 전류는 다음과 같이 근사될 수 있다.

$$I_D = I_S(e^{V_D/nV_T} - 1) \simeq I_S\, e^{V_D/nV_T} \tag{3.16}$$

그리고 전압 법칙과 옴의 법칙을 사용하면 루프 (loop) 방정식은

$$\boxed{V_{DD} = V_R + V_D = RI_D + V_D} \tag{3.17}$$

로 구해진다. 이 직선 방정식을 전류 I_D에 대해 정리하면 바로 부하선 (load line)이 얻어진다. 물리적인 상수 I_S와 n이 주어지면 미지수 I_D와 V_D는 (3.16)과 (3.17)을 연립하여 구할 수 있다. 이 해가 바로 다이오드의 **동작점** (operating point) $\mathrm{Q}(V_D, I_D)$이다. 전압 V_D에 대한 방정식은

$$V_{DD} = RI_S e^{V_D/nV_T} + V_D \tag{3.18}$$

로 표현되며 결국 방정식 $f(V_D) = 0$으로 귀결된다. 그러나 이 방정식이 비선형이기 때문에 수치적으로는 한 번에 풀 수 없고 반복적으로 풀어

야 한다. 이 반복적 해석 (iterative analysis)의 속성은 모든 비선형 방정식의 특징으로 주로 수치 해석 (numerical analysis)에서 그 풀이 방법을 탐구한다. 이러한 수치적 기법으로 전자 회로의 해석을 수행하는 Spice가 바로 수치 해석의 정수라고 할 수 있다. 하지만 우리는 이런 수치적 기법을 그대로 사용할 수 없다. 그것은 회로 설계자가 구체적인 회로를 결정하기 전에 설계하고 있는 회로의 다양한 가능성을 빠른 해석을 통해 타진해야 하기 때문이다. 이를 위해 간단한 다이오드 모델, 즉 등가 회로를 찾아야 한다. 이런 단순한 모델을 사용함으로써 수반되는 근사적인 결과는 문제가 되지 않는다. 이는 정확하고 섬세한 설계 조율은 회로 설계의 마지막 단계에서 Spice를 사용하여 수행될 수 있기 때문이다.

구분적 선형 모델

다이오드의 전류 전압 관계가 지수보다는 선형으로 표현되면 회로 방정식은 선형적이 되므로 회로 해석은 매우 단순화될 것이다. 그림 3.5에 주어진 **구분적 선형 모델** (piecewise-linear model)에서 다이오드의 순방향 지수 특성은 기울기가 0인 선분과 기울기가 $1/r_D$인 선분으로 근사된다. 이 기울기의 역수는 다이오드의 등가 저항에 연관된다. 주어진 다이오드 전압 v_D에 대해 기울기가 작을수록 작은 다이오드 전류가 흐른다. 그리고 이 모델과 지수 모델 사이에 전류 크기에 의존하는 오차가 수반된다. 하지만 모델이 사용되는 전류 범위에 국한하여 이 선분들을 선정하면 오차가 작은 모델을 얻을 수 있다. 바꿔 말하면 동작점 근방에서 지수 특성의 접선과 같은 기울기를 갖도록 선분을 선정할 수 있다.

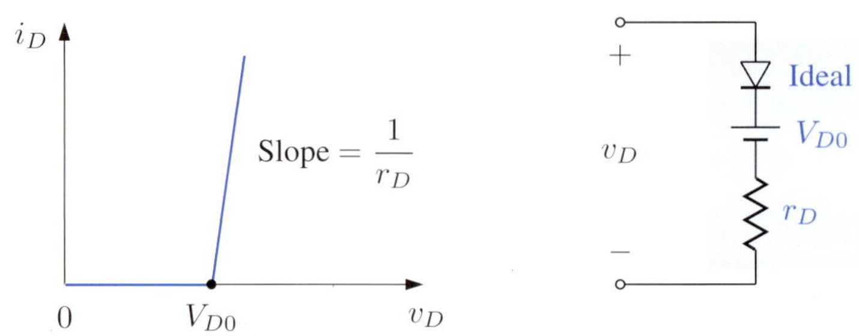

그림 **3.5** 다이오드 순방향 특성의 구분적 선형 모델과 등가 회로.

구분적 선형 모델은 다음과 같은 모델 방정식으로 표현된다.

$$i_D = \begin{cases} 0, & v_D \le V_{D0} \\ \dfrac{v_D - V_{D0}}{r_D}, & v_D \ge V_{D0} \end{cases} \tag{3.19}$$

여기서 V_{D0}와 r_D는 구분적 선형 모델의 모델 파라미터들이며, 각각 다이오드 컷인 전압 (cut-in voltage)와 순방향 저항에 관계된다. 보통 $V_{D0} = 0.65\,\mathrm{V}$ 정도이고 $r_D = 20\,\Omega$ 정도이다. 이 모델을 등가 회로로 표현하면 그림 3.5의 회로와 같다. 이상적인 다이오드는 부등식 $v_D \ge V_{D0}$를 실현하는 소자이다. 즉, 이 부등식이 성립하면 이상적인 다이오드는 단락 회로가 되고 그렇지 않으면 개방 회로가 되어 전류는 흐르지 않는다.

정전압 강하 모델

다이오드의 지수 특성에서 전류가 급격히 증가하는 부분을 수직선으로 근사하면 순방향 특성에 대한 더욱 간단한 모델을 얻을 수 있다. 이 모델은 순방향 다이오드가 일정한 전압 강하 또는 정전압 강하 V_D에서 도통한다고 단순하게 근사하는 것이다. 그림 3.6은 **정전압 강하 모델**과 그 등가 회로를 나타낸다. 보통 정전압 강하는 $V_D = 0.7\,\mathrm{V}$로 선정한다.

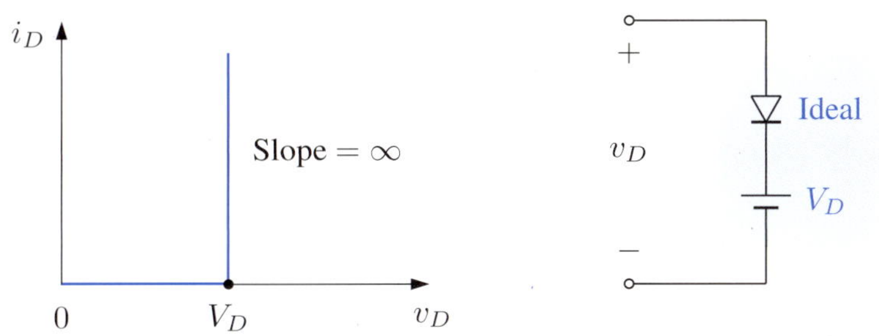

그림 **3.6** 다이오드 순방향 특성의 정전압 강하 모델과 등가 회로.

그림 3.3의 전류가 큰 영역에서는 다이오드 특성이 수직선에 가까워 이 정전압 강하 모델도 적절한 대신호 모델인 것을 알 수 있다. 그래서 이 모델은 회로 해석과 설계의 초기 단계에서 가장 많이 사용되는 간단한 모델이다. 특히 초기 단계에서 다이오드 특성에 관한 상세한 정보를 가지고 있지 않는 경우에는 이 모델을 사용하는 것이 일반적이다.

3.2.4 다이오드의 소신호 모델

다이오드는 저항기와 달리 비선형 소자이기 때문에 전류 크기는 인가된 전압 크기에 비례하지 않는다. 그 결과 전압의 크기에 따라 다른 모델 파라미터들을 사용해야 오차가 작아질 것이다. 앞에서 설명한 직류 또는 대신호 모델에 추가하여 이 절에서는 소신호 모델을 표현할 것이다. 대신호인 직류 전압에 크기가 작은 소신호 전압이 중첩된 순시 전압은

$$\boxed{v_D(t) = V_D + v_d(t)} \tag{3.20}$$

로 표현된다. 이 전압이 다이오드에 인가되면 다이오드 순시 전류는

$$i_D(t) = I_S\, e^{(V_D+v_d)/nV_T} \tag{3.21}$$

로 기술되고 다이오드 직류 전류를 대입하면 다음과 같이 정리된다.

$$i_D(t) = I_S\, e^{V_D/nV_T} e^{v_d/nV_T} = I_D\, e^{v_d/nV_T} \tag{3.22}$$

이 지수 함수를 급수 전개하고, 신호 크기가 세 번째 이상의 항들을 무시하기 위한 소신호 조건 $v_d \ll 2nV_T$를 만족하면 다이오드 순시 전류는

$$i_D(t) \simeq I_D\left(1 + \frac{v_d}{nV_T}\right) = I_D + \frac{I_D}{nV_T} v_d \tag{3.23}$$

로 근사된다. 이 근사를 **소신호 근사** (small-signal approximation)이라고 한다. 보통 소신호의 크기는 10 mV 이하이다. 이런 소신호에 대해서는 순시 전류를 직류 전류와 신호 전류의 합으로 다음과 같이 표현한다.

$$\boxed{i_D(t) = I_D + i_d} \tag{3.24}$$

여기서 다이오드 신호 전류는 다이오드 **소신호 컨덕턴스** g_d를 사용하여

$$\boxed{i_d(t) = \frac{I_D}{nV_T} v_d(t) \equiv g_d v_d(t)} \tag{3.25}$$

로 기술된다. 다이오드 소신호 저항 r_d의 역수인 이 컨덕턴스는

$$g_d \equiv \left.\frac{\partial i_D}{\partial v_D}\right|_{\mathrm{Q}} = \frac{1}{r_d} = \frac{I_D}{nV_T} \tag{3.26}$$

로 주어지며 그 크기는 바이어스 전류 I_D에 비례한다.

그림 3.7은 다이오드의 소신호 특성과 소신호 등가 회로를 나타낸다. 여기서 동작점 Q는 소신호의 원점으로 생각할 수 있다. 이 소신호 관점에서 다이오드는 하나의 저항으로 표현되지만 실제로는 소신호 저항 r_d와 병렬로 다이오드 커패시턴스 C_D가 추가된다. 또한 이 병렬 소자들과 직렬로 다이오드 직렬 저항 R_S도 추가될 수 있다. 표 3.1은 Spice 다이오드 모델의 대표적인 파라미터들을 나타낸다. 나머지 모델 파라미터들에 관한 자세한 내용은 부록 A Spice 사용자 안내서에서 알 수 있다.

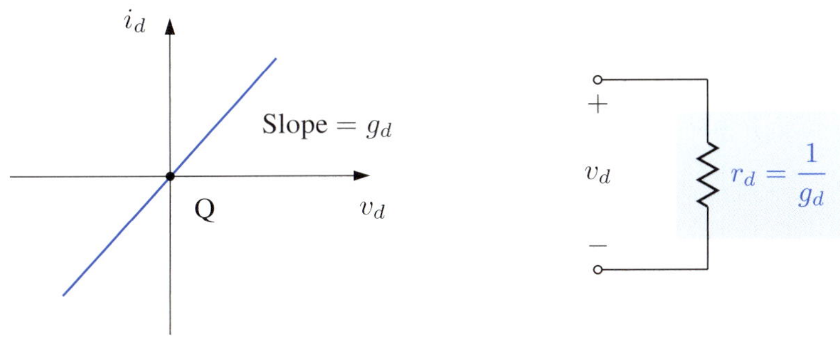

그림 **3.7** 다이오드의 소신호 특성과 소신호 등가 회로.

표 **3.1** Typical parameters of the Spice diode model

Parameter	Symbol	Description	Unit
IS	I_S	Saturation current	A
N	n	Emission coefficient	
RS	R_S	Ohmic resistance	Ω
VJ	V_0	Built-in potential	V
CJ0	C_{j0}	Zero-bias depletion or junction capacitance	F
M	m	Grading coefficient	
TT	τ_T	Transit time	s
BV	V_{ZK}	Breakdown voltage	V
IBV	I_{ZK}	Reverse current at V_{ZK}	A
EG	E_G	Bandgap energy	eV

Spice Subcircuit

앞에서 설명한 다이오드 모델들은 우리가 다이오드 회로를 해석할 때 주로 사용하는 등가 회로 (equivalent circuit)들이다. Spice에서도 이런 모델이나 등가회로를 사용하여 해석할 수 있다. 이를 위해 **부회로** (subcircuit) 개념이 도입되었다. 이 개념은 큰 회로를 작은 회로들의 집합으로 표현하는 경우에도 사용될 수 있다. 또한 회로의 오류를 찾거나 회로를 관리하는 데도 매우 유용한 개념이다. 바로 소프트웨어의 부프로그램 (subprogram)이나 함수에 대응된다. 부회로는 표 3.2처럼 .subckt 문으로 시작한다. sname은 부회로의 명칭이고 nodes는 주회로와 접속되는 마디 번호들이다. 모든 회로에 공통인 접지 번호 0을 제외하고 이 번호들과 소자 명칭들은 부회로 내에서만 사용된다. .ends 문은 부회로 표현을 끝내는 문이다. 부회로의 사용문은 x로 시작하는 명칭 다음에 마디 번호들을 순서대로 나열하고 마지막에 부회로 명칭이 오도록 표현한다.

표 **3.2** Standard format for the definition and instance of a Spice subcircuit

```
.subckt sname nodes
    Circuit description
        Power supplies
        Signal sources
        Element descriptions
        Model statements
+   Continued line
*   Comment line
.ends [sname]
```
```
xname nodes sname
```

그림 3.8은 간단한 다이오드 회로와 그 다이오드의 구분적 선형 등가 회로를 나타낸다. 원으로 싸인 수는 마디 번호이며 접지 마디의 번호는 0으로 표시하였다. 다이오드의 등가 회로는 이상적인 다이오드와 모델 파라미터들을 사용하여 다음과 같은 부회로 diolin으로 기술된다. 이 부

회로를 주회로에서 xD1이라는 명칭으로 이용한다. 이상적인 다이오드는 일반 다이오드의 모델 파라미터 n을 작게 지정하여 실현한다. 두 회로에 같은 마디 번호가 있어도 되지만 .subckt 문과 그 사용문에 나열되는 번호의 순서가 중요하다. 예제에서는 부회로 마디 1이 주회로 마디 2에 대응하고 부회로 마디 4는 주회로 마디 0, 즉 접지에 대응한다.

```
A subcircuit example
VDD  1   0   dc 5V
R1   1   2   1k
xD1  2   0   diolin
* piecewise linear diode model
*               anode cathode
.subckt  diolin   1     4
D0   1   2   ideal
VD0  2   3   VD0
rD   3   4   rD
.model   ideal D (Is = 1n N = 0.01)
.ends
.end
```

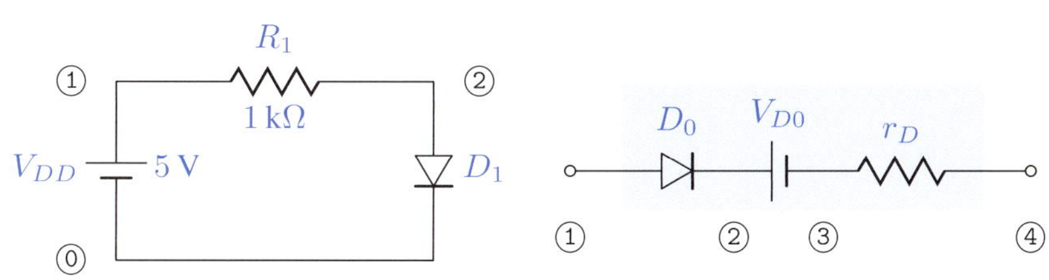

그림 **3.8** 간단한 다이오드 회로와 구분적 선형 모델의 등가 회로.

Spice에서 사용하는 다이오드 모델은 정교한 지수 모델이며 Spice는 이 모델을 사용하여 모든 다이오드 회로의 해석을 수행한다. 예를 들면 소신호 등가 회로의 컨덕턴스도 이 모델에서 미분을 통해 얻는다. 보통 이런 모델 파라미터들은 다이오드의 제조사가 제공한다. 다이오드 1N4148의 모델을 사용하는 그림 3.8의 회로 파일은 다음과 같다.

```
A simple diode circuit
VDD  1   0   dc 5V
R1   1   2   1k
D1   2   0   1N4148
.model 1N4148 D (Is=2.682n N=1.836 Rs=.5664 Xti=3 Eg=1.11
+   Cjo=4p M=.3333 Vj=.5 Fc=.5 Bv=100 Ibv=100u Tt=11.54n)
.end
```

3.3 예비 문제

1. 방정식 (3.18)을 $f(V_D) = 0$으로 표현하고 이 비선형 방정식의 해를 구하는 뉴튼 방법 (Newton method)를 간단히 기술하라.
2. 순바이어스 영역에서 다이오드 특성을 점 (V_{D1}, I_{D1})과 (V_{D2}, I_{D2})를 지나는 직선으로 근사할 때, 구분적 선형 모델의 파라미터 V_{D0}와 r_D의 표현식을 구하라. 두 점이 (0.61 V, 1 mA)와 (0.72 V, 10 mA)인 경우에 V_{D0}와 r_D의 값을 계산하라.
3. 다이오드 순시 전류 i_D를 급수 전개하여 소신호 조건을 유도하라.
4. 다이오드의 소신호 컨덕턴스 g_d의 물리적 의미를 기술하라.

3.4 실험 부품 및 장비

부품 및 장비	규격 및 기능	수량
다이오드	1N4148 또는 1N914	1
저항기	1 kΩ 1/4 W	1
디지털 온도계	실험실 온도 측정용	1
개인용 컴퓨터	Windows XP 이상	1
회로 시뮬레이터	PSpice, LTspice, 또는 Spice3	1

3.5 실험 내용

1. 접합 다이오드 1N4148의 애노드와 캐소드 단자를 그림 3.9에 나타낸 접합 다이오드의 회로 기호와 단자 연결도를 보고 확인하라.

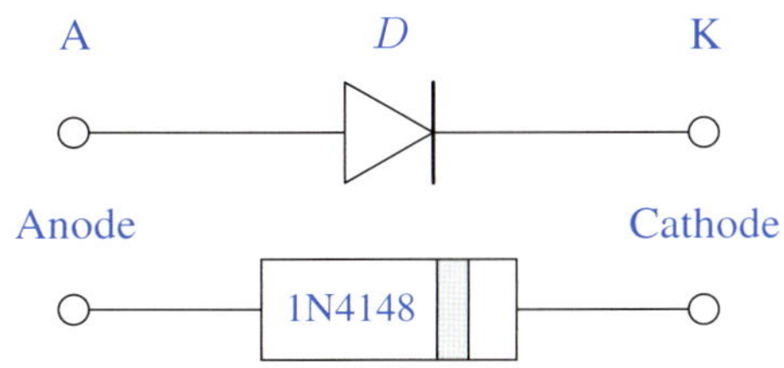

그림 **3.9** 접합 다이오드의 회로 기호와 단자 연결도.

2. 실험에 사용할 다이오드의 pn 접합의 순방향과 역방향 전압 (저항)의 크기를 각각 측정하여 표 3.3에 기록하고 정상 여부를 판별하라.

   ※ 멀티미터에 따라 다이오드의 전압이나 저항을 측정한다. 전압(저항)의 측정 범위를 다이오드 표시가 있는 범위로 선택하라. 이 경우 접합 전압 (저항)을 측정하기 위한 적절한 직류 전압과 전류가 사용된다. 보통 실리콘 pn 접합은 순방향 전압 (저항)이 1 V (10 kΩ) 이하이고 역방향 전압 (저항)이 2 V (10 MΩ) 이상이면 정상이다.

표 **3.3** pn 접합 다이오드의 직류 전압 (직류 등가 저항)

pn 접합	순방향 전압 (저항)	역방향 전압 (저항)	정상 여부
1N4148			

3. 접합 다이오드 1N4148을 사용하여 다이오드의 전기적 특성을 측정하기 위한 회로를 그림 3.10과 같이 구성하라. 실험실 온도와 1 kΩ 저항의 크기를 정밀하게 측정하여 표 3.4에 기록하라. 직류 전원 공급기는 출력 전압을 $V_{DD} = 0\,\text{V}$로 조정하여 회로에 연결하라.

4. 직류 전원 전압 V_{DD}의 크기를 증가시키면 다이오드 직류 전압 V_D도 증가한다. 다이오드 전류 I_D가 전압에 지수적으로 의존하므로 멀티

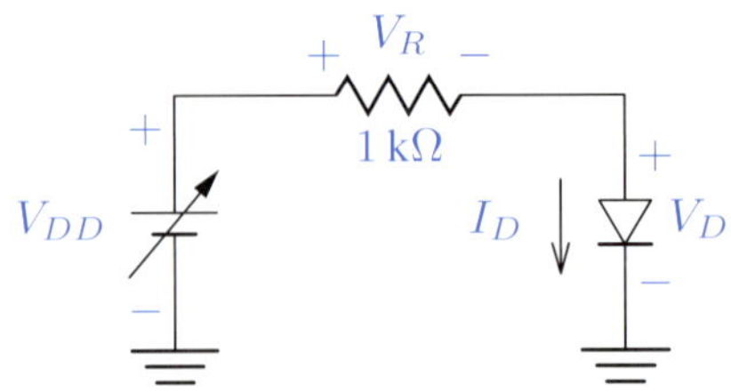

그림 **3.10** 접합 다이오드 1N4148의 전기적 특성을 측정하기 위한 회로.

미터로 V_D를 관측하면서 V_{DD}를 조금씩 증가시켜야 한다. 표 3.4에 주어진 다이오드 전압들에 대해 V_R을 측정하여 기록하라. 옴의 법칙으로 다이오드 전류 I_D를 간접적으로 구하여 표 3.4를 완성하라.

표 **3.4** 접합 다이오드 1N4148의 전기적 특성

V_D (V)	0.4	0.5	0.53	0.55	0.56	0.57	0.58	0.59	0.6	0.61	0.62
V_R (V)											
I_D (mA)											
$I_D = V_R/R$, $R =$ kΩ, 실험 온도 $T =$ K											

5. 다음 표현식으로 $V_D = 0.6\,\text{V}$에서 다이오드 직류 저항을 구하라.

$$R_D = \frac{V_D}{I_D} = \qquad \Omega \tag{3.27}$$

순바이어스 영역에서 다이오드 특성을 점 (V_{D1}, I_{D1})과 (V_{D2}, I_{D2})를 지나는 직선으로 근사할 때, 두 전압 $V_{D1} = 0.56\,\text{V}$와 $V_{D2} = 0.62\,\text{V}$에 대해 구분적 선형 모델의 파라미터 r_D와 V_{D0}를 계산하라.

$$r_D = \frac{V_{D2} - V_{D1}}{I_{D2} - I_{D1}} = \qquad \Omega \tag{3.28}$$

$$V_{D0} = V_{D1} - r_D I_{D1} = \qquad \text{V} \tag{3.29}$$

그리고 $V_D = 0.6\,\text{V}$인 동작점 Q에서 소신호 저항을 계산하라.

$$r_d \simeq \left.\frac{\Delta V_D}{\Delta I_D}\right|_{\text{Q}} = \frac{0.61 - 0.59}{I_{D2} - I_{D1}} = \qquad \Omega \tag{3.30}$$

6. 신호를 중첩하지 않고 ($v_i = 0$) 함수 발생기의 직류 오프셋 전압을 2 V로 설정하라 ($V_I = 2\,\text{V}$). 이 직류 전압은 다이오드의 동작점 Q를 설정한다. 그리고 다이오드 1N4148을 사용하여 그림 3.11의 회로를 구성하라. 직류 전압 V_D와 V_O를 측정하여 동작점을 확인하라.

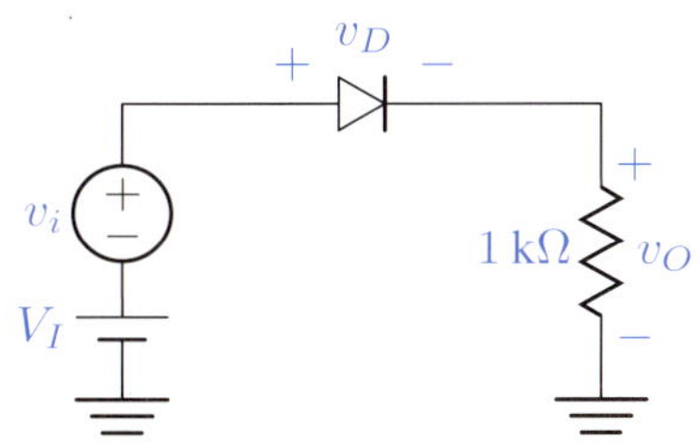

그림 **3.11** 동작점 Q에 대한 다이오드의 동작을 관측하기 위한 회로.

7. 신호 v_i는 진폭이 1 V이고 주파수가 1 kHz인 정현파로 설정하라. 순시 전압 v_I에 대한 출력 전압 v_O를 관측하여 그림 3.12에 기록하라.

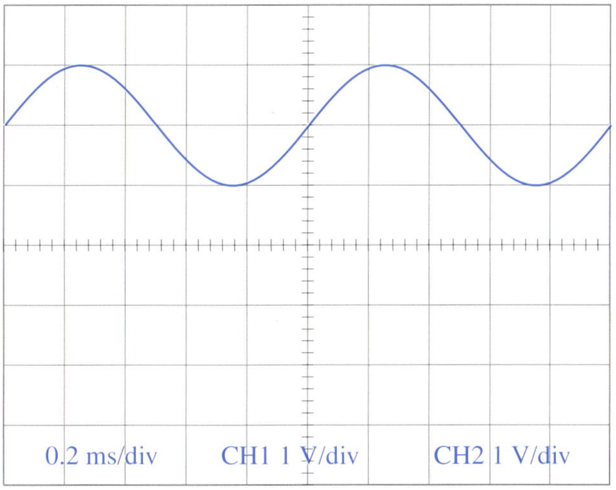

그림 **3.12** 동작점이 도통 영역에 설정된 다이오드 회로의 출력 전압 파형.

8. 실험 7에서 입력 직류 전압 V_I, 다이오드 직류 전압 V_D, 그리고 출력 직류 전압 V_O를 신호 전압 v_i의 진폭 V_i가 0 V인 경우와 1 V인 경우에 각각 측정하여 표 3.5에 기록하라. 여기서 다이오드는 직류 레벨

변이기 (dc level shifter)로 작용한다. 즉, 신호 전압은 다이오드를 거의 그대로 통과하고 직류 전압의 크기만 V_D만큼 변화한다.

표 **3.5** 신호 진폭의 크기에 대한 다이오드 동작점의 변화

$V_i = 0\,\mathrm{V}$						$V_i = 1\,\mathrm{V}$					
V_I	2 V	V_D		V_O		V_I		V_D		V_O	

오실로스코프의 두 채널 결합 모드를 AC로 설정하라. 신호 v_i와 v_o의 파형을 비교하면서 진폭과 위상을 측정하여 기록하라.

$$V_i = 1\,\mathrm{V}, \quad \phi_i = 0^\circ, \quad V_o = \qquad \mathrm{V}, \quad \phi_o = \qquad ^\circ$$

다이오드를 통과한 출력 대신호가 입력 대신호와 진폭이나 위상이 비슷하며 단지 직류 전압의 변이만 수반한다는 사실을 고찰하라.

9. 함수 발생기의 직류 오프셋 전압을 $V_I = 0\,\mathrm{V}$로 설정하라. 순시 전압 v_I에 대한 출력 전압 v_O를 관측하여 그림 3.13에 기록하라. 이 경우 다이오드의 동작점 Q가 차단 영역에 설정되어 입력 신호가 다이오드를 그대로 통과할 수 없다. 다이오드와 같은 비선형 전자 소자의 회로 기능이 그 동작점 Q에 의존한다는 사실을 분명히 인식하라.

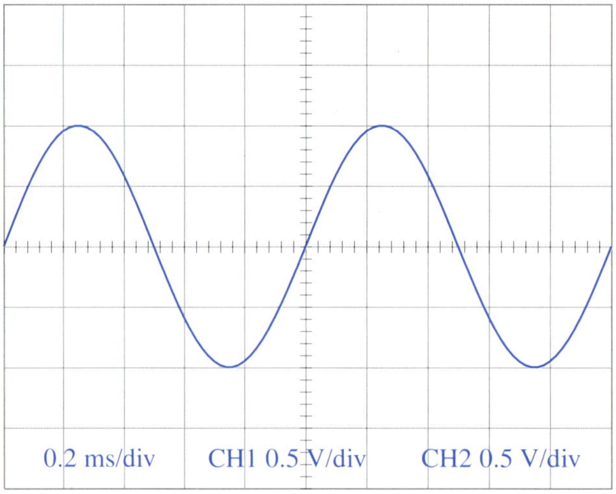

그림 **3.13** 동작점이 차단 영역에 설정된 다이오드 회로의 출력 전압 파형.

10. 다이오드 1N4148을 사용한 그림 3.14의 회로 파일을 작성하라. 입력 전압 v_i는 펄스 전원 `pulse 0v 0.1v 1u 1n 1n 1u 2u`를 사용하라. 출력 전압 v_o의 파형을 관측하여 이 회로가 저역 통과 필터로 동작하는 것을 확인하라. 이는 다이오드가 차단 상태로 바이어스된 경우 접합 커패시턴스 C_j가 다이오드의 특성을 좌우하기 때문이다.

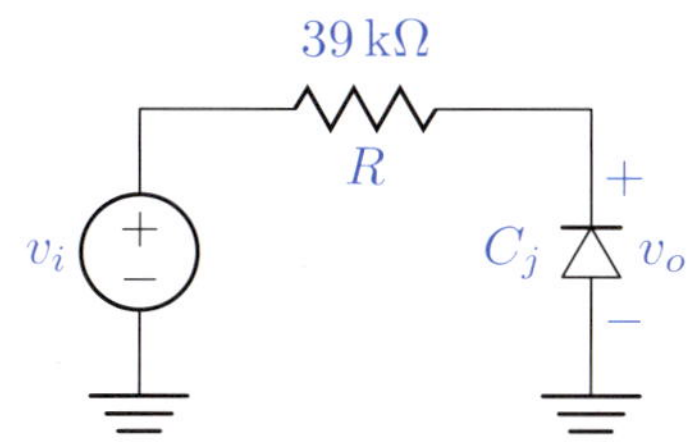

그림 **3.14** 다이오드의 커패시턴스를 측정하기 위한 회로.

시간 영역에서 이 저역 통과 필터의 상승 시간은 $t_r \simeq 2.2RC_j$로 근사되고, 주파수 영역에서 대역폭 (bandwidth) 또는 차단 주파수는 $f_c = 1/2\pi RC_j$로 표현된다. 따라서 상승 시간과 차단 주파수는 $t_r f_c \simeq 0.35$로 연관된다. 이 사실은 광대역 회로가 고속 회로인 것을 의미한다. t_r과 f_c를 측정하고 각 경우에 커패시턴스 C_j를 구하여 표 3.6에 기록하라. 더불어 부록의 1N4148 소자 규격에 주어진 커패시턴스 C_D와 비교하고 $t_r f_c \simeq 0.35$가 성립하는지 검토하라.

표 **3.6** 시간 영역과 주파수 영역에서 구한 다이오드의 접합 커패시턴스

C_D	Time domain				Frequency domain				$t_r f_c$
	t_r		C_j		f_c		C_j		

3.6 연습 문제

1. 실험에서 측정한 다이오드 특성인 표 3.4를 그림 3.15의 대수적 특성에 중첩하여 표시하라. 그 특성의 기울기를 구하고 다이오드 전

류 I_D의 상용 대수식 (3.31)의 기울기와 비교하여 n과 I_S를 구하라.

$$\log I_D = \left(\frac{\log e}{nV_T}\right) V_D + \log I_S \tag{3.31}$$

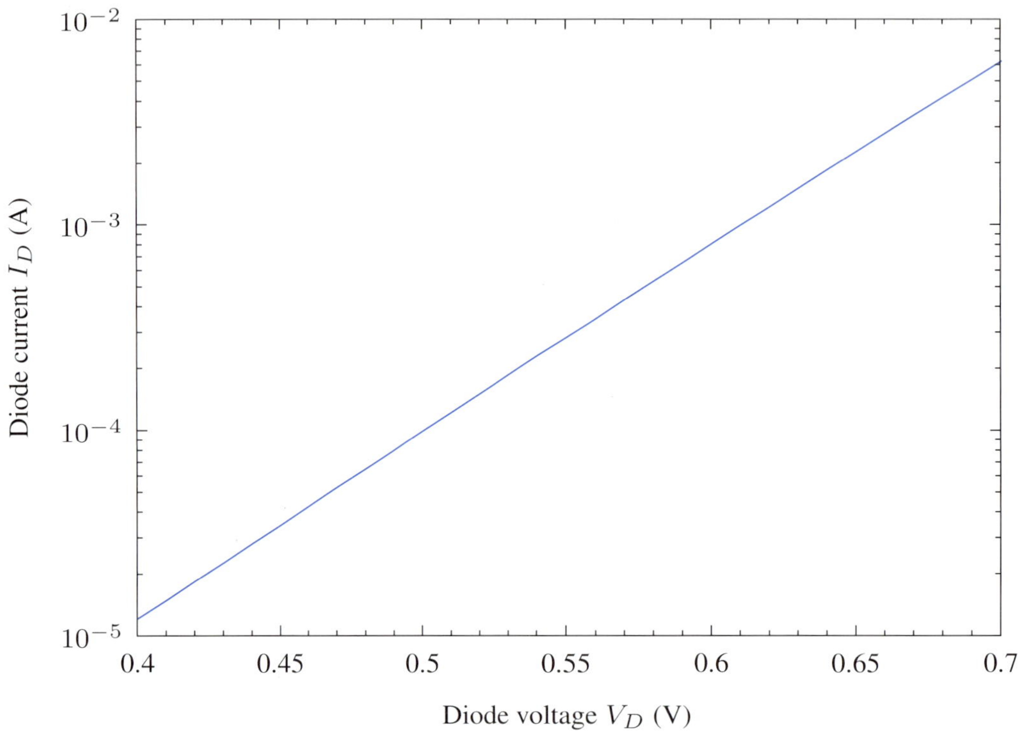

그림 **3.15** 상용 대수로 나타낸 접합 다이오드의 전류 전압 특성.

2. 측정한 모델 파라미터로 구분적 선형 모델의 부회로를 작성하라.
3. 실험 8에서 다이오드의 두 단자 신호의 크기가 비슷하고 오직 직류 전압의 변이만 수반하는 사실을 구분적 선형 모델로 설명하라.

참고 문헌

1. A. S. Sedra and K. C. Smith, *Microelectronic Circuits*, 2021.
2. P. Antognetti and G. Massobrio, *Semicoductor Device Modeling with SPICE.*

苦

실험 4

연산 증폭기 회로

4.1 실험 목적

연산 증폭기의 특성과 사용법을 학습하고 이 증폭기를 사용한 증폭과 발진 회로의 실험을 통해 연산 증폭기의 성능과 동작 원리를 체험한다.

4.2 실험 해설

연산 증폭기 (operational amplifier 또는 op amp)는 높은 입력 임피던스, 낮은 출력 임피던스, 그리고 높은 증폭도를 갖는 차동 증폭기 (differential amplifier)로 거의 이상적인 특성을 갖는다. 이런 연산 증폭기는 증폭기,

발진기, 필터, 파형 성형 회로, 그리고 계측 회로 등에 가장 널리 사용되는 선형 집적 회로 (linear IC)이다. 그 원인은 연산 증폭기로 다양한 전자 회로를 실현할 수 있는 **다용성** (versatility)와 연산 증폭기로 원하는 특성을 갖는 회로를 매우 쉽게 설계할 수 있는 **용이성** (easiness)이다.

연산 증폭기는 여러 제조 회사에서 생산한 다양한 종류가 있으며, 표 4.1과 같이 세 부분에 일곱 개의 문자를 사용하여 분류하고 있다. 접두사는 제조 회사를 나타내고 접미사는 패키지의 종류를 나타내며, 세 자리 숫자와 그 다음의 문자는 연산 증폭기의 종류와 사용 온도 범위를 나타낸다. 예를 들면 MC741CN은 모토롤라에서 제조한 연산 증폭기로 사용 온도 범위가 0 °C에서 70 °C로 상업용이며, 긴 단자를 가진 플라스틱 DIP (dual-in-line) 패키지를 사용하고 있다는 것을 나타낸다.

표 **4.1** 연산 증폭기의 분류

<table>
<tr><th colspan="2">제조 회사</th><th colspan="3">온도 범위</th></tr>
<tr><td>AD</td><td>Analog Devices</td><td>C</td><td>Commercial</td><td>0 °C to 70 °C</td></tr>
<tr><td>CA</td><td>RCA</td><td>I</td><td>Industrial</td><td>−40 °C to 85 °C</td></tr>
<tr><td>LM</td><td>National Semiconductor</td><td>M</td><td>Military</td><td>−55 °C to 125 °C</td></tr>
<tr><td>MC</td><td>Motorola</td><td colspan="3">패키지 종류</td></tr>
<tr><td>NE/SE</td><td>Signetics</td><td>D</td><td colspan="2">Plastic DIP</td></tr>
<tr><td>OP</td><td>Precision Monolithics</td><td>J</td><td colspan="2">Ceramic DIP</td></tr>
<tr><td>RC/RM</td><td>Raytheon</td><td>N, P</td><td colspan="2">Long lead DIP</td></tr>
<tr><td>ST</td><td>STMicroelectronics</td><td colspan="3" rowspan="5">예제: MC741CN
MC: 모토롤라에서 제조
741C: 연산 증폭기의 종류와 온도 범위
N: 긴 단자 DIP 패키지</td></tr>
<tr><td>TL</td><td>Texas Instruments</td></tr>
<tr><td>UA</td><td>Fairchild</td></tr>
<tr><td>KA/KF</td><td>Samsung</td></tr>
</table>

그림 4.1은 μA741 연산 증폭기의 회로 기호와 8핀 DIP 패키지를 나타낸다. 2번 단자는 반전 입력 단자로 이 단자의 전압이 증가하면 6번 출력 단자의 전압이 감소하는 반면, 비반전 입력 단자인 3번 단자의 전압

이 증가하면 출력 단자의 전압은 증가한다. 7번 단자는 양의 공급 전압 V_{CC}가 연결되는 단자이고, 4번 단자는 음의 공급 전압 $-V_{EE}$가 연결되는 단자이다. 1과 5번 단자는 입력 오프셋 전압을 조정하는 단자들이다.

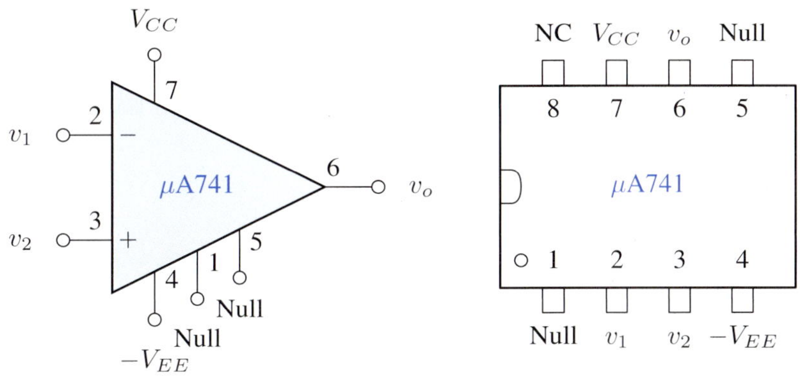

그림 **4.1** μA741 연산 증폭기의 회로 기호와 패키지의 단자 번호.

연산 증폭기의 비반전 입력 신호와 반전 입력 신호의 차이는

$$\boxed{v_{Id} \equiv v_2 - v_1} \tag{4.1}$$

으로 정의되고 차동 (differential) 입력 전압 또는 신호라고 한다. 두 입력 신호의 평균을 공통 모드 (common-mode) 입력 전압 또는 신호라고 하며

$$\boxed{v_{Icm} \equiv \frac{v_2 + v_1}{2}} \tag{4.2}$$

으로 표현된다. 그리고 이러한 신호 입력에 대한 각각의 이득을 차동 이득 A_d와 공통 모드 이득 A_{cm}이라고 한다. 차동 입력 신호와 공통 입력 신호가 공존할 때의 출력 신호는 다음과 같이 표현된다.

$$\boxed{v_O = A_d v_{Id} + A_{cm} v_{Icm}} \tag{4.3}$$

연산 증폭기가 이상적인 경우에는 공통 모드 이득이 0인 반면 차동 이득은 ∞가 된다. 또한 두 입력 신호 전류와 출력 저항도 0이 되며, 증폭 가능한 신호의 주파수도 0에서부터 ∞에 이른다. 이상적인 연산 증폭기의 차동 이득이 무한대이므로 미소한 차동 입력 전압이 인가되어도 출

력 전압이 어느 한 쪽의 공급 전압으로 포화된다. 출력 전압의 포화를 방지하기 위해서 출력 전압에 비례하는 전압 신호를 반전 입력 단자에 되먹이면 출력 전압의 증가와 감소가 서로 억제된다. 그 결과 출력 전압은 평형을 이루어 적절한 전압이 된다. 그래서 연산 증폭기는 개방 루프 (open loop) 회로보다는 주로 폐쇄 루프 (closed loop) 회로로 사용된다. 이 경우 유한 출력 전압에 대한 차동 입력 전압은 다음과 같이 근사된다.

$$v_{Id} = v_2 - v_1 = \frac{v_O}{A_d} \simeq 0 \tag{4.4}$$

이러한 $v_1 \simeq v_2$인 근사를 **가상 단락** (virtual short) 회로로 표현한다. 즉, 두 입력 단자 사이는 전압 차이가 없는 단락 상태이지만 그 단자들 사이로 전류는 흐르지 않는다. 이 가상 단락 근사와 키르히호프 전류 법칙은 이상적인 연산 증폭기가 사용된 회로의 해석에 유용하게 사용된다.

4.2.1 반전 증폭기

연산 증폭기를 사용한 반전 증폭기 (inverting amplifier)의 구성은 그림 4.2와 같다. 연산 증폭기의 비반전 입력 단자는 접지되고, 입력 전압은 저항 R_1을 통해 반전 입력 단자로 연결된다. 그리고 저항 R_2를 통해 반전 입력 단자에 부귀환 (negative feedback)으로 인가된 출력 전압은 입력 전압의 작용과 평형을 이루게 된다. 그 결과 적절한 크기의 출력 전압이 형성된다. 이런 회로 동작을 해석하기 위해서 연산 증폭기의 반전 입력 마디에 전류 법칙을 적용하면 다음과 같은 마디 방정식을 얻는다.

$$\frac{v_1 - v_I}{R_1} + \frac{v_1 - v_O}{R_2} = 0 \tag{4.5}$$

차동 이득 A_d가 매우 클 경우에는 가상 단락 근사를 적용할 수 있으므로 연산 증폭기의 두 입력 전압은 $v_1 = v_2 = 0$이 된다. 반전 입력 단자가 접지된 비반전 입력 단자와 가상 단락되어 전압이 0이 되므로 반전 입력 단자가 **가상 접지** (virtual ground)되었다고 한다. 앞식에 $v_1 = 0$을 대입하여 정리하면 다음과 같은 반전 증폭기의 전압 이득을 얻을 수 있다.

$$G \equiv \frac{v_O}{v_I} = -\frac{R_2}{R_1} \tag{4.6}$$

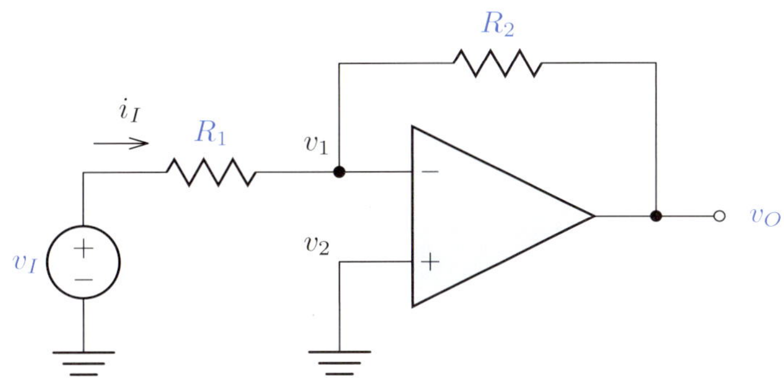

그림 **4.2** 연산 증폭기를 사용한 반전 증폭기.

연산 증폭기의 유한 차동 이득은 반전 증폭기에서 이득 오차를 수반하므로 매우 정밀한 회로를 설계할 때는 그 영향을 인식해야 한다. 이를 위해서는 유한 차동 이득 A_d를 고려한 연산 증폭기의 출력 전압 표현식

$$v_O = A_d(v_2 - v_1) \tag{4.7}$$

을 사용하여 반전 증폭기 회로를 해석해야 한다. 가상 단락 근사 대신에 $v_1 = -v_O/A_d$를 식 (4.5)에 대입하면 반전 증폭기의 전압 이득은

$$G_v = \frac{v_O}{v_I} = \frac{-R_2/R_1}{1 + (1 + R_2/R_1)/A_d} \tag{4.8}$$

으로 정리된다. 전압 이득은 설계에 사용하는 이상적인 반전 증폭기의 전압 이득 G와 차이가 난다. 이상적인 전압 이득에 대한 **이득 오차**는

$$\epsilon \equiv \frac{|G_v| - |G|}{|G|} \tag{4.9}$$

로 정의된다. 차동 이득이 커서 조건 $A_d \gg (1 + R_2/R_1)$이 만족되면 오차는 작아지므로 더 정확한 증폭이 가능하다. 그래서 우리는 항상 큰 증폭기 이득을 원한다. 그러나 차동 이득이 정해지면 반전 증폭기의 이득 크기가 클수록 오차는 증가하므로 이득과 정확도를 절충하여 증폭기를 설계해야 한다. $R_2/R_1 = 100$일 때 차동 이득의 크기에 대한 이득 오차와 연산 증폭기의 반전 입력 단자 전압은 표 4.2와 같다. 여기서 차동 이득의 크기에 따라 수 퍼센트의 이득 오차가 수반되며, 가상 접지된 반전 입력 단자의 전압도 0이 아닌 수 mV에 이른다는 것을 알 수 있다.

표 **4.2** 개방 루프 차동 이득에 대한 반전 증폭기의 이득 오차와 $v_I = 0.1\,\text{V}$에 대한 v_1

차동 이득 A_d		전압 이득 G_v	이득 오차 ϵ	반전 단자 전압 v_1
10^3	60 dB	−90.83	−9.17 %	−9.08 mV
10^4	80 dB	−99.00	−1.00 %	−0.99 mV
10^5	100 dB	−99.90	−0.10 %	−0.10 mV

연산 증폭기가 이상적이면 반전 입력 단자가 가상 접지되므로 증폭기의 입력 전류는 $i_I = v_I/R_1$이다. 그래서 반전 증폭기의 입력 저항은

$$R_i \equiv \frac{v_I}{i_I} = \frac{v_I}{v_I/R_1} = R_1 \tag{4.10}$$

으로 주어진다. 보통 저항 R_1의 크기는 연산 증폭기의 입력 저항보다 훨씬 작다. 입력 저항은 신호원의 저항과 전압 분할기를 형성한다. 그래서 감쇠를 야기하는 작은 입력 저항은 반전 증폭기의 단점이 된다. 그리고 이상적인 연산 증폭기의 출력 저항이 0이므로 반전 증폭기의 출력 저항도 0이 된다. 따라서 이상적인 연산 증폭기를 사용한 반전 증폭기의 등가 회로는 그림 4.3과 같은 전압 제어 전압 전원 (VCVS)로 표현된다.

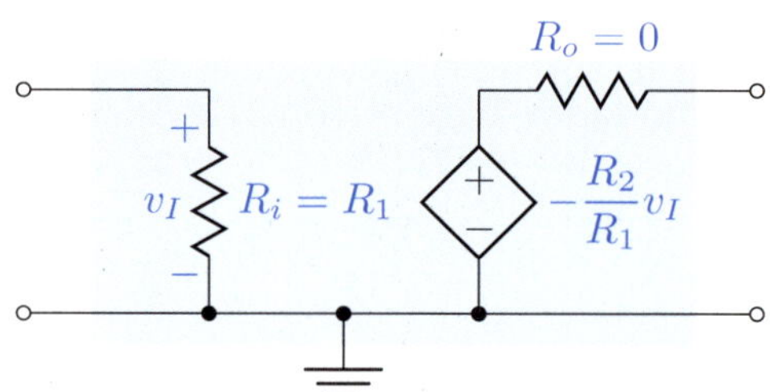

그림 **4.3** 반전 증폭기의 등가 회로.

4.2.2 비반전 증폭기

연산 증폭기를 사용한 비반전 증폭기 (noninverting amplifier)는 그림 4.4와 같이 구성된다. 입력 전압은 연산 증폭기의 비반전 입력 단자에 연결되며 저항 R_1의 한 단자는 접지된다. 그리고 저항 R_2를 통해 부귀

환으로 반전 입력 단자에 인가된 출력 전압은 적절한 크기가 되어 입력 전압의 작용과 평형을 이루게 된다. 이런 회로 동작을 해석하기 위해 연산 증폭기의 반전 입력 마디에 키르히호프 전류 법칙을 적용하면

$$\frac{v_1}{R_1} + \frac{v_1 - v_O}{R_2} = 0 \tag{4.11}$$

이 된다. 차동 이득 A_d가 매우 클 경우에는 가상 단락 근사를 적용할 수 있으므로 연산 증폭기의 두 입력 전압은 같아진다. 따라서 $v_1 = v_I$를 위의 식에 대입하여 정리하면 비반전 증폭기의 전압 이득은 다음과 같다.

$$\boxed{G \equiv \frac{v_O}{v_I} = 1 + \frac{R_2}{R_1}} \tag{4.12}$$

전압 이득이 양이므로 출력 전압은 비반전이고 입력 전압과 동상이다.

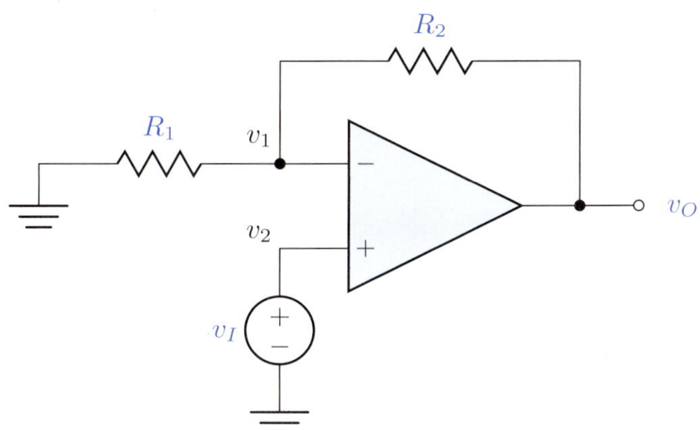

그림 **4.4** 연산 증폭기를 사용한 비반전 증폭기.

연산 증폭기의 유한 차동 이득에 대한 비반전 증폭기의 전압 이득은

$$G_v = \frac{v_O}{v_I} = \frac{1 + R_2/R_1}{1 + (1 + R_2/R_1)/A_d} \tag{4.13}$$

으로 구해진다. 반전 증폭기처럼 이상적인 전압 이득에 대한 오차는 차동 이득의 크기에 의존하므로 결국 차동 이득의 크기는 정확도에 연관된다. 비반전과 반전 증폭기에서 입력 전압이 0이면 두 증폭기의 회로 구조는 같다. 그래서 두 증폭기에 대한 전압 이득의 분모도 같아진다.

이는 전달 함수의 분모가 회로의 고유한 구조에만 의존하기 때문이다. 반면에 전달 함수의 분자는 입력 전압의 위치에 의존한다.

입력 전압이 연산 증폭기의 비반전 입력 단자에 그대로 연결되므로 비반전 증폭기의 입력 저항은 연산 증폭기의 입력 저항과 같은 크기를 갖는다. 연산 증폭기가 이상적이면 비반전 증폭기의 입력 저항은 무한대가 된다. 비반전 증폭기의 출력 저항도 이상적인 연산 증폭기의 출력 저항인 0이 된다. 연산 증폭기가 이상적인 경우에 앞에서 설명한 내용을 정리하면 비반전 증폭기의 등가 회로는 그림 4.5와 같다.

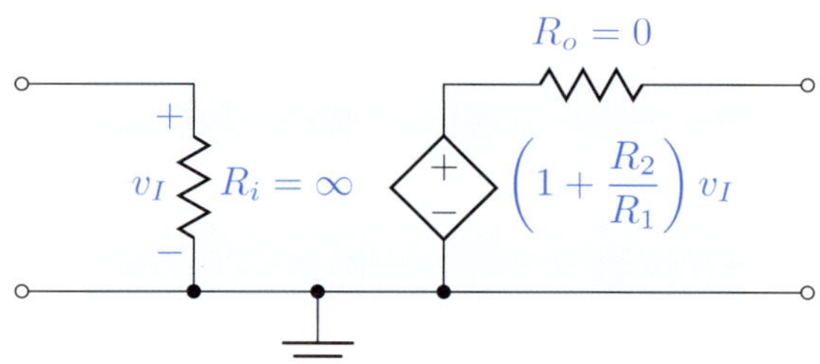

그림 **4.5** 비반전 증폭기의 등가 회로.

높은 입력 임피던스를 갖는 비반전 증폭기의 특성은 유용하게 이용될 수 있다. 높은 내부 임피던스를 갖는 신호원의 출력을 낮은 입력 임피던스를 갖는 부하로 연결하는 전압 완충 증폭기로 비반전 증폭기를 사용할 수 있다. 전압 완충기에서 전압 이득을 필요로 하지 않을 경우에는 $R_1 = \infty$ 그리고 $R_2 = 0$으로 설계하면 단위 이득 증폭기 (unity-gain amplifier)가 얻어진다. 이 증폭기의 출력 전압이 입력 전압을 그대로 따라가므로 이 증폭기를 **전압 폴로어** (voltage follower)라고 부른다.

Nonlinear Oscillator

삼각, 사각, 펄스 파형 등을 발생하는 회로를 비선형 발진기 또는 함수 발생기라고 한다. 이런 회로는 **쌍안정 회로** (bistable circuit)를 사용하여 구성된다. 쌍안정 회로는 정귀환을 갖는 증폭기로 실현될 수 있다. 이 회로는 그림 4.6과 같이 연산 증폭기와 전압 분할기로 간단히 구현된다. $v_I = 0$인 경우를 고려하자. 미소 잡음으로 인해 v_2가 증가한다면 연산 증폭기가 그 변화를 증폭하므로 출력 전압도 증가한다. 전압 분할기를 통해 그 출력 전압의 일부는 비반전 입력 단자로 귀환된다. 이로 인해 v_2는 다시 증가한다. 이런 **재생 과정** (regenerative process)는 연산 증폭기의 출력이 최대 출력 전압 $V_{o,\max}$로 포화될 때까지 계속될 것이다. 그 결과 비반전 입력 전압 $v_2 = R_1 V_{o,\max}/(R_1 + R_2) \equiv \beta V_{o,\max}$가 된다. 이 전압이 양의 전압이므로 연산 증폭기의 포화 상태는 그대로 유지된다. 이 상태가 두 가지 안정 상태 중의 하나이다. 만일 미소 잡음으로 인해 v_2가 감소한다면 결국 연산 증폭기의 출력은 최소 출력 전압 $-V_{o,\max}$로 포화될 것이다. 이 경우의 비반전 입력 전압은 $v_2 = -\beta V_{o,\max}$가 된다. 이 상태가 다른 안정 상태이므로 이 회로를 쌍안정 회로라고 한다.

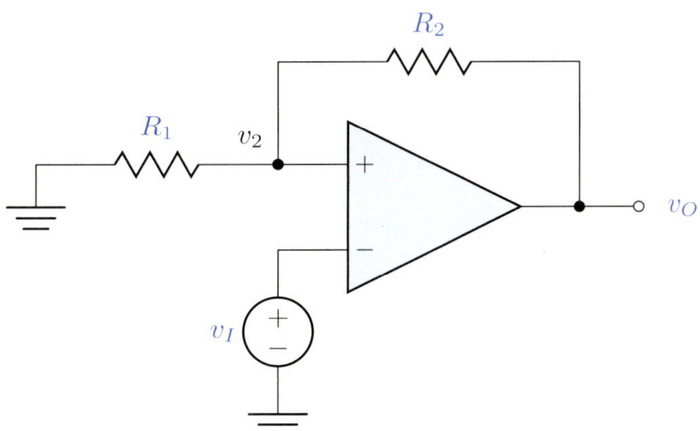

그림 **4.6** 연산 증폭기에 정귀환을 사용한 쌍안정 회로.

입력 전압 v_I가 변하면 쌍안정 회로의 상태가 변경될 수 있다. 그 결과 우리는 쌍안정 회로의 전달 특성을 얻을 수 있다. 우선 출력 전압 v_O를 $V_{o,\max}$로 가정하면 $v_2 = \beta V_{o,\max} \equiv V_{TH}$가 된다. 이제 v_I가 v_2까지 증가해도 v_O는 그대로 유지된다. 그러나 v_I가 v_2를 초과하면 연산 증폭기의 입력 전압 $v_2 - v_I$는 음의 전압이 된다. 이 전압이 연산 증폭기에 의해 증폭되므로 출력 전압은 음의 전압이 된다. 그래서 v_2도 음의 전압이 된다. 이는 연산 증폭기의 입력에 더욱 음인 전압을 형성한다. 이 전압이 다시 증폭되는 재생 과정을 통해 연산 증폭기의 출력은 $-V_{o,\max}$로 포화된다. 지금부터는 v_I가 더 증가해도 v_O의 상태는 그대로 유지된다.

다음은 전압 v_I가 감소하는 경우를 고려하자. v_I가 $v_2 = -\beta V_{o,\max} \equiv V_{TL}$까지 감소해도 v_O는 그대로 유지된다. 하지만 v_I가 v_2보다 낮아지면 연산 증폭기의 입력 전압 $v_2 - v_I$는 양의 전압이 된다. 이 전압이 연산 증폭기에 의해 증폭되므로 그 출력에는 양의 전압이 나타난다. 정귀환의 재생 과정을 통해 연산 증폭기의 출력은 결국 $V_{o,\max}$로 포화된다. 이런 쌍안정 회로의 전달 특성이 그림 4.7에 나타나 있다. 회로 상태가 변하는 입력 전압의 크기인 문턱 전압은 입력 전압의 증가나 감소에 따라 V_{TL}과 V_{TH}가 된다. 이 현상을 **이력특성** (hysteresis)라고 한다. 그래서 쌍안정 회로는 히스테리시스를 갖는 **비교기** (comparator)이자 두 개의 안정 상태를 갖는 기억 소자인 **멀티바이브레이터** (multivibrator)이다. 또한 입력에 인가되는 트리거 신호 (trigger signal)로 회로 상태가 변경되므로 쌍안정 회로는 **슈미트 트리거** (Schmitt trigger)로 알려져 있다.

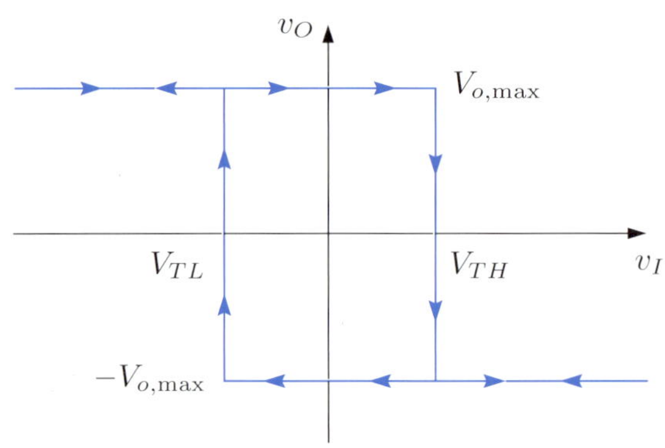

그림 **4.7** 쌍안정 회로의 비선형 전달 특성.

사각 파형은 쌍안정 회로의 상태를 주기적으로 변경함으로써 생성될 수 있다. 그림 4.8은 쌍안정 회로의 출력으로부터 트리거 신호를 얻기 위해서 RC 적분기를 음의 귀환 통로에 사용한 회로이다. 초기에 출력 전압이 양의 포화 전압 $V_{o,\max}$이면 커패시터 전압 v_1은 출력 전압에 의해서 시정수 $\tau = RC$를 가지고 지수적으로 충전될 것이다. $v_2 = V_{TH}$이므로 v_1이 양의 문턱 전압에 도달하면 쌍안정 회로는 다른 안정 상태로 그림 4.9처럼 변경된다. 그 결과 $v_O = -V_{o,\max}$가 되고 $v_2 = V_{TL}$이 된다. 이제는 음의 출력 전압에 의해서 커패시터는 지수적으로 방전될 것이다.

v_1이 음의 문턱 전압에 도달하면 쌍안정 회로는 다시 양의 전압을 출력하여 커패시터를 충전한다. 이런 과정은 주기적으로 반복될 것이다. 그 결과 v_1은 V_{TL}과 V_{TH} 사이에서 변화되며 그 주기는 다음과 같다.

$$T = 2\tau \ln\left(\frac{1+\beta}{1-\beta}\right) \tag{4.14}$$

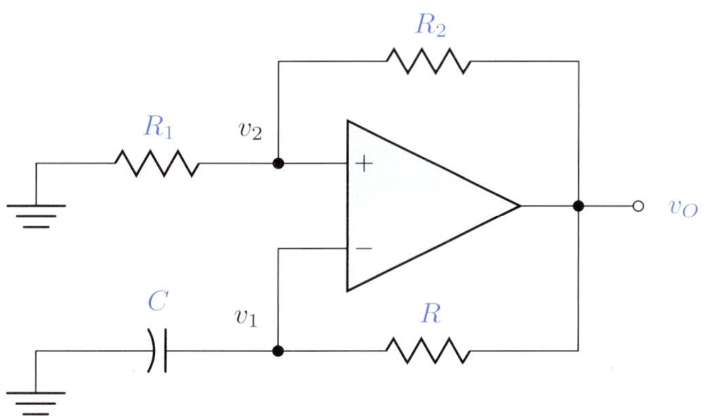

그림 4.8 쌍안정 회로에 RC 적분기를 사용한 구형파 또는 사각파 발생기.

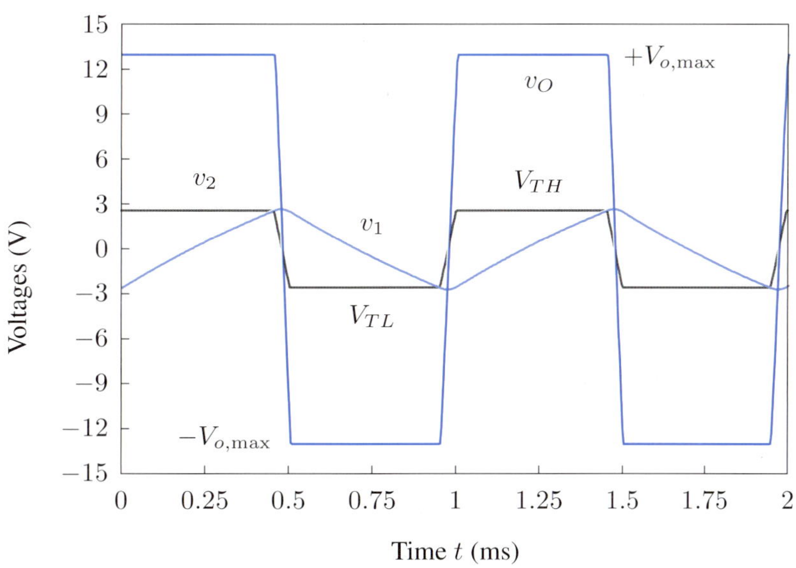

그림 4.9 사각파 발생기의 입력 단자 파형들과 출력 파형.

4.2.3 연산 증폭기의 특성

비록 연산 증폭기의 특성이 이상적인 특성에 가깝지만 완전히 이상적이지는 않다. 이로 인해 사용 가능한 동작 영역과 이상적인 모델을 사용한 해석 결과의 적용 범위가 제한을 받게 된다. 연산 증폭기의 대표적인 몇 가지 특성을 정리하여 특성 측정 실험을 위한 기본 자료로 사용한다.

주파수 특성

연산 증폭기의 차동 이득 (differential gain) A_d에 대한 주파수 특성은 그림 4.10과 같이 단일 극점 모델 (single pole model)을 사용하여

$$\boxed{A_d(s) = \frac{A_0}{1 + s/2\pi f_b}} \tag{4.15}$$

로 표현할 수 있다. 여기서 A_0는 직류 이득 (dc gain)이고 f_b는 **대역폭** 또는 3 dB 주파수이다. $s = 0$인 직류에서 차동 이득의 크기는 A_0이다. 입력 정현파의 주파수 $s = j\omega$가 증가하면 차동 이득의 크기는 점점 감소한다. 마치 저역 통과 필터처럼 동작한다. 이는 모든 저주파 증폭기의 특징이다. 결국 주파수 $s = j2\pi f_t$에서 차동 이득의 크기는 1이 된다. 이 주파수 f_t를 **단위 이득 대역폭** (unity-gain bandwidth) 또는 단위 이득 주파수라고 한다. 이 주파수는 다음 식에서 $f_t = A_0 f_b$로 구해진다.

$$\boxed{|A(j2\pi f_t)| \equiv 1 = \left|\frac{A_0}{1 + jf_t/f_b}\right| \simeq \frac{A_0 f_b}{f_t}} \tag{4.16}$$

최대 출력 전압

연산 증폭기의 출력 전압이 포화되지 않고 입력 전압에 선형적으로 비례하는 최대 출력 전압 크기 $\pm V_{o,\max}$를 말한다. 출력 파형의 왜곡이나 절단을 방지하기 위해서 출력 전압이 이 전압보다 작게 되는 입력 신호를 사용해야 한다. 그리고 단락 회로에 대한 보호 회로의 작용으로 인해 μA741 연산 증폭기의 최대 출력 전류도 ±25 mA 정도로 제한된다.

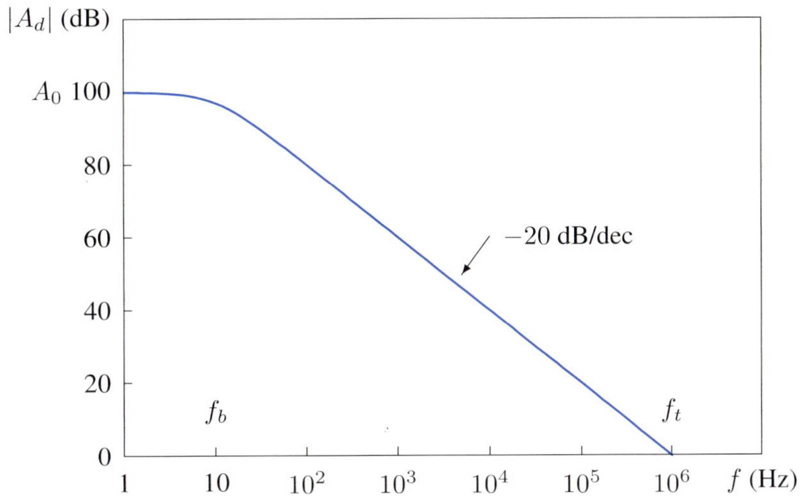

그림 **4.10** 연산 증폭기의 주파수 특성.

슬루율

슬루율 (slew rate)는 연산 증폭기를 전압 폴로어로 동작시키고 입력에 단위 계단 전압 (step voltage)를 인가할 때, 출력 전압의 최대 변화율

$$\boxed{\mathrm{SR} \equiv \left.\frac{dv_O}{dt}\right|_{\max}} \tag{4.17}$$

로 정의된다. 보통 슬루율은 V/μs의 단위로 표현된다. 이 특성은 연산 증폭기가 고속 동작을 하는 회로에서는 매우 중요한 성능이다.

전전력 대역폭

선형 증폭기로 사용된 연산 증폭기가 그것의 최대 출력 전압을 진폭으로 하는 정현파 $v_O = V_{o,\max}\sin(2\pi ft)$를 출력할 때, 이 정현파가 슬루율에 의한 왜곡이 일어나지 않는 최대 주파수 f_M을 말한다.

$$f_M \equiv \frac{\mathrm{SR}}{2\pi V_{o,\max}} \tag{4.18}$$

공통 모드 제거비

공통 모드 제거비 (CMRR: common-mode rejection ratio)는

$$\boxed{\text{CMRR} \equiv 20\log\left|\frac{A_d}{A_{cm}}\right|} \tag{4.19}$$

로 정의된다. 공통 모드 신호보다 차동 신호를 얼마나 잘 증폭하는가를 나타내며 클수록 양호한 연산 증폭기가 된다. 이 특성은 주파수에 의존하며 저주파 대역에서 80 dB에서 100 dB의 범위를 갖는다.

입력 저항

연산 증폭기는 차동 입력 저항 R_{id}와 공통 모드 입력 저항 R_{icm}을 가지며 범용 바이폴라 연산 증폭기는 다음과 같은 입력 저항을 갖는다.

$$R_{id} = 1\ \text{M}\Omega, \quad R_{icm} = 100\ \text{M}\Omega \tag{4.20}$$

출력 저항

연산 증폭기의 출력 저항 R_o는 보통 75 Ω에서 100 Ω의 크기를 갖는다.

입력 오프셋 전압

입력 오프셋 전압 V_{OS}는 연산 증폭기의 출력 전압이 0 V가 되는 차동 입력 전압의 음의 값으로 표현할 수 있다. 이 전압은 주로 연산 증폭기의 입력 차동 증폭기에 수반된 부정합에 기인하며 온도에도 의존한다. 이것은 신호 전압과 중첩되어 출력 오차를 유발하므로 매우 낮은 저주파 잡음처럼 취급된다. 보통 ±1 mV에서 ±5 mV 정도의 크기를 갖는다.

입력 바이어스 전류

연산 증폭기의 입력 바이어스 전류는 두 입력 전류의 평균값이며, 입력 오프셋 전류는 두 입력 전류 차의 절댓값으로 다음과 같이 정의된다.

$$I_B \equiv \frac{I_{B1} + I_{B2}}{2}, \quad I_{OS} \equiv |I_{B1} - I_{B2}| \tag{4.21}$$

범용 바이폴라 연산 증폭기인 경우 각각 100 nA와 10 nA 정도이다.

4.3 예비 문제

1. $R_1 = 1\,\text{k}\Omega$이고 $R_2 = 10\,\text{k}\Omega$인 비반전 증폭기의 전압 이득에 대한 주파수 특성을 시뮬레이션하여 그려라. 회로 파일의 작성과 연산 증폭기의 간단한 매크로모델은 다음과 같은 회로 파일을 참고하라.

```
Analysis of the noninverting amplifier
.ac dec  10  0.1Hz  0.1GHz
.print   ac  vdb(3) vp(3)
vin  1   0   dc  0v  ac  1v
xop  1   0   3   opamp
*-----------------------------------------
* op amp linear macromodel with a single pole
* connections:   noninverting input
*                |   inverting input
*                |   |   output
*                |   |   |
.subckt opamp    1   2   3
g1   6   0   2   0   10m
g2   0   6   1   0   10m
em   3   0   6   0   1e3
r1   6   0   10k
c1   6   0   1.59uF
.ends
.end
```

4.4 실험 부품 및 장비

부품 및 장비	규격 및 기능	수량
연산 증폭기	μA741 또는 LM741	1
가변 저항기	10 kΩ 1/4 W	1
저항기	910 Ω, 1 kΩ, 10 kΩ, 47 kΩ 1/4 W	1
저항기	100 kΩ, 200 kΩ, 1 MΩ 1/4 W	1
커패시터	0.01 μF	1

4.5 실험 내용

1. 디지털 멀티미터를 사용하여 직류 전원 공급기의 양과 음의 출력 전압의 크기를 각각 +15 V와 −15 V가 되게 설정하라. 모든 실험에서 실험 회로를 변경할 때는 전원 공급기의 전원을 항상 꺼야 한다.

2. 전원 공급기의 전원을 끄고 그림 4.11의 회로를 구성하라. 1번과 5번 단자에 연결된 가변 저항기는 지금은 연결하지 않는다.

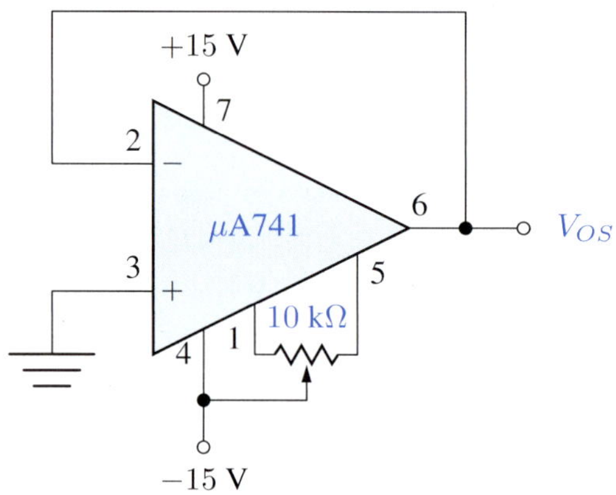

그림 **4.11** 연산 증폭기의 오프셋 전압 조정 회로.

3. 전원을 공급하고 멀티미터로 출력 직류 전압을 측정하라. 이 전압이 바로 연산 증폭기의 **입력 오프셋 전압** V_{OS}이며 보통 크기는 수 mV이다. 이 오프셋 전압 V_{OS}의 크기가 수십 mV 이상이면 연산 증폭기는 손상된 것이다. 측정한 오프셋 전압을 표 4.3에 기록하라.

4. 전원을 끄고 10 kΩ 가변 저항기를 그림 4.11과 같이 연결하라. 전원을 공급하고 가변 저항기를 좌우로 조정하여 출력 직류 전압이 0 V가 되게 하라. 이 과정이 오프셋 전압을 보상하는 과정이며, 구체적인 언급이 없으면 이 상태를 그대로 유지하면서 실험해야 한다.

5. 그림 4.11의 반전 입력 단자인 2번 단자와 출력 단자인 6번 단자 사이에 $R_2 = 1\,\text{M}\Omega$인 저항기를 연결하고 출력 직류 전압을 측정하라.

출력 직류 전압은 반전 입력 단자의 입력 바이어스 전류 I_{B1}에 의해

$$V_O = R_2 I_{B1} \tag{4.22}$$

으로 표현된다. 이 식으로부터 바이어스 전류 I_{B1}을 구하라.

표 **4.3** 연산 증폭기 μA741에 대한 전기적 특성 파라미터들의 측정값

특성	조건	최솟값	대푯값	최댓값	측정값	단위
입력 오프셋 전압			1.0	5.0		mV
입력 바이어스 전류			80	500		nA
입력 오프셋 전류			20	200		nA
입력 저항		0.3	2.0			MΩ
입력 커패시턴스			1.4			pF
입력 전압의 범위		±12	±13			V
직류 전압 이득		50	200			V/mV
CMRR	$R_S \leq 10\,\mathrm{k\Omega}$	70	90			dB
출력 저항			75			Ω
전력 소모		50	85			mW
출력 단락 전류			25			mA
최대 출력 전압	$R_L \geq 2\,\mathrm{k\Omega}$	±10	±13			V
단위 이득 대역폭			1			MHz
슬루율	$R_L \geq 2\,\mathrm{k\Omega}$		0.5			V/μs
안정 시간	$R_L \geq 2\,\mathrm{k\Omega}$		10			μs

6. 그림 4.12와 같이 $R_3 = 1\,\mathrm{M\Omega}$인 저항을 3번 단자와 접지 사이에 연결하고 출력 직류 전압을 측정하라. 출력 직류 전압은 비반전 입력 단자의 입력 바이어스 전류 I_{B2}에 의해 다음과 같이 표현된다.

$$V_O = -R_3 I_{B2} \tag{4.23}$$

이 식으로부터 바이어스 전류 I_{B2}를 구하라. 실험에서 얻어진 바이어스 전류들로부터 **입력 바이어스 전류** $I_B = 0.5(I_{B1} + I_{B2})$와 **입력 오프셋 전류** $I_{OS} = |I_{B1} - I_{B2}|$를 구하여 표 4.3에 기록하라.

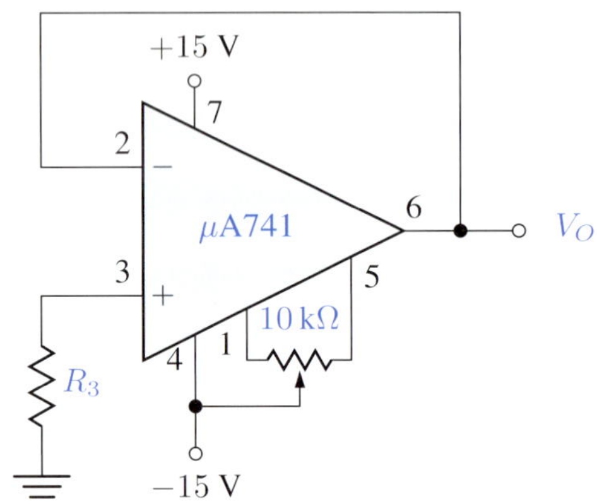

그림 **4.12** 연산 증폭기의 바이어스 전류 측정 회로.

7. 그림 4.13의 저항 R_1과 R_2의 크기를 측정하여 표 4.4에 기록하고 반전 증폭기를 구성하라. R_3는 바이어스 전류 보상 저항이며 증폭기 기능에는 영향을 주지 않는다. 입력에 주파수가 1 kHz이고 진폭이 300 mV인 정현파를 인가하고 연산 증폭기에 직류 전원을 공급하라.

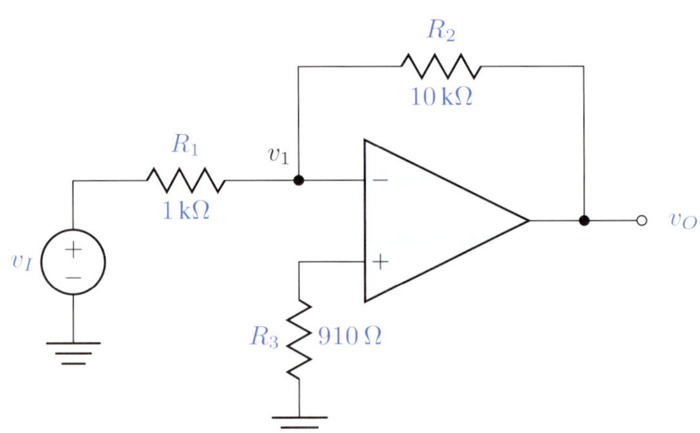

그림 **4.13** 연산 증폭기를 이용한 반전 증폭기.

8. 입력 전압과 출력 전압을 오실로스코프로 관찰하여 그림 4.14에 기록하고 전압 이득 G의 크기와 위상을 측정하라. 그리고 반전 입력 단자의 신호 전압 v_1의 진폭을 측정하여 표 4.4를 완성하라.

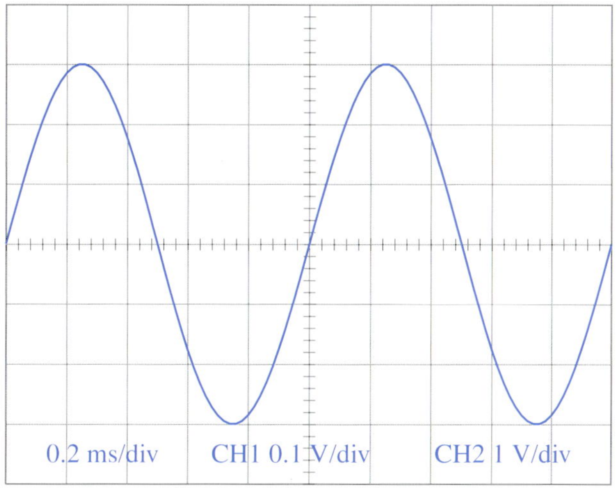

그림 **4.14** 입력 정현파에 대한 반전 증폭기의 출력 파형.

표 **4.4** 반전 증폭기의 특성

특성	R_1	R_2	G의 크기	G의 위상	v_1의 진폭
계산값	1 kΩ	10 kΩ			
측정값					

9. 실험 8에서 입력 정현파의 진폭을 크게 하면서 출력 전압을 관찰하여 왜곡이 없는 최대 출력 전압을 측정하여 표 4.3에 기록하라.

10. 그림 4.15의 비반전 증폭기를 구성하라. 입력에 진폭이 100 mV인 정현파를 표 4.5의 각 주파수 별로 인가하면서 전압 이득의 크기와 위상을 측정하여 표를 완성하라. 또한 전압 이득의 3 dB 주파수 $f_{3\text{dB}}$를 측정하라. 단위 이득 대역폭 f_t도 측정하여 표 4.3에 기록하라.

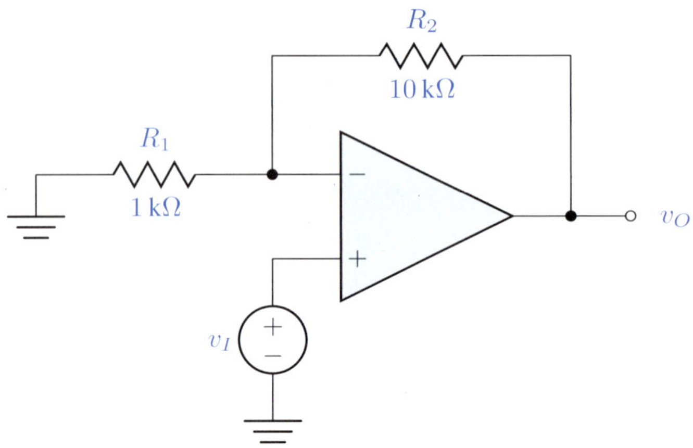

그림 **4.15** 연산 증폭기를 이용한 비반전 증폭기.

표 **4.5** 비반전 증폭기의 주파수 특성

f (kHz)	0.1	1	10	20	40	60	100	200	400	600	10^3
$\|G\|$											
$\angle G$											

11. 그림 4.15의 비반전 증폭기에서 R_1을 제거하고 R_2를 단락하여 전압 폴로어를 구성하라. 출력 전압을 입력 전압과 비교하여 이 증폭기가 단위 이득 증폭기인 것을 확인하라. 전압이 0 V에서 1 V로 상승하고 주파수가 100 kHz인 구형파를 입력에 인가하고 출력 전압을 관측하라. 관찰이 용이하도록 구형파의 주파수를 적절하게 조정하라. 출력 파형에서 대략적인 슬루율을 측정하여 표 4.3에 기록하라.

12. 그림 4.16의 사각파 발생기를 구성하라. 전압 v_1과 v_2 그리고 출력 전압 v_O를 오실로스코프로 관찰하여 그림 4.17에 기록하라. 출력 전압의 발진 주파수를 측정하여 (4.14)로 구한 계산값과 비교하라.

(측정 $f_o =$ Hz, 계산 $f_o =$ Hz)

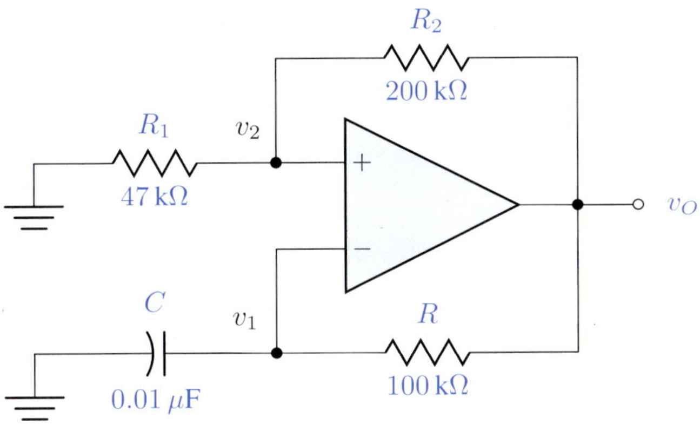

그림 **4.16** 사각파 발생기의 실험 회로.

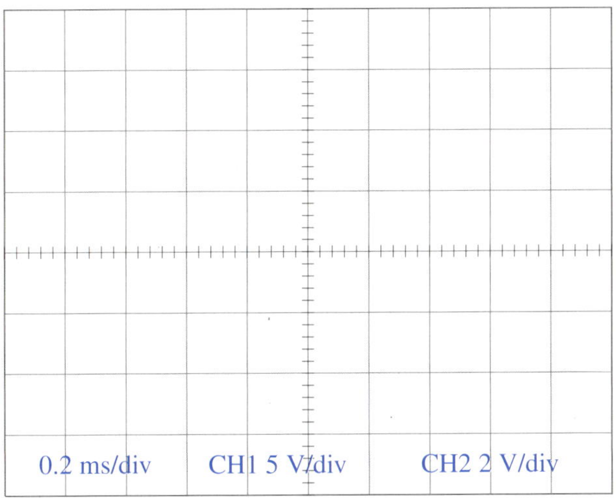

그림 **4.17** 사각파 발생기의 입력 단자 파형들과 출력 파형.

4.6 연습 문제

1. 입력 오프셋 전압 V_{OS}는 비반전 증폭기의 입력 신호처럼 작용한다. 그로 인한 출력 전압을 표현하고 신호에 미치는 영향을 기술하라.

2. 실험 10에서 측정한 특성들로 $f_t \simeq |G(1\,\text{kHz})|f_{3\text{dB}}$임을 확인하라.

3. 실험으로 측정한 비반전 증폭기의 전압 이득에 대한 주파수 특성, f_{3dB}, 그리고 f_t를 해석한 특성인 그림 4.18에 중첩하여 표시하라.

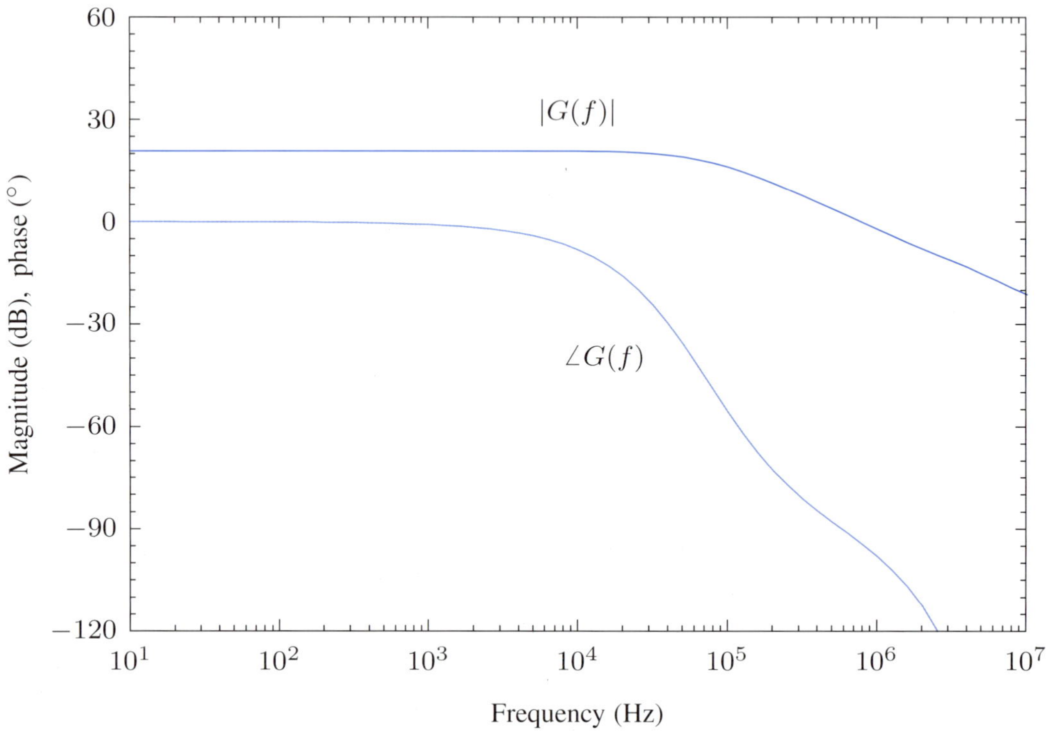

그림 **4.18** 비반전 증폭기의 시뮬레이션한 주파수 특성.

참고 문헌

1. A. S. Sedra and K. C. Smith, *Microelectronic Circuits*, 2021.
2. T. L. Floyd, *Electronic Devices*, Prentice Hall, 1996.
3. G. W. Roberts, A. S. Sedra, *SPICE*, Oxford University Press, 1997.
4. M. H. Rashid, *SPICE for Circuits and Electronics Using PSpice*, 1990.

실험 5

다이오드 정류 회로

5.1 실험 목적

다이오드 정류기와 전압 조정기의 기본 개념을 이해하고 실험을 통해 교류를 직류로 변환하는 직류 전원 공급기의 동작 원리를 체험한다.

5.2 실험 해설

다이오드의 가장 대표적인 응용은 교류 전압을 맥류 전압으로 변환하는 정류기 회로이다. 다이오드 정류기 (diode rectifier)는 전자 제품이나 전자 장비에 요구되는 직류 전력 공급기의 기본적인 회로이다. 전력 공급기는 전력 변압기 (power transformer), 다이오드 정류기, 필터 (filter), 그리고 전압 조정기 (voltage regulator)로 구성된다. 정류기에는 반파 정류기 (half-wave rectifier)와 전파 정류기 (full-wave rectifier)가 있으며 실제적으로는 전파 정류기가 주로 사용된다.

5.2.1 반파 정류기

반파 정류기는 입력 정현파 전압의 반주기만을 이용한다. 그림 5.1은 반파 정류기의 회로를 나타낸다. 여기서는 다이오드 동작점이 $I_D = 0$인 차단 상태로 설정되어 있으므로 입력 전압은 그대로 다이오드를 통과하여 출력에 나타날 수 없다. 바꿔 말하면 다이오드 도통 전압보다 작은 입력 전압은 차단된다. 그래서 다이오드는 정류 작용을 수행하게 된다.

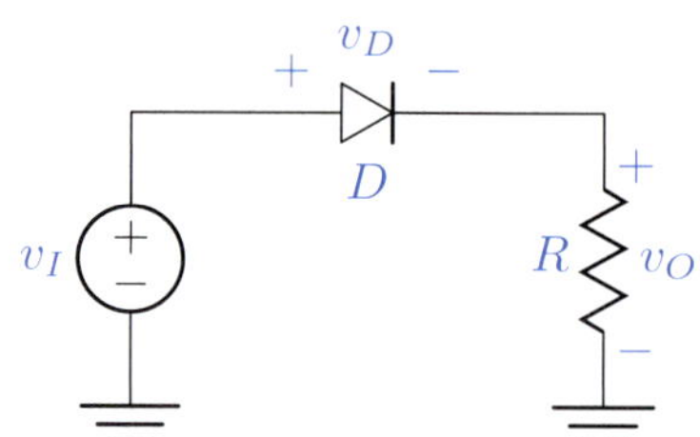

그림 **5.1** 반파 정류기.

반파 정류기 회로는 정전압 강하 모델을 사용하여 해석할 수 있다. 그림 5.2와 같이 다이오드가 도통 상태일 때에만 출력 전압이 나타나므로 출력 전압은 다이오드의 두 가지 상태에 따라 다음과 같이 표현된다.

$$v_O = \begin{cases} 0, & v_I \leq V_D \\ v_I - V_D, & v_I \geq V_D \end{cases} \tag{5.1}$$

여기서 V_D는 다이오드 도통 전압으로 보통 0.7 V 정도이다. 입력 순시 전압 v_I에 대한 출력 순시 전압 v_O의 관계가 바로 **전달 특성** (transfer characteristic) 또는 전달 함수이다. 그림 5.1의 회로와 표현식 (5.1)은 같

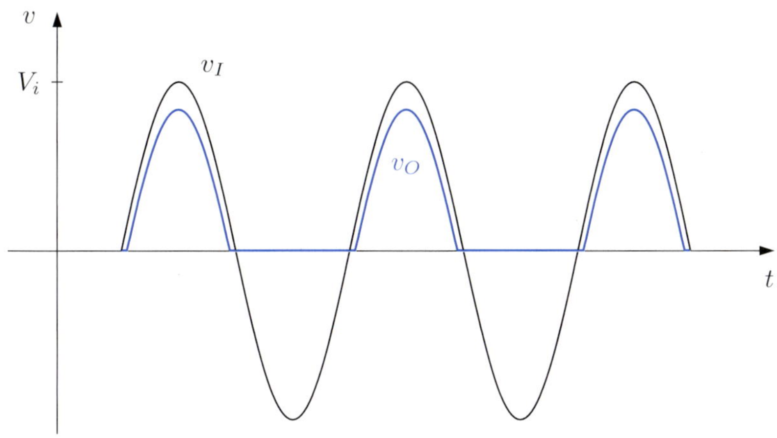

그림 **5.2** 반파 정류기의 입력 파형과 출력 파형.

은 사실을 나타낸다. 이런 관점에서 보면 전자 회로는 결국 전자 소자를 통하여 필요한 전달 함수를 실현하는 것이다. 정류기 설계를 위한 기본 특성은 다이오드의 최대 순방향 전류와 다이오드가 항복하지 않고 견뎌야 하는 **최대 역전압** (PIV: peak inverse voltage)이다. 그림 5.1의 정류기 회로에서 진폭이 V_i인 정현파 입력에 대한 이 최댓값들은 다음과 같다.

$$I_{d,\max} = \frac{V_i - V_D}{R}, \quad \text{PIV} = \max(v_O - v_I) = V_i \tag{5.2}$$

보통 항복 전압이 PIV보다 1.5 배 이상 큰 정류용 다이오드를 사용한다.

5.2.2 전파 정류기

전파 정류기는 입력 정현파 전압의 한 주기 전체를 이용한다. 가장 널리 사용되는 전파 정류기는 **브리지 정류기** (bridge rectifier)이다. 이 정류기는 휘트스톤 브리지 (Wheatstone bridge) 형태이고 네 개의 다이오드로 구성되며 저렴한 브리지로 제조된다. 그림 5.3은 브리지 정류기의 회로를 나타낸다. 여기서도 다이오드 동작점이 $I_D = 0$으로 설정되어 있으므로 입력 전압은 그대로 다이오드를 통과하여 출력에 나타날 수 없다. 출력 부하에 전류가 흐르기 위해서는 입력 정현파 전압의 반주기마다 두 개의 다이오드가 직렬로 도통되어야 한다. 따라서 두 배의 다이오드

도통 전압보다 작은 입력 전압은 차단된다. 그 결과 출력 전압은

$$v_O = \begin{cases} 0, & |v_I| \le 2V_D \\ |v_I| - 2V_D, & |v_I| \ge 2V_D \end{cases} \tag{5.3}$$

로 표현된다. 그림 5.4는 이 특성에서 얻어진 브리지 정류기의 입력 파형과 출력 파형을 나타낸다. 이 정류기의 최대 역전압은 다음과 같다.

$$\boxed{\text{PIV} = \max(v_O + v_{D2}) = (V_i - 2V_D) + V_D = V_i - V_D} \tag{5.4}$$

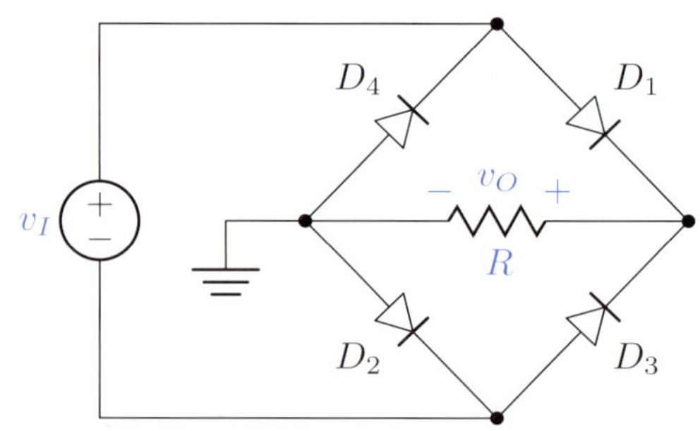

그림 **5.3** 브리지 정류기 회로.

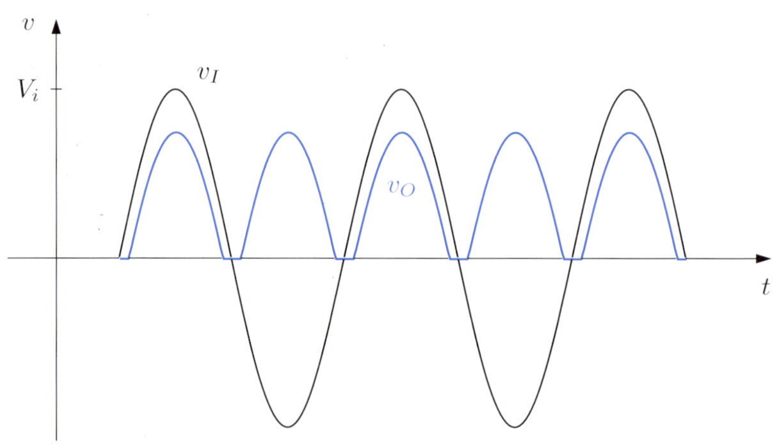

그림 **5.4** 브리지 정류기의 입력 파형과 출력 파형.

5.2.3 피크 정류기

앞에서 설명한 정류기 회로의 출력 전압은 맥류이기 때문에 이 전압을 전자 회로를 위한 직류 공급기의 전압으로 사용할 수 없다. 출력 전압의 변동을 줄이기 위한 간단한 방법은 부하 저항 양단에 커패시터를 접속하는 것이다. 이 **필터 커패시터** (filter capacitor)가 정류기 출력 전압의 변동을 상당히 줄이게 될 것이다. 그림 5.5는 반파 피크 정류기 (peak rectifier) 회로를 나타낸다. 입력 전압이 출력 전압보다 다이오드 도통 전압 이상으로 크면 다이오드는 도통된다. 그 결과 커패시터는 입력 전압보다 다이오드 도통 전압만큼 작은 출력 전압 v_O로 그림 5.6과 같이 충전된다. 그렇지 않으면 다이오드는 차단되고 커패시터 전압 v_O는 그림처럼 큰 시정수로 인해 거의 직선적으로 저항기를 통해 방전된다.

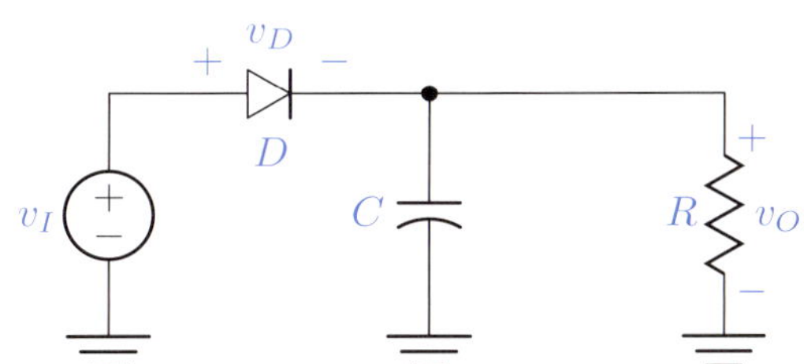

그림 **5.5** 반파 피크 정류기.

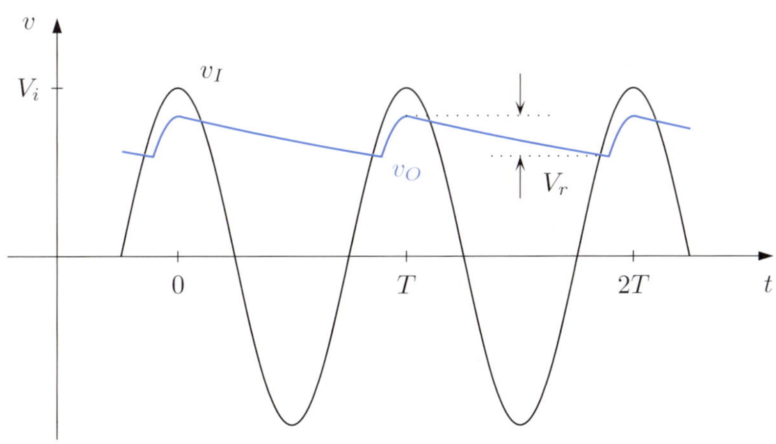

그림 **5.6** 시정수가 주기보다 훨씬 큰 피크 정류기의 입력과 출력 파형.

방전으로 인한 출력 전압의 변동이 크지 않도록 정류기의 시정수 RC는 입력 전압의 주기 T보다 훨씬 크게 설계한다. 입력 정현파 전압이 $v_I = V_i \cos(2\pi f t)$이면 출력 직류 전압 V_O와 직류 부하 전류 I_L은 첨두간 **리플 전압** (ripple voltage) V_r을 사용하여 다음과 같이 표현된다.

$$V_O = V_i - V_D - \frac{V_r}{2}, \quad I_L = \frac{V_O}{R} \tag{5.5}$$

그리고 다이오드가 차단되면 출력 전압은 단순한 RC 회로의 방전 전압

$$v_O(t) = (V_i - V_D)e^{-t/RC} \tag{5.6}$$

가 된다. 다이오드의 도통 간격이 Δt이면 충전 시작 시간 $t_1 = T - \Delta t$는 $v_O(t_1) = V_i - V_D - V_r$을 만족한다. 이 식에서 지수 함수를 급수 전개하여 고차 항들을 무시하고 $t_1 \simeq T$로 근사하면 다음 관계식을 얻는다.

$$V_i - V_D - V_r = v_O(T - \Delta t) \simeq (V_i - V_D)(1 - T/RC) \tag{5.7}$$

이 식으로부터 첨두간 리플 전압은 다음과 같이 표현된다.

$$V_r = \frac{T}{RC}(V_i - V_D) = \frac{V_i - V_D}{fRC} \tag{5.8}$$

이는 필터 커패시터의 용량이 크거나 부하 저항이 크면 리플 전압은 작아진다는 것을 의미한다. 부하 저항을 접속하지 않는 무부하에서는 직류 부하 전류와 리플 전압은 0이 되고 출력 전압은 순수한 직류가 된다.

다이오드 전류는 출력 마디에 전류 법칙을 적용하면 $i_D = i_C + i_L$로 주어진다. 전원이 공급되는 순간에는 커패시터를 충전하는 서지 전류 (surge current)가 다이오드로 흐른다. 이 전류의 크기는 대략 $2\pi f C V_i$ 정도이다. 그리고 각 주기마다 다이오드가 도통되면서 커패시터를 충전할 때에도 다이오드에 반복적인 서지 전류가 흐른다. 이 전류의 최대 크기는 $i_{D,\max} = I_L \left(2\pi\sqrt{2V_i/V_r} + 1\right)$로 주어진다. 이러한 서지 전류의 크기를 줄이기 위해서 다이오드나 변압기의 직렬 저항을 고려하여 다이오드와 커패시터 사이에 **서지 전류 제한 저항**을 연결할 수도 있다.

5.2.4 전압 조정기

전압 조정기 (voltage regulator)는 피크 정류기의 출력에 수반된 리플 전압의 크기를 줄여서 더욱 직류에 가까운 전압을 출력하는 회로이다. 더불어 입력 전원 전압, 출력 전류, 그리고 온도 등의 변화에 대해서도 일정한 출력 직류 전압을 유지하도록 동작한다. 이 조정기는 여러 가지 종류가 있으며 **능동 조정기**는 선형 조정기와 스위칭 조정기로 분류된다. 전압 조정기의 개념을 이해하기 위한 가장 간단한 조정기는 다이오드의 순방향 도통이나 역방향 항복의 수직 특성을 이용하는 것이다. 이 특성들은 큰 전류 변화에 대응하는 전압 변화가 매우 작은 전류 전압 관계들이다. 이 작은 전압 변화를 활용하여 전압 조정기의 기능을 실현한다.

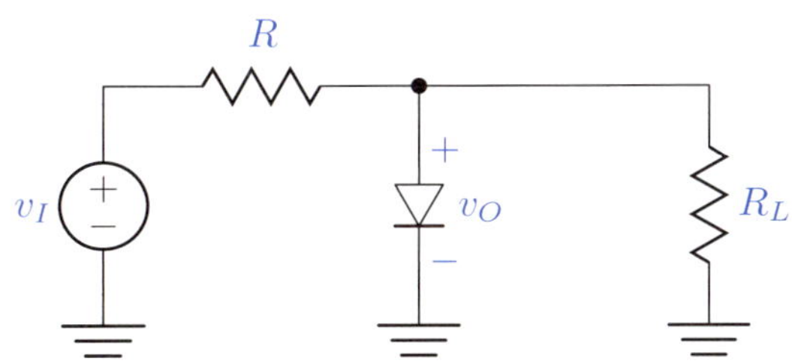

그림 **5.7** 다이오드 전압 조정기.

그림 5.7은 다이오드 전압 조정기를 나타낸다. 입력 전압 v_I는 리플 전압이 포함된 피크 정류기의 출력 전압이다. 이 리플 전압이나 부하 R_L로 흐르는 부하 전류의 변동으로 인한 출력 전압 v_O의 변동을 줄이는 것이 **전압 조정 작용**이다. 입력 전압이 증가하면 다이오드 전압인 출력 전압은 미소하게 증가한다. 그 결과 저항 R로 흐르는 전류의 증가분은 대부분 다이오드로 흐른다. 입력 전압이 감소하면 다이오드 전압은 미소하게 감소하고 저항 R로 흐르는 전류의 감소분은 대부분 다이오드 전류의 감소가 된다. 바꿔 말하면 입력 전압의 증감이 다이오드 전류의 증감을 야기한다. 하지만 다이오드 전압이 미소하게 변하므로 부하 전류도 미소하게 변화한다. 또한 부하 저항의 변화에 기인한 부하 전류의 증감도 결국 다이오드 전류의 증감을 유발하지만 다이오드 전압은 미소하게 변화한다. 그래서 전압 조정 작용이 실현된다. 비유를 하면 이 다이오드는 전류를 저장하거나 방출하는 전류댐 (current dam)처럼 동작한다.

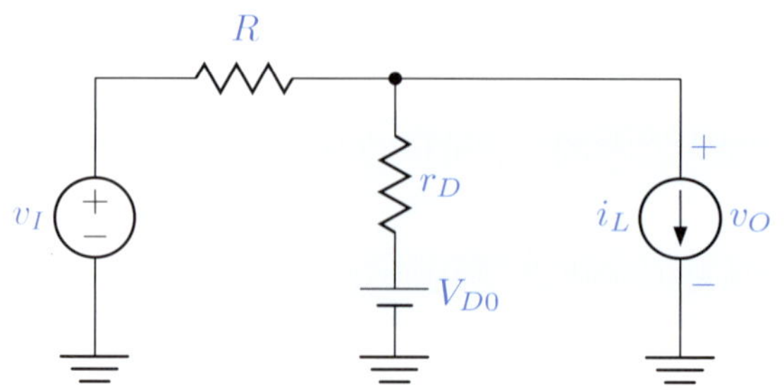

그림 5.8 다이오드 전압 조정기의 등가 회로.

전압 조정기에서 다이오드를 구분적 선형 모델로 대치한 그림 5.8의 출력 마디에 전류 법칙을 적용하여 출력 전압의 표현식을 구하면

$$v_O = \frac{R}{R + r_D} V_{D0} + \frac{r_D}{R + r_D} v_I - (R \parallel r_D)\, i_L \tag{5.9}$$

이 된다. 여기서 i_L은 부하 저항 R_L로 흐르는 부하 전류이다. 다이오드의 전류 전압 관계가 수직선이면 $r_D = 0$이므로 출력 전압은 $v_O = V_{D0}$로 일정하게 된다. 이는 이상적인 전압 조정 특성이다. 일반적으로 출력 전압은 입력 전압이나 부하 전류에 의존한다. 식 (5.9)로부터 입력 전압의 변화에 대한 출력 전압의 변화율인 **공급선 변동률** (line regulation)은

$$\mathcal{R}_v \equiv \frac{\Delta v_O}{\Delta v_I} = \frac{r_D}{R + r_D} \quad (\mathrm{mV/V}) \tag{5.10}$$

로 표현되고 리플 전압 제거율에 해당된다. 부하 전류 변화에 대한 출력 전압의 변화율인 **부하 변동률** (load regulation)은 다음과 같이 주어진다.

$$\mathcal{R}_i \equiv \frac{\Delta v_O}{\Delta i_L} = -(R \parallel r_D) \quad (\mathrm{mV/mA}) \tag{5.11}$$

Fourier Analysis

신호는 시간 영역뿐만 아니라 주파수 영역에서도 표현될 수 있다. 이는 신호가 어떤 주파수 성분을 포함하고 있는가를 분석하기 위해 필요하다. 또한 임의의 주기적인 파형을 갖는 입력 신호에 대한 선형 회로의 응답을 구할 때에도 사용된다. 즉, 각 정현파 성분에 대한 응답들을 중

첩하여 임의의 주기 신호에 대한 회로 응답을 구한다. 일반적으로 주기적인 신호는 정현파들의 합, 즉 **푸리에 급수**로 다음과 같이 표현된다.

$$v(t) = \frac{a_0}{2} + \sum_{n=1}^{\infty} a_n \cos(n\omega_0 t) + \sum_{n=1}^{\infty} b_n \sin(n\omega_0 t) \tag{5.12}$$

여기서 ω_0는 기본 주파수이고 $n\omega_0$는 n 번째 고조파 (harmonic) 주파수이며 a_0, a_n, 그리고 b_n은 푸리에 계수들이다. 이 계수들을 결정하는 과정을 푸리에 해석이라고 한다. Spice에서는 푸리에 급수를

$$\boxed{v(t) = V_0 + \sum_{n=1}^{\infty} V_n \sin(n\omega_0 t + \phi_n)} \tag{5.13}$$

으로 표현한다. 여기서 직류 $V_0 = 0.5a_0$, 진폭 $V_n = \sqrt{a_n^2 + b_n^2}$, 그리고 위상 $\phi_n = \text{atan2}(a_n, b_n)$으로 주어진다. 이 계수들은 주파수에 따라 선분들로 나타내는 진폭과 위상 스펙트럼 (spectrum)으로 각각 표현된다. 이 두 가지 표현을 **주파수 스펙트럼**이라고 한다.

주기가 T인 신호 $v(t)$의 푸리에 계수들은 다음과 같이 구해진다.

$$a_n = \frac{2}{T}\int_0^T v(t)\cos(n\omega_0 t)dt, \quad b_n = \frac{2}{T}\int_0^T v(t)\sin(n\omega_0 t)dt \tag{5.14}$$

첫 번째 고조파, 즉 기본 주파수 성분의 크기는 $V_1 = \sqrt{a_1^2 + b_1^2}$이다. 이 계수들을 출력하는 푸리에 해석을 위한 Spice 해석문은 다음과 같다.

```
.four f0 v1 [v2 ... vn]
```

여기서 `f0`는 기본 주파수이고 `v1 ... vn`은 출력 신호들이다. 이 해석은 항상 `.tran` 해석을 수반해야 한다. 이는 과도 해석의 결과 파형에 대해 푸리에 해석을 수행하기 때문이다. 기본적으로 9 번째까지의 푸리에 계수들의 크기와 위상이 별도의 출력문이 없어도 출력 파일에 기록된다. 이 계수들로 신호의 왜곡을 평가한 **총 고조파 왜곡** (THD: total harmonic distortion)도 출력 파일에 기록된다. 일반적인 총 고조파 왜곡은

$$\boxed{\text{THD} \equiv \frac{\left(V_2^2 + V_3^2 + \cdots + V_n^2\right)^{\frac{1}{2}}}{V_1} \times 100\,\%} \tag{5.15}$$

로 정의되며 정현파 신호나 전압에 왜곡이 없다면 THD는 0 %가 된다.

5.3 예비 문제

1. 직류 전력 공급기의 기본적인 동작 원리를 기술하라.
2. 전파 피크 정류기에 대한 리플 전압을 유도하라. 리플 파형을 $V_r/2$와 $-V_r/2$ 사이에서 변하는 직각 삼각파로 근사하고 리플 전압의 실효 크기를 구하여 리플 계수 (ripple factor) $\gamma = V_{r,\mathrm{rms}}/V_O$를 표현하라.
3. 서지 제한 저항기 (surge limiting resistor)의 기능을 기술하라. 또한 다이오드의 최대 순방향 서지 전류 I_{FSM}을 사용하여 반파 피크 정류기에서 서지 저항의 최솟값이 다음과 같이 근사되는 것을 보여라.
$$R_s \geq \frac{V_i - V_D}{I_{\mathrm{FSM}}} \tag{5.16}$$
4. 두 개의 다이오드가 직렬로 접속된 다이오드 전압 조정기의 공급선 변동률과 부하 변동률의 표현식을 유도하라.

5.4 실험 부품 및 장비

부품 및 장비	규격 및 기능	수량
다이오드	1N4004, 1N4148	1
저항기	1 Ω, 2.7 kΩ 1/4 W	1
저항기	3.6 kΩ, 5.1 kΩ 1/4 W	1
가변 저항기	10 kΩ 1/4 W	1
전해 커패시터	6.8 μF 50 V	1
교류 전압 조절기	0 V ∼ 24 V	1
개인용 컴퓨터	Windows XP 이상	1
회로 시뮬레이터	PSpice, LTspice, 또는 Spice3	1

5.5 실험 내용

1. 정류용 다이오드 1N4004를 사용하여 그림 5.9의 회로를 구성하라. 입력 전압 v_I는 진폭이 6 V이고 주파수가 60 Hz인 교류로 설정하라.*

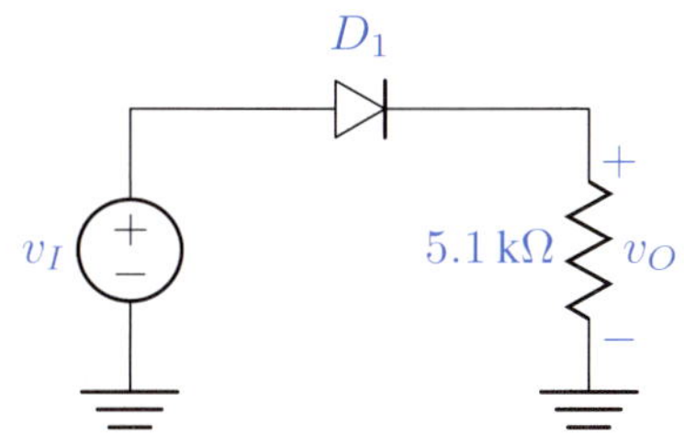

그림 **5.9** 반파 정류기 회로.

2. 오실로스코프의 두 채널 결합 모드를 DC로 설정하라. 입력 전압 v_I에 대한 출력 전압 v_O를 관측하여 그림 5.10에 기록하라.

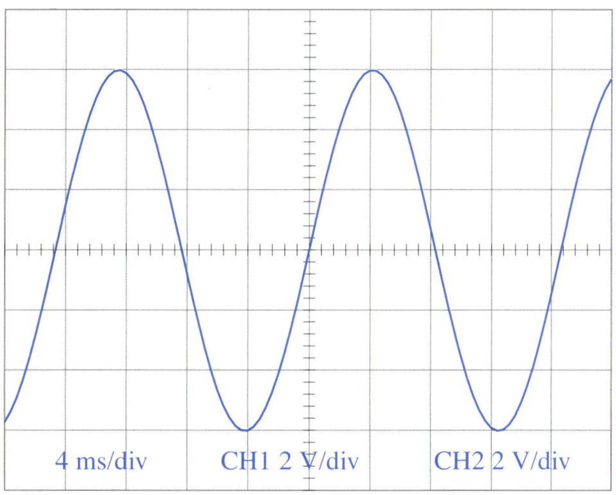

그림 **5.10** 반파 정류기 회로의 입력과 출력 전압 파형.

*교류 전압 조절기가 없으면 함수 발생기를 사용할 수 있다. 피크 정류기 실험에서 이 발생기의 출력 저항을 50 Ω보다 작게 설정할 수 없으면 입력 파형에 왜곡이 수반된다.

3. 출력 전압의 진폭, 출력 직류 전압, 그리고 PIV를 각각 측정하여 표 5.1을 완성하라. 직류 전압 V_O는 멀티미터를 사용하여 측정한다.

표 **5.1** 반파 정류기의 출력 전압 진폭, 출력 직류 전압, 그리고 PIV

V_i	V_o	V_O	V_O 계산값	PIV
6 V				

4. 다이오드 1N4004를 사용하여 그림 5.11의 회로를 구성하라. 6.8 μF 전해 커패시터는 배터리처럼 극성이 있으므로 음의 단자를 접지에 접속해야 한다. 부하 효과를 고려하여 입력 전압 v_I는 먼저 진폭이 6 V이고 주파수가 60 Hz인 교류로 설정한 다음에 회로에 접속하라.

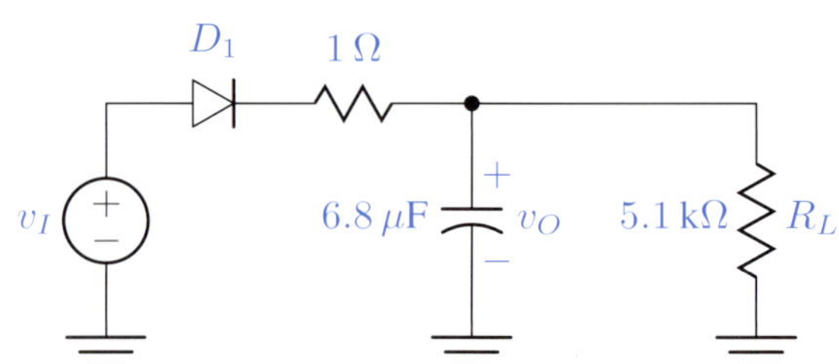

그림 **5.11** 1 Ω의 서지 제한 저항이 있는 반파 피크 정류기 회로.

5. 오실로스코프의 두 채널 결합 모드를 DC로 설정하라. 입력 전압 v_I에 대한 출력 전압 v_O를 관측하여 그림 5.12에 기록하라.

6. 출력 전압의 진폭 V_o, 출력 리플 전압 V_r, 출력 직류 전압 V_O, 그리고 다이오드 최대 역전압 PIV를 각각 측정하여 표 5.2를 완성하라.

표 **5.2** 피크 정류기의 출력 전압 진폭, 출력 리플과 직류 전압, 그리고 PIV

V_i	V_o	V_r	V_O	PIV
6 V				

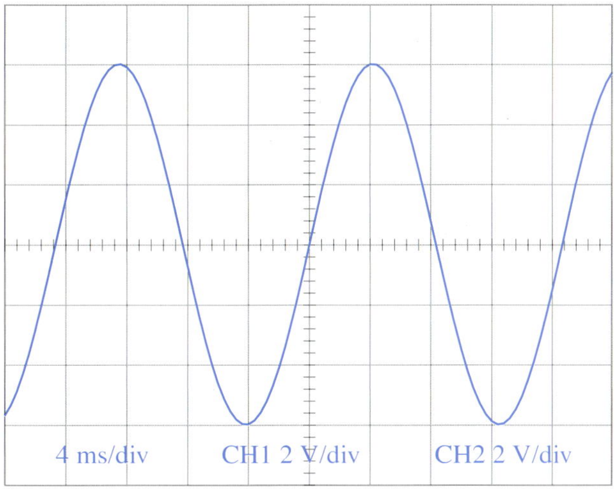

그림 **5.12** 피크 정류기 회로와 직류 전원 회로의 입력과 출력 전압 파형.

7. 다이오드 D_1은 1N4004를 사용하고 D_2는 1N4148을 사용하여 그림 5.13의 직류 전원 회로를 구성하라. 입력 전압 v_I는 먼저 진폭이 6 V이고 주파수가 60 Hz인 교류로 설정한 다음에 회로에 접속하라.

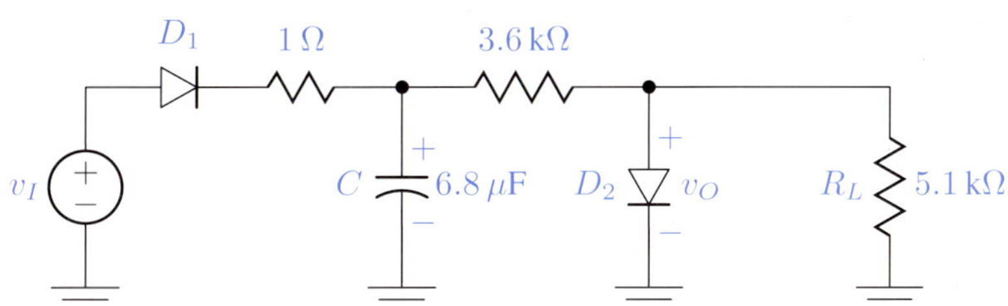

그림 **5.13** 피크 정류기와 다이오드 전압 조정기로 구성된 직류 전원 회로.

8. 오실로스코프의 두 채널 결합 모드를 DC로 설정하라. 입력 전압 v_I에 대한 출력 전압 v_O를 관측하여 그림 5.12에 기록하라.

9. 출력 리플 전압 V_r과 출력 직류 전압 V_O를 각각 측정하여 표 5.3에 기록하라. 입력 전압 v_I의 진폭 V_i를 5 V로 설정할 때와 7 V로 설정할 때의 출력 직류 전압을 각각 측정하여 V_{O5}와 V_{O7}으로 기록하라.

10. 부하 저항을 $R_{L2} = 2.7\,\mathrm{k}\Omega$으로 교체하고 출력 직류 전압을 측정하여 V_{O2}로 기록하라. 저항의 크기를 측정하여 부하 전류를 계산하라. 공급선과 부하 변동률을 다음 식으로 구하여 표 5.3을 완성하라.

$$\mathcal{R}_v = \frac{V_{O7} - V_{O5}}{7-5} \quad (\mathrm{mV/V}) \tag{5.17}$$

$$\mathcal{R}_i = \frac{V_{O2} - V_O}{i_{L2} - i_L} \quad (\mathrm{mV/mA}) \tag{5.18}$$

표 5.3 직류 전원 회로의 출력 리플 전압, 출력 직류 전압들, 그리고 각 변동률

V_i	V_r	V_O	V_{O2}	V_{O5}	V_{O7}	$\mathcal{R}_v$	$\mathcal{R}_i$
6 V							
$i_L = V_O/R_L =$, $R_L =$ kΩ, $i_{L2} = V_{O2}/R_{L2} =$, $R_{L2} =$ kΩ							

11. 저항 R_L을 $10\,\mathrm{k}\Omega$ 가변 저항으로 대체하여 부하 크기를 변경한다. 부하 저항을 주어진 크기로 설정한 다음 회로에 접속한다. 출력 직류 전압을 측정하고 부하 직류 전류를 계산하여 표 5.4를 완성하라.

표 5.4 부하 전류의 크기에 대한 출력 직류 전압의 변화

R_L (kΩ)	5	3	2	1.5	1	0.7	0.5	0.3
V_O (V)								
I_L (mA)								

12. 연습 문제 2를 참고하여 그림 5.9의 반파 정류기 회로에 대한 회로 파일을 작성하라. 다음 문들을 사용하여 푸리에 해석을 수행하라.

```
Fourier analysis for half wave rectifier
.tran 1m    100m  0m    1m
.four 60Hz  v(1)  v(2)
```

출력 파일에서 전압 v_1과 v_2에 대한 THD와 푸리에 계수들의 크기와 위상을 확인하여 표 5.5에 기록하라. 더불어 정현파 전압에는 직류

성분이 없는 반면 반파 정류 파형에는 직류 성분이 있는 사실도 인식하라. 이 출력 반파 정류 파형의 THD가 증가하는 현상은 정류 파형이 정현파가 아니며 그만큼 왜곡된 파형이라는 사실을 나타낸다. 그래서 THD는 정현파 신호의 왜곡을 표현하기 위해 사용된다.

표 **5.5** 신호 전압들의 총 고조파 왜곡 (THD) 및 직류와 고조파 성분

f	정현파 전압 v_1				반파 정류 전압 v_2			
0	V_0		THD		V_0		THD	
f_0	V_1		ϕ_1		V_1		ϕ_1	
$2f_0$	V_2		ϕ_2		V_2		ϕ_2	
$3f_0$	V_3		ϕ_3		V_3		ϕ_3	

진폭 스펙트럼을 관찰하기 위해 `.probe` 문을 사용한 과도 해석이 종료되면 Trace > Add Trace > Trace Expression에 `V(1) V(2)`를 입력하고 OK 버턴을 클릭하라. Trace > Fourier를 클릭하고 Plot > Axis Setting에서 Data Range를 0 Hz에서 300 Hz로 설정하라. Cursor로 직류와 고조파 성분을 측정하여 표 5.5의 결과와 비교하라. 전압 v_1의 주된 성분은 6 V 60 Hz 정현파인 사실과 전압 v_2는 직류뿐만 아니라 다른 주파수 성분들도 포함하는 사실을 관찰하라. 진폭 스펙트럼을 사용하면 v_2 파형의 실효치는 근사적으로 다음과 같이 표현된다.

$$V_{\text{rms}} \simeq \sqrt{V_0^2 + 0.5\left[1 + (\text{THD}/100)^2\right] V_1^2} \tag{5.19}$$

5.6 연습 문제

1. 직류 전원 공급기에 사용되는 선형 조정기 (linear regulator)와 스위칭 조정기 (switching regulator)의 동작 원리와 특징을 기술하라.

2. 그림 5.11에 주어진 피크 정류기의 다이오드 전압과 전류 파형을 Spice로 시뮬레이션하여 그려라. 다음 회로 파일을 참고하라.

```
Diode peak rectifier
.tran    50u 50m 0m  50u
Vi  1   0   dc  0v  ac  1v  0
+           sin 0v 6V 60Hz
D1  1   2   1N4004
Rs  2   3   1
C1  3   0   6.8u
RL  3   0   5.1k
.model 1N4004 D (Is=403p N=1.57 Rs=43.2m Xti=3 Eg=1.11
+ Cjo=52.8p M=.272 Vj=.3 FC=.5 Bv=400 Ibv=10u Tt=5.1u)
.end
```

3. 실험 11에서 측정한 출력 직류 전압의 변화를 그림 5.14에 그려라.

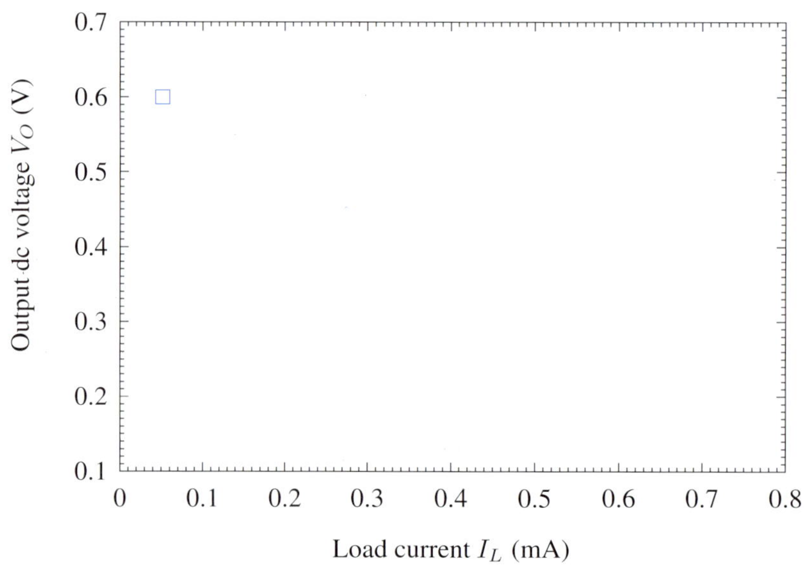

그림 **5.14** 부하 전류에 대한 출력 직류 전압의 변화.

참고 문헌

1. A. S. Sedra and K. C. Smith, *Microelectronic Circuits*, 2021.
2. C. K. Alexander and M. N. O. Sadiku, *Fundamentals of Electric Circuits*, 2013.
3. Wikipedia, "Switched-mode power supply," June 2017, online.

集

실험 6

공진 회로와 광석 라디오

6.1 실험 목적

공진 회로의 기본적인 개념을 학습하고 병렬 공진 회로의 전기적 특성에 관한 실험을 통하여 공진 회로의 동작 원리를 이해한다. 그리고 공진 원리를 광석 라디오의 동조 회로에 적용하여 AM 방송을 수신한다.

6.2 실험 해설

공진 현상은 우리가 일상적으로 경험하는 자연 현상이다. 그네를 탈 때 그네의 고유 주기, 즉 운동 에너지와 위치 에너지의 교환 주기에 맞추어 조금씩 힘을 주면 그네 진폭이 커지는 현상, 출렁거리는 줄다리를 건널 때 줄다리의 상하 진동에 보조를 맞추면 큰 진동이 일어나는 현상, 지진이나 바람에 의해 건물이나 다리가 무너지는 현상, 그리고 일정한 자기장 내의 원자가 진동하는 자기장과 공명하는 현상 등이 그 예이다. 이런 예들에서 알 수 있듯이, 공진은 작은 진폭의 주기적인 입력 신호로부터 에너지를 점점 획득하여 큰 진폭의 신호가 발생하는 현상이다.

전기 회로에서도 인덕터에 축적되는 전자기 (electromagnetic) 에너지와 커패시터에 축적되는 정전기 (electrostatic) 에너지 사이에 주기적인 에너지 교환이 일어나는 전기적 공진 현상이 존재한다. 공진 회로에서는 커패시터의 전압이 최대이면 인덕터의 전류는 최소가 되고, 커패시터의 전압이 최소이면 인덕터의 전류는 최대가 되는 현상이 반복된다. 이 주기적인 현상은 공진 주파수에 연관된다. 전기적인 공진 회로에서도 특정 주파수를 갖는 신호의 진폭을 크게 증폭할 수 있다. 공진 회로 (resonant circuit)는 통신 분야에서 주파수 선택 또는 동조 회로 (tuning circuit)에 이용되며, 필터 (filter)나 임피던스 변환기 등에도 사용된다.

6.2.1 병렬 공진 회로

일반적으로 공진은 응답이 극대가 되는 **공진 주파수** f_0에서 일어난다. R, L, C로 구성된 그림 6.1과 같은 표준 병렬 공진 회로의 응답은 출력 전압 V_0이다. 이 응답이 극대가 되려면 입력 어드미턴스 (admittance)

$$\mathbf{Y} = \frac{1}{R} + j\left(\omega C - \frac{1}{\omega L}\right) \tag{6.1}$$

의 크기는 최소가 되어야 한다. 이것은 입력 서셉턴스 (susceptance)가

$$\boxed{\Im(\mathbf{Y}) = \left(\omega C - \frac{1}{\omega L}\right) = 0} \tag{6.2}$$

이 되면 실현된다. 그러면 입력 임피던스는 최대 크기를 가지며 순수한 저항 성분이 된다. 이런 공진 조건은 출력으로 관측되는 응답에 따라 일

반적으로 달라지며 주파수 ω, 인덕턴스 L, 그리고 커패시턴스 C의 조정을 통하여 만족된다. 따라서 L과 C가 주어지면 공진 주파수 f_0와 공진 각주파수 (resonant angular frequency) ω_0는 다음과 같이 정해진다.

$$f_0 = \frac{\omega_0}{2\pi} = \frac{1}{2\pi\sqrt{LC}} \tag{6.3}$$

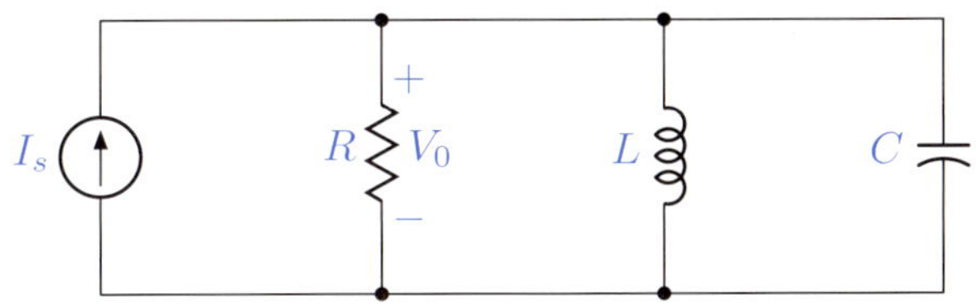

그림 **6.1** 표준 병렬 공진 회로.

공진 상태에서 입력 임피던스는 순수한 저항 성분만을 가지므로 병렬 공진 회로의 입력 전류 I_s에 의한 최대 출력 전압 크기 V_0는

$$V_0 = RI_s \equiv \frac{I_s}{G} \tag{6.4}$$

가 된다. 그리고 커패시터와 인덕터로 흐르는 전류의 크기는 각각

$$I_C = \omega_0 C V_0 = \frac{\omega_0 C}{G} I_s \equiv Q_0 I_s, \quad I_L = \frac{V_0}{\omega_0 L} = \frac{\omega_0 C}{G} I_s = Q_0 I_s \tag{6.5}$$

로 주어진다. 여기서 Q_0는 에너지를 저장하는 효율을 의미하는 양질도 (quality factor)로서 공진 상태에 있는 병렬 공진 회로에서는

$$\boxed{Q_0 = \frac{\omega_0 C}{G} = \omega_0 RC} \tag{6.6}$$

로 표현되며 입력 전류에 대한 커패시터와 인덕터 전류의 증폭도를 나타낸다. 일반적으로 양질도 Q는 소자나 공진 회로에서 한 주기 동안 소모된 에너지에 대한 최대 저장된 에너지의 비로 다음과 같이 정의된다.

$$Q \equiv 2\pi \frac{\text{maximum energy stored}}{\text{energy dissipated per period}} \tag{6.7}$$

입력 전류에 대한 공진 회로 출력 전압의 비인 입력 임피던스는

$$\mathbf{Z} = \frac{1}{\mathbf{Y}} = \frac{R}{1 + jQ_0\left(\dfrac{\omega}{\omega_0} - \dfrac{\omega_0}{\omega}\right)} \tag{6.8}$$

로 표현될 수 있으며, 공진 주파수에서 크기가 최대인 R이 된다. 그림 6.2는 병렬 공진 회로의 입력 임피던스에 대한 주파수 응답을 나타낸다. 공진 주파수에서 위상이 0으로 임피던스가 순수한 저항 성분이 되는 것을 확인할 수 있다. 그리고 주파수가 공진 주파수보다 낮아지면 임피던

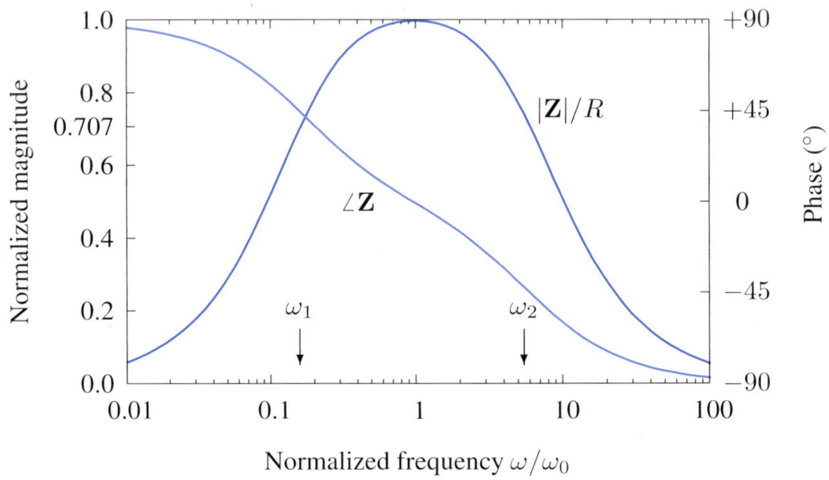

그림 **6.2** 병렬 공진 회로의 입력 임피던스에 대한 주파수 응답.

스의 허수부인 리액턴스 (reactance)는 인덕턴스가 되고, 주파수가 공진 주파수보다 높아지면 리액턴스는 커패시턴스가 되는 것도 알 수 있다. 입력 임피던스의 크기가 최댓값의 $1/\sqrt{2} = 0.707$ 배로 작아지는 반전력 주파수가 저주파 차단 주파수 ω_1과 고주파 차단 주파수 ω_2이며

$$Q_0\left(\frac{\omega_1}{\omega_0} - \frac{\omega_0}{\omega_1}\right) = -1, \quad Q_0\left(\frac{\omega_2}{\omega_0} - \frac{\omega_0}{\omega_2}\right) = +1 \tag{6.9}$$

로 표현할 수 있다. 이 식들을 사용하여 차단 주파수를 구하면 각각

$$\omega_1 = \omega_0\sqrt{1 + \left(\frac{1}{2Q_0}\right)^2} - \frac{\omega_0}{2Q_0}, \quad \omega_2 = \omega_0\sqrt{1 + \left(\frac{1}{2Q_0}\right)^2} + \frac{\omega_0}{2Q_0} \tag{6.10}$$

가 된다. 여기서 **대역폭** (bandwidth) BW와 양질도 Q_0의 관계는

$$\boxed{\mathrm{BW} \equiv \omega_2 - \omega_1 = \frac{\omega_0}{Q_0}} \tag{6.11}$$

로 주어지며, Q_0가 증가하면 대역폭이 좁아지고 주파수 선택도는 향상된다. 큰 양질도를 얻으려면 손실이 적은 인덕터와 콘덴서가 필요하다.

6.2.2 직렬 공진 회로

표준 응답이 출력 전류인 그림 6.3의 직렬 공진 회로의 입력 임피던스는

$$\mathbf{Z} = R + j\left(\omega L - \frac{1}{\omega C}\right) \tag{6.12}$$

로 표현되며, 병렬 공진 회로와 마찬가지로 입력 임피던스가 순수한 저항 성분이 되면 최대 응답인 공진이 일어난다. 직렬 공진 회로의 입력 임피던스의 크기는 공진 주파수에서 가장 작은 R이 된다. 공진 상태에서 직렬 공진 회로의 입력 전압 V_s에 의한 최대 출력 전류는 다음과 같다.

$$I_0 = \frac{V_s}{R} \tag{6.13}$$

그리고 커패시터와 인덕터의 양단에 나타나는 전압의 크기는 각각

$$V_L = \omega_0 L I_0 = \frac{\omega_0 L}{R} V_s \equiv Q_0 V_s, \quad V_C = \frac{I_0}{\omega_0 C} = \frac{\omega_0 L}{R} V_s = Q_0 V_s \tag{6.14}$$

로 주어진다. 여기서 Q_0는 공진 상태에서 직렬 공진 회로의 양질도로서

$$\boxed{Q_0 = \frac{\omega_0 L}{R} = \frac{1}{\omega_0 RC}} \tag{6.15}$$

로 표현되며, 입력 전압에 대한 커패시터와 인덕터 전압의 증폭도를 나타낸다. 대역폭과 양질도의 관계는 병렬 공진 회로와 같은 식으로 주어지며, Q_0가 증가하면 대역폭이 좁아지고 주파수 선택도는 향상된다.

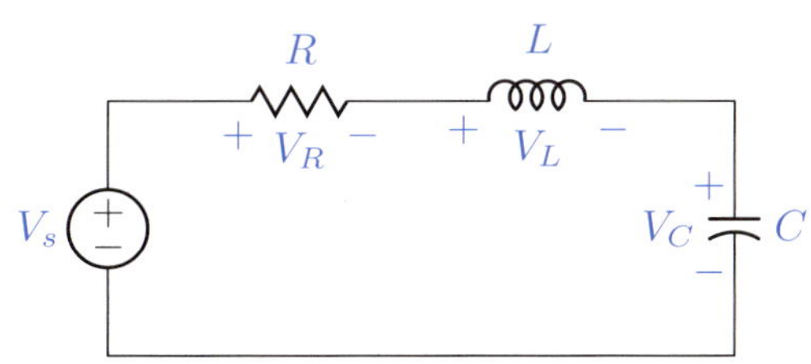

그림 **6.3** 표준 직렬 공진 회로.

그림 6.4는 직렬 공진 회로의 공진 상태에서 진폭이 10 mV인 입력 전압 $v_s(t)$, 인덕터 전압 $v_L(t)$, 그리고 커패시터 전압 $v_C(t)$의 파형들을 나

타낸다. 입력 전압은 인덕터 전압이나 커패시터 전압과 90° 위상 차이가 있고, 인덕터 전압과 커패시터 전압은 서로 180° 위상 차이가 있어 공진 상태에 있다는 것을 확인할 수 있다. 페이저로 표현한 전압 법칙

$$\mathbf{V}_s = \mathbf{ZI} = R\mathbf{I} + j\omega L\mathbf{I} - \frac{j}{\omega C}\mathbf{I} \equiv \mathbf{V}_R + \mathbf{V}_L + \mathbf{V}_C \tag{6.16}$$

로부터 각 전압의 위상 관계는 분명해진다. 즉, 공진 상태에서 입력 전압이 $\mathbf{V}_s = R\mathbf{I}$이므로 인덕터 전압은 입력 전압보다 90° 진상 (phase lead)이고, 커패시터 전압은 입력 전압보다 90° 지상 (phase lag)이다. 그리고 인덕터 전압이나 커패시터 전압의 진폭이 입력 전압의 진폭보다 10 배 이상 크므로 이 공진 회로의 양질도 Q_0도 10 이상인 것을 알 수 있다.

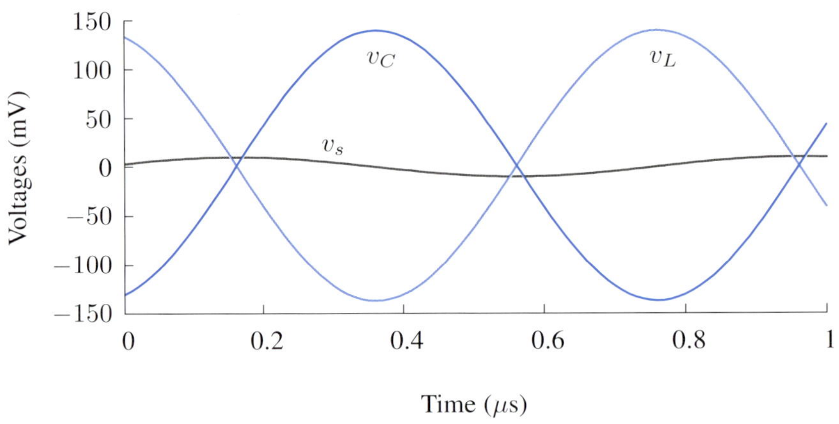

그림 **6.4** 공진 상태에서 직렬 공진 회로의 전압 파형들.

6.2.3 코일과 콘덴서의 공진 회로

인덕터로 사용하는 코일 (coil)에는 도선 저항에 기인한 저항 손실, 전자파 방사에 기인한 방사 손실, 또는 페라이트 코어에 기인한 코어 손실이 있으며, 커패시터로 사용되는 콘덴서 (condenser)에는 누설 전류로 인한 손실과 유전체에 기인한 유전 손실이 있다. 일반적으로 이러한 손실을 포함하는 코일과 콘덴서의 등가 회로는 여러 가지가 있으나 모든 주파수 영역에서 등가인 모델을 구성하는 것은 매우 어렵다. 여기서 우리는 이 손실들을 코일에는 직렬 저항 R_s로 콘덴서에는 병렬 저항 R_c로 표현

하는 간단한 등가 모델을 사용할 것이다. 코일과 콘덴서의 병렬로 구성된 실제적인 병렬 공진 회로의 등가 회로가 그림 6.5에 나타나 있다.

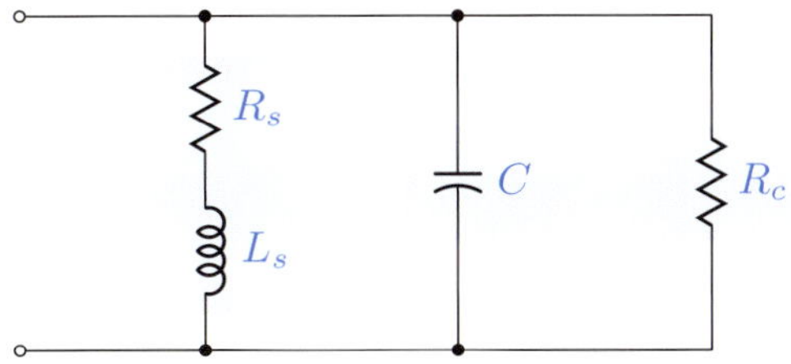

그림 **6.5** 실제적인 병렬 공진 회로의 등가 회로.

이 회로는 그림 6.1의 표준 병렬 공진 회로로 변환될 수 있다. 저항 R_s와 인덕턴스 L_s로 구성된 코일 등가 회로의 어드미턴스는

$$\mathbf{Y}_s = \frac{1}{R_s + j\omega L_s} = \frac{R_s - j\omega L_s}{R_s^2 + (\omega L_s)^2} \equiv \frac{1}{R_p} - j\frac{1}{\omega L} \tag{6.17}$$

로 표현된다. 여기서 병렬 등가 저항 R_p와 등가 인덕턴스 L은 인덕터의 양질도 $Q = \omega L_s / R_s$를 사용하여 다음과 같이 각각 구해진다.

$$R_p = \frac{R_s^2 + (\omega L_s)^2}{R_s} = R_s(1 + Q^2) \tag{6.18}$$

$$L = \frac{R_s^2 + (\omega L_s)^2}{\omega^2 L_s} = L_s(1 + 1/Q^2) \tag{6.19}$$

따라서 표준 병렬 공진 회로의 커패시턴스는 C이고 **등가 컨덕턴스**는

$$G = G_p + G_c \equiv \frac{1}{R_p} + \frac{1}{R_c} \tag{6.20}$$

로 주어지며, $Q \gg 1$인 경우 인덕턴스는 $L \simeq L_s$로 근사된다.

6.2.4 공진 회로의 컨덕턴스 측정

코일과 콘덴서로 구성된 병렬 공진 회로에서 등가 컨덕턴스 G는 회로의 양질도에 영향을 주어 주파수 선택도를 변화시키는 중요한 성분이다. 이것은 코일과 콘덴서의 내부 손실을 나타내는 기생 저항에 기인하

는 성분으로 그림 6.6을 사용하여 측정할 수 있다. 여기서 R_g는 전압 함수 발생기의 내부 저항과 이 함수 발생기를 전류 신호원으로 변경하기 위하여 필요한 큰 직렬 저항의 합을 나타낸다. 그리고 G_x는 공진 상태에서 출력 전압의 크기 V_0를 변경하기 위한 가변 컨덕턴스이다.

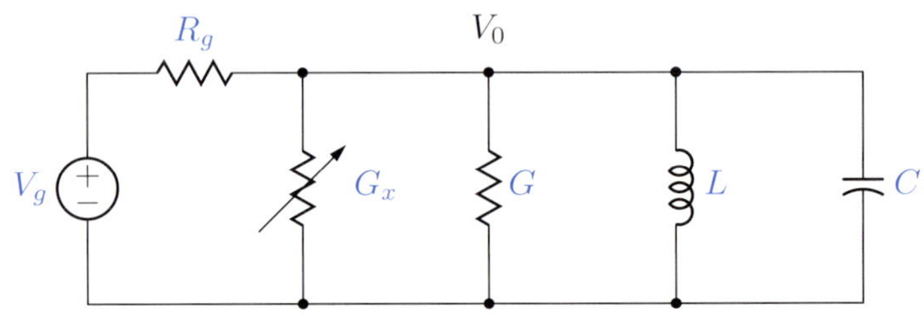

그림 **6.6** 등가 컨덕턴스 G의 측정을 위한 회로.

공진 주파수 ω_0에서 출력 전압의 크기 V_0는 최대가 되고 회로 전체의 컨덕턴스는

$$G_t = G_g + G_x + G \equiv \frac{1}{R_g} + G_x + G \tag{6.21}$$

로 주어진다. 출력 전압의 크기와 가변 컨덕턴스의 관계는

$$I_s = \frac{V_g}{R_g} = G_t V_0 \quad \rightarrow \quad \frac{1}{V_0} = \frac{R_g}{V_g}\left(G_g + G + G_x\right) \tag{6.22}$$

로 표현된다. 이 식은 $1/V_0$가 G_x에 선형적으로 의존하는 직선 방정식이며, $G_x = -(G_g + G) \equiv -G_0$이면 $1/V_0$는 0이 되어 x 축과 교차하게 된다. 그러므로 코일과 콘덴서의 등가 컨덕턴스는 다음 식으로 구해진다.

$$\boxed{G \equiv G_p + G_c = G_0 - G_g} \tag{6.23}$$

그림 6.7은 가변 컨덕턴스 G_x를 변화시키면서 공진 전압의 크기 V_0를 측정하여 그 역수를 기호로 표시하고, 이 기호들을 잘 지나도록 직선을 그린 것이다. 이 직선이 x 축과 만나는 점에서 G_x의 값이 $-G_0$이다.

6.2.5 광석 라디오

광석 라디오 (crystal radio)는 라디오 방송의 초기인 1920년대에 널리 사용되었다. 이 라디오는 전원 공급기를 사용하지 않고, 방송되는 전파 신

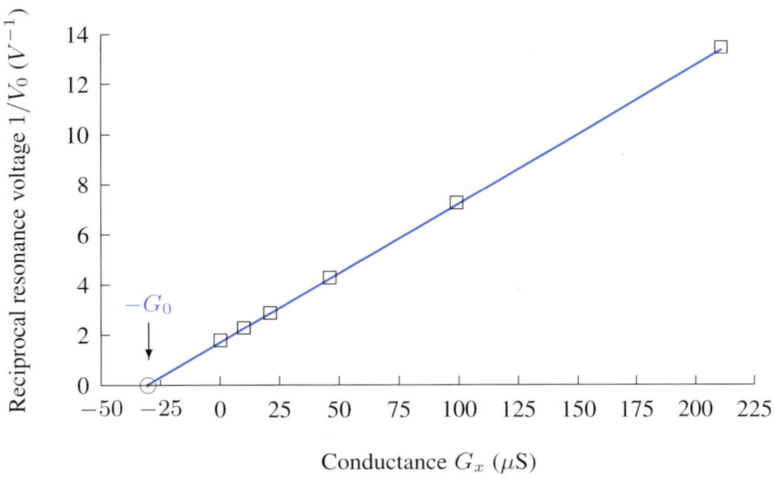

그림 **6.7** 가변 컨덕턴스의 변화에 대한 공진 전압의 역수와 G_0.

호의 자체 에너지를 이용하여 동작한다. 코일과 콘덴서의 공진 회로를 특정한 방송국의 진폭 변조 (AM) 신호에 동조시켜 신호 진폭을 증폭하고 다이오드로 검파하여 이어폰으로 청취한다. 그림 6.8은 광석 라디오의 블록도를 나타낸다. 전파를 탐지하는 안테나 (antenna)는 수 미터 이

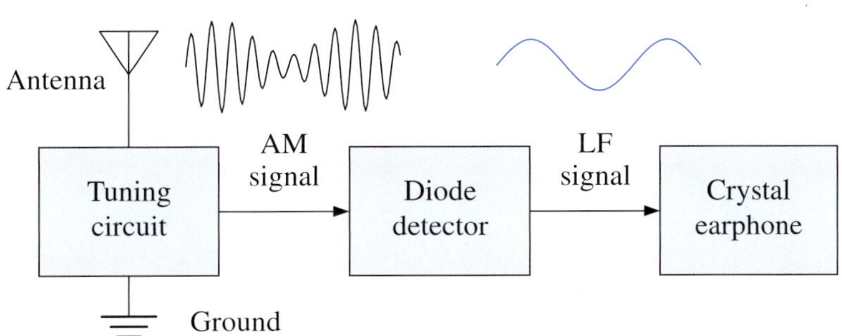

그림 **6.8** 광석 라디오의 블록도.

상의 도선으로 실현되고, 광석 라디오의 동작에 중요한 기능을 하는 접지 (ground)는 수도 배관이나 상용 전원의 접지 단자를 이용한다. 수신 주파수를 선택하는 동조 회로 (tuning circuit)는 병렬이나 직렬 공진 회로로 구현되며, 동조 주파수는 주로 커패시턴스의 변화로 결정된다.

진폭 변조된 음성 신호를 복조하는 검파기 (detector)는 동작 전압이 낮은 게르마늄 다이오드, 저항, 그리고 커패시터로 구성된다. 그리고 이어폰 (earphone)으로는 입력 임피던스의 크기가 2 kΩ 이상인 이어폰이나 압전 (piezoelectric) 또는 크리스털 (crystal) 이어폰이 사용된다. 이어폰의 등가 입력 저항 성분과 커패시턴스가 검파에 적합하면 검파기에서 저역 통과 필터를 구성하는 저항과 커패시터는 생략될 수 있다.

그림 6.9는 대표적인 광석 라디오의 회로를 나타낸다. 입력 저항과 커패시턴스를 갖는 압전 이어폰이 저역 통과 필터로도 작용하므로, 이 필터를 구성하는 커패시터는 제거되었으며 저항 R도 생략될 수 있다. 광석 라디오의 설계와 정량적인 이해에 중요한 것은 **안테나 임피던스**이다. 이것은 동조 회로에 영향을 미치므로 동조 회로의 설계에 그 크기를 고려해야 한다. 도선 안테나의 임피던스는 송수신 전파의 파장과 안테나 길이에 주로 의존한다. 안테나 임피던스의 저항 성분은 주로 도선 저항과 방사 저항 (radiation resistance)에 기인하는데 수십 Ω 이하이다. 이 방사 저항을 크게 하여 양호한 수신 감도를 얻으려면 긴 안테나를 높이 설치해야 한다. 안테나 리액턴스는 파장이 수백 미터인 AM 대역에서 수 미터의 안테나를 사용하면 인덕턴스보다는 커패시턴스가 된다.

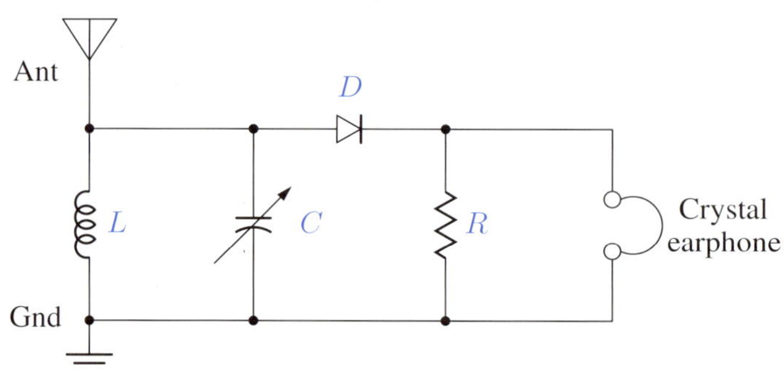

그림 **6.9** 광석 라디오 회로.

그림 6.10은 1251 kHz의 CBS 방송 수신을 위한 안테나와 동조 회로의 등가 회로를 나타낸다. 신호원 V_a는 안테나에 유도된 전압이고, R_a는 안테나 저항이며, C_a는 안테나 커패시턴스이다. 그리고 R_s와 L_s는 코일의 등가 회로이고, R_c와 C는 콘덴서의 등가 회로이다. 이 회로는 표준

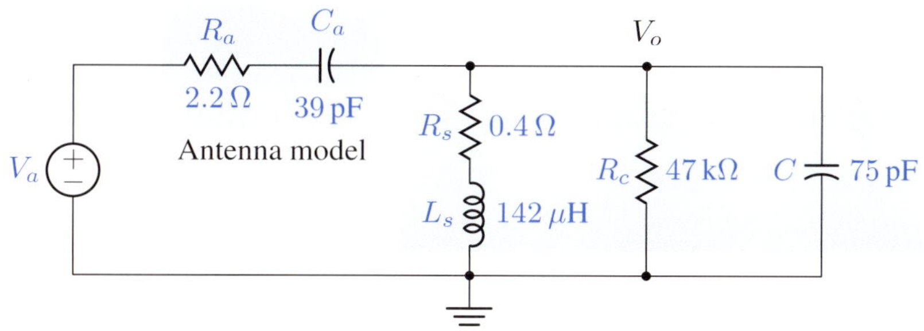

그림 **6.10** 안테나와 동조 회로의 등가 회로.

공진 회로가 아니며 병렬 공진 회로와 직렬 공진 회로가 공존한다. 병렬 공진 회로의 공진 주파수는 근사적으로

$$f_p \simeq \frac{1}{2\pi\sqrt{L_s C}} = 1542\,\text{kHz} \qquad (6.24)$$

로 계산된다. 이 주파수는 회로 전체의 공진 주파수 $f_0 = 1251\,\text{kHz}$보다 높으므로 f_0에서 이 병렬 공진 회로의 리액턴스는 인덕턴스가 된다. 이 인덕턴스가 안테나 커패시턴스 C_a와 직렬 공진 회로를 형성하고 이 직렬 공진 회로가 수신할 신호의 주파수 f_0에 동조하게 된다.

그림 6.11은 안테나와 동조 회로에서 얻어지는 전압 이득의 크기와 병

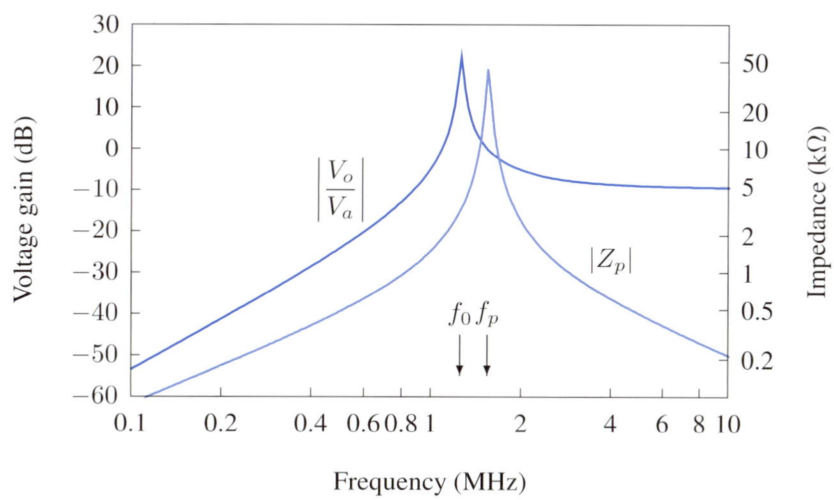

그림 **6.11** 동조 회로의 전압 이득 크기와 병렬 공진 회로의 임피던스 크기.

렬 공진 회로의 등가 임피던스 크기에 대한 주파수 특성이다. 여기서 안테나에 수신된 신호 전압이 동조 회로의 출력으로 10 배 이상 증폭되는 것을 알 수 있다. 신호의 수신 전력이 1 nW 정도이면 방송 내용을 알아들을 수 있으나 수십 pW이면 겨우 들리기만 한다.

그림 6.12는 안테나에 수신된 정현파 전압의 진폭이 100 mV일 때 그 안테나 전압과 동조 회로의 출력 전압의 파형을 나타낸다. 실제적으로는 안테나 신호 전압의 진폭은 수백 μV 이하이지만 실험의 편의를 고려하여 100 mV에 대한 파형을 나타낸 것이다. 주파수 특성에서 관찰했듯이 시간 영역에서도 전압 증폭도가 10 배 이상인 것을 확인할 수 있다. 그리고 동조 회로 출력 전압의 위상은 안테나 전압보다 90° 앞선다.

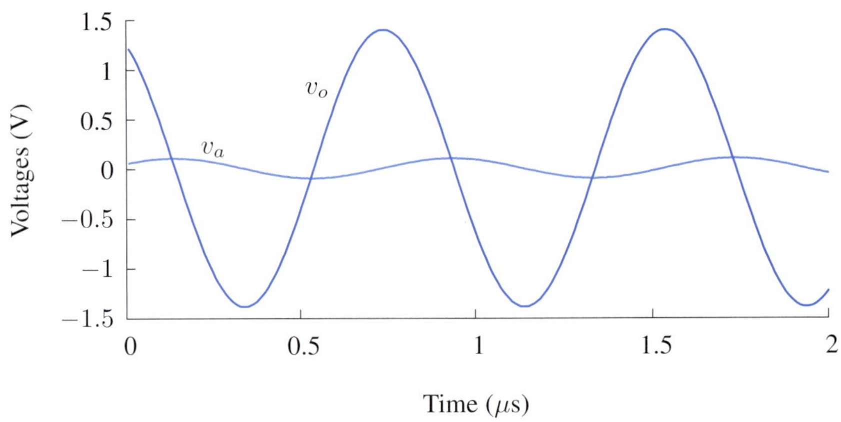

그림 **6.12** 안테나 전압과 동조 회로의 출력 전압의 파형.

6.3 예비 문제

1. 병렬 공진 회로와 직렬 공진 회로의 공진 주파수를 계산하는 방법과 측정하는 방법을 설명하라.

2. 입력 전압이 $v_s = V_s \cos(\omega_0 t)$이고 공진 상태에 있는 표준 직렬 공진 회로의 양질도 Q_0를 정의를 사용하여 구하라.

3. 입력 전압이 $v_s = V_s \cos(\omega_0 t)$이고 공진 상태에 있는 직렬 공진 회로에서 인덕터 전압과 커패시터 전압의 합을 시간 영역에서 구하라.

4. 저항이 0.4 Ω이고 인덕턴스가 142 μH인 코일에 대해 1251 kHz에서 이 코일의 양질도 Q를 구하라.

6.4 실험 부품 및 장비

부품 및 장비	규격 및 기능	수량
피복선 (코일)	동심 직경 0.5 mm (AWG 24) 165 cm	1
피복선 (안테나)	동심 직경 0.5 mm (AWG 24) 300 cm	1
피복선 (안테나)	동심 직경 0.5 mm (AWG 24) 10 cm	1
페라이트 코어	직경 10 mm 길이 98 mm	1
이어폰	압전 (크리스털) 이어폰	1
다이오드	1N270 또는 1N34A germanium diode	1
가변 콘덴서	16 pF ~ 160 pF 12 V	1
커패시터	33 pF, 220 pF 12 V	1
저항	47 kΩ, 200 kΩ 1/4 W	1
저항	10 kΩ, 22 kΩ 1/4 W	1
저항	4.7 kΩ, 6.8 kΩ 1/4 W	1
저항	2.2 Ω 1/4 W	1
접지	수도 배관이나 안전이 확인된 전원 접지*	1

*정상적으로 접지된 단상 3선식 (single-phase three-wire system) 콘센트로부터 접지선을 별도로 갖는 3선 플러그로 상용 교류 전원을 공급받는 직류 전원 공급기의 접지 단자를 광석 라디오의 접지로 사용할 수 있다. 직류 전원 공급기뿐만 아니라 신호 발생기, 함수 발생기, 그리고 오실로스코프 등의 실험 장비들도 정상적으로 접지된 경우에는 그 접지 단자를 광석 라디오의 접지로 사용할 수 있다. 그리고 장비들의 접지 단자들이 모두 접지로 단락되므로 **이 접지 단자들은 반드시 회로의 같은 마디에 접속되어야 한다.**

6.5 실험 내용

1. 페라이트 코어에 피복선을 두 겹으로 총 42 바퀴를 감아서 동조 코일로 사용할 것이다. 직경 0.5 mm이고 길이가 165 cm인 피복선을 3 cm의 여유를 남기고 페라이트 코어의 중간부터 21 바퀴를 감는다. 그리고 계속해서 같은 회전 방향으로 다시 21 바퀴를 반대쪽으로 감고, 그림 6.13과 같이 피복선의 양끝을 꼬아서 고정시킨다. 이 코일의 측정한 인덕턴스는 약 142 μH이고 직류 저항은 약 0.16 Ω이다.

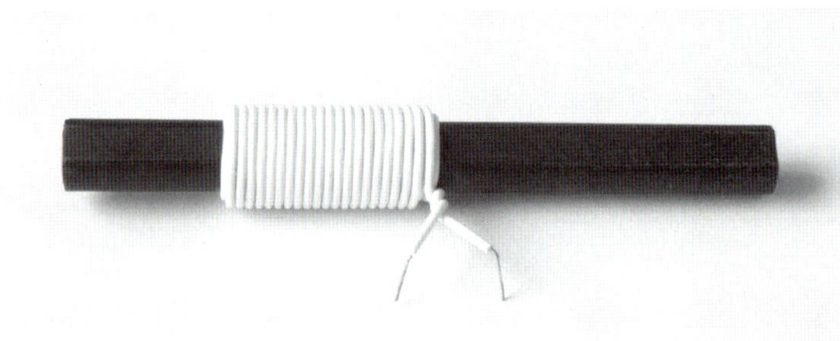

그림 **6.13** 페라이트 코어에 피복선을 두 겹으로 감아서 제작한 동조 코일.

2. 동조 코일과 가변 콘덴서로 구성된 병렬 공진 회로에 대한 등가 컨덕턴스 G를 측정하기 위하여 함수 발생기의 출력 전압을 진폭이 1 V이고 주파수가 1251 kHz인 정현파로 설정하라.

3. 그림 6.14의 병렬 공진 회로를 구성하라. 신호원 v_s와 저항 50 Ω은 함수 발생기의 등가 회로이고, 인덕터 L과 커패시터 C는 각각 동조 코일과 가변 콘덴서이며, 가변 저항기는 아직 연결하지 않는다. 그러면 $R_x = \infty$로 가변 컨덕턴스 $G_x = 1/R_x = 0$이 된다.

4. 가변 콘덴서의 커패시턴스를 변경하면서 10X 프로브를 사용하여 출력 파형만을 오실로스코프로 관찰하라. 이것은 공진 회로가 오실로스코프 채널의 입력 임피던스에도 민감하므로 필요한 채널만을 사용하여 정확한 측정을 하기 위한 것이다. 출력 신호 v_o의 진폭이 최대가 되도록 가변 콘덴서를 조절하여 병렬 공진이 일어나도록 하

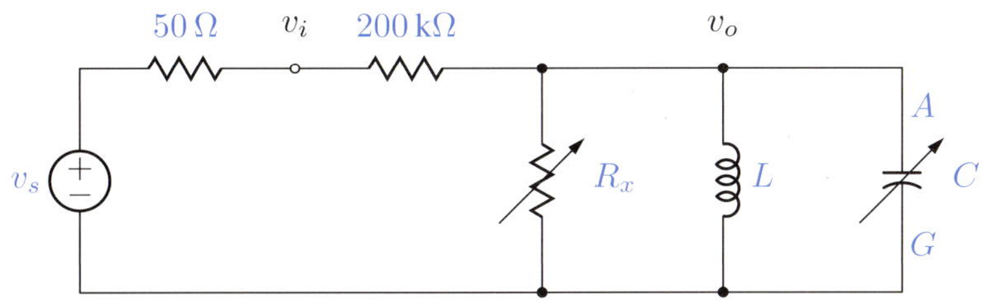

그림 **6.14** 병렬 공진 실험을 위한 회로.

라. 편리한 측정을 위하여 출력 신호 v_o의 진폭이 600 mV가 되도록 함수 발생기의 신호 진폭을 설정하라.

5. 함수 발생기의 신호 주파수를 공진 주파수 1251 kHz보다 높은 주파수로 증가시키면서 출력 신호 v_o의 진폭이 $600/\sqrt{2} = 424$ mV가 되는 고주파 차단 주파수 f_2를 찾아라. 반대로 신호 주파수를 공진 주파수보다 낮은 주파수로 감소시키면서 출력 신호 v_o의 진폭이 424 mV가 되는 저주파 차단 주파수 f_1을 찾아 표 6.1을 완성하라.

표 **6.1** 병렬 공진 회로의 차단 주파수와 양질도

f_1 (kHz)	f_0 (kHz)	f_2 (kHz)	Q_0
	1251		

6. 표 6.2에 주어진 가변 저항값에 따라 공진 상태에서 출력 신호 v_o의 진폭을 측정하여 표 6.2를 완성하라. 이 실험을 통하여 병렬 저항의

표 **6.2** 가변 컨덕턴스 $G_x = 1/R_x$의 변화에 대한 병렬 공진 회로의 전압

가변 저항 R_x (kΩ)	∞	47	22	10	6.8	4.7
v_o의 진폭 (V)	0.6					
컨덕턴스 G_x (μS)	0	21.3	45.5	100	147	213
v_o 진폭의 역수 (V^{-1})	1.67					

크기가 변화해도 공진 주파수, 즉 출력 신호 v_o의 진폭이 최대가 되는 커패시터의 크기가 변하지 않는다는 사실도 확인하라.

7. 동조 회로에 대한 실험을 수행하기 위하여 함수 발생기의 출력 전압을 진폭이 100 mV이고 주파수가 1251 kHz인 정현파로 설정하라.

8. 안테나의 등가 모델을 사용한 그림 6.15의 동조 회로를 구성하라. 안테나 모델의 커패시턴스가 33 pF로 변경된 이유는 출력에 연결되는 10X 프로브의 부하 효과인 약 8 pF에서 16 pF의 등가 커패시턴스를 보상하여 동조 실험을 더욱 정확히 수행하기 위한 것이다.

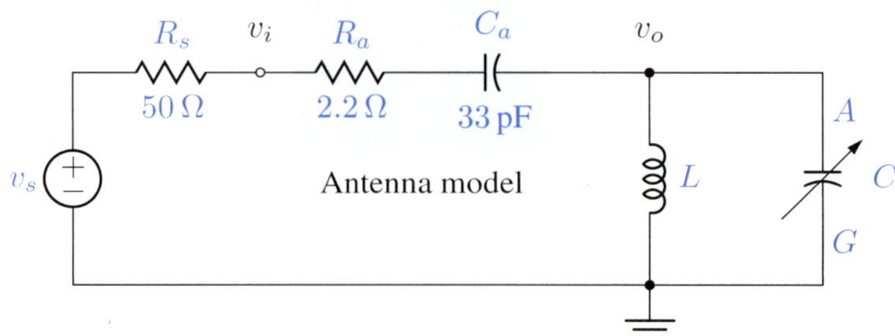

그림 6.15 안테나의 등가 모델을 사용한 동조 회로의 실험 회로.

9. 10X 프로브를 사용하여 입력 전압 v_i의 파형과 출력 전압 v_o의 파형을 오실로스코프로 동시에 관찰하면서 출력 전압의 진폭이 최대가 되도록 동조 콘덴서 C를 조정하라. 이제 주파수 1251 kHz의 신호에 이 공진 회로가 동조되어 있다.

10. 1251 kHz에 동조된 이 회로에 대하여 입력 전압과 출력 전압의 진폭과 위상을 관측하고 입력 전압에 대한 출력 전압의 증폭도와 위상을 구하여 표 6.3을 완성하라. 그리고 주어진 입력 전압 v_i의 파형에 대하여 출력 전압 v_o의 파형을 그림 6.16에 그려라.

표 6.3 동조 회로의 특성

v_s의 진폭	v_i의 진폭	v_o의 진폭	증폭도 v_o/v_i	v_o의 위상
100 mV				

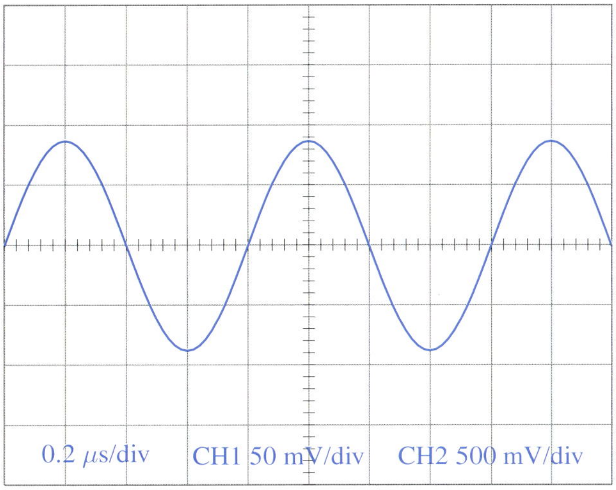

그림 **6.16** 동조 회로의 입력 전압 파형과 출력 전압 파형.

11. 주파수 1251 kHz에 동조된 인덕터와 콘덴서를 그대로 사용하여 그림 6.17의 광석 라디오를 구성하라. 안테나는 동심 직경이 0.5 mm이고 길이가 300 cm인 피복선을 사용하고, 접지는 함수 발생기나 전원의 접지 단자를 이용한다. 이제 크리스털 이어폰을 통하여 CBS 방송을 들을 수 있다. 그렇다면 가변 콘덴서를 미세하게 조정하면서 양호한 동조 상태를 확인하라. 그렇지 않으면 220 pF의 커패시터를 가변 콘덴서와 병렬로 연결하고 8 m 안테나를 접속하라. 가변 콘덴서를 천천히 좌우로 조정하면서 738 kHz의 KBS 방송을 청취하라.

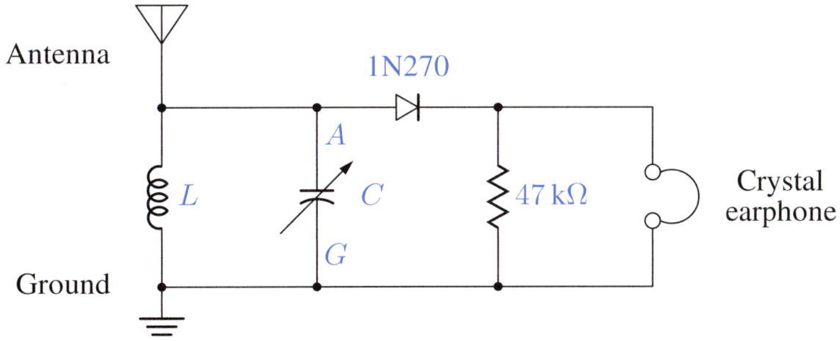

그림 **6.17** 광석 라디오의 실험 회로.

12. 전자기 간섭을 실험하기 위한 간섭 안테나는 동조 코일 근방 7 cm 이내에 수직으로 세운 10 cm 정도의 피복선을 사용한다.† 이 안테나에 주파수가 f_a인 간섭 신호를 공급할 수 있다. 이 신호는 $v_a(t) = V_a \cos(2\pi f_a t)$로 표현되고 청취하는 AM 방송의 반송 신호 (carrier signal)은 $v_c(t) = V_c \cos(2\pi f_c t)$로 표현될 수 있다. 이 신호들은 동조 회로에 수신되고 비선형 소자인 다이오드에 입력된다. 그러면 출력은 입력 기본 주파수 (fundamental frequency)인 f_a와 f_c뿐만 아니라 이들이 선형 조합된 다음 주파수를 갖는 신호들도 포함한다.

$$k_a f_a + k_c f_c \tag{6.25}$$

여기서 k_a와 k_c는 음이나 양의 값을 갖는 임의의 정수들이다. 이 현상을 **상호변조** (intermodulation)이라고 한다. 기본 주파수들의 크기가 비슷하면 가청 주파수 $|f_a - f_c|$를 갖는 출력 정현파가 발생한다.

광석 라디오의 접지에 함수 발생기의 접지를 연결하고 함수 발생기의 출력을 진폭이 6 V이고 주파수가 청취하는 방송의 반송 주파수 f_c인 정형파로 설정하여 간섭 안테나의 아래 단자에 접속하라. 방송이 수신되고 있는 상태에서 함수 발생기의 출력 정현파를 표 6.4에 주어진 주파수 f_a로 설정하면서 이어폰 소리를 들어보라. 간섭 주파수 f_a가 반송 주파수 f_c와 다른 경우에는 수신되고 있는 소리에 추가하여 kHz 단위의 가청 정현파가 들리는가? 그리고 f_a와 반송 주파수 f_c의 차이가 클수록 가청 정현파의 주파수는 높아지는가?

표 **6.4** 반송 주파수가 f_c인 경우의 가청 주파수

f_a (kHz)	$f_c - 2$	$f_c - 1$	f_c	$f_c + 1$	$f_c + 2$
$\lvert f_a - f_c \rvert$ (kHz)	2	1	0	1	2

† 이 실험은 방송이 수신되고 있는 광석 라디오의 근방에 설치된 간섭 안테나에 함수 발생기의 출력 신호를 연결할 수 있는 경우에 수행될 수 있다. 그렇지 않으면 생략하라.

6.6 연습 문제

1. 표 6.2의 실험 데이터를 그림 6.18에 그려서 모든 점이 직선상에 위치하는가를 확인하고, 이 직선과 x 축과의 교점에서 컨덕턴스 G_0를 구하라. 그리고 코일과 콘덴서의 병렬 회로에 대한 등가 컨덕턴스 G와 등가 저항 $R = 1/G$를 계산하라.

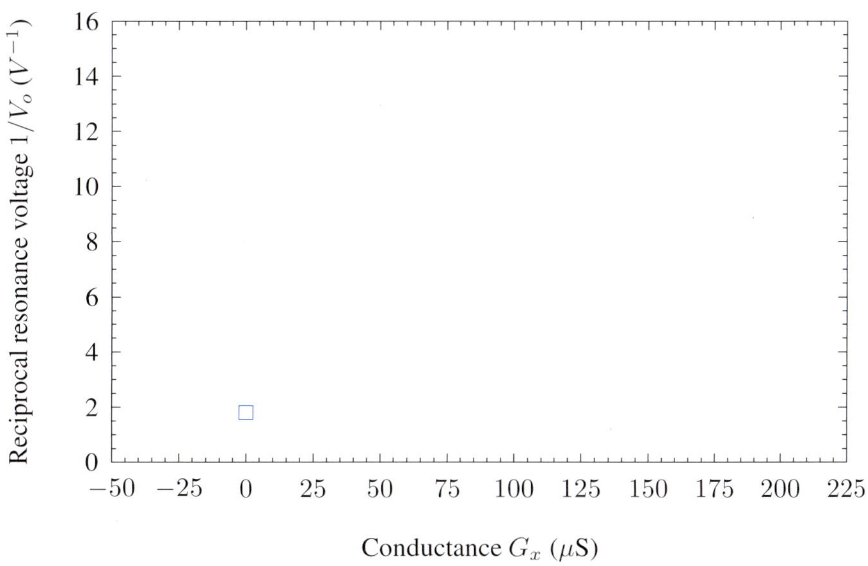

그림 **6.18** 가변 컨덕턴스의 변화에 따라 측정한 공진 전압의 역수.

2. 그림 6.14에서 $L = 142\,\mu$H이고 G는 앞에서 구하였다. 이 공진 회로의 양질도 Q_0를 계산하여 실험 5에서 측정한 양질도와 비교하라.

3. 코일 제작에 사용한 구리선의 저항도가 16.8 $\times 10^{-9}\,\Omega$m일 때, 코일의 직류 저항 R_0를 계산하여 측정값인 0.16 Ω과 비교하라.

4. 코일의 모델에서 사용한 직렬 저항 0.4 Ω이 계산하거나 측정한 직류 저항보다 큰 이유를 표피 효과 (skin effect) 관점에서 설명하라.

5. 정현파 신호들이 $v_a(t) = V_a \cos(2\pi f_a t)$와 $v_c(t) = V_c \cos(2\pi f_c t)$로 표현되고 비선형 소자의 특성은 $v_o(t) = v_i^2(t)$로 주어진다. $v_i(t) = v_a(t) + v_c(t)$인 경우에 출력 신호 $v_o(t)$의 주파수 성분들을 구하라.

참고 문헌

1. https://en.wikipedia.org/wiki/Resonance, June 2021, online.
2. W. H. Hayt and J. E. Kemmerly, *Engineering Circuit Analysis*. 1978.
3. S. Payor, “Build a matchbox crystal radio,” *Popular Electronics*, pp. 41–45, 1989.
4. C. H. Durney, C. C. Johnson, *Introduction to Modern Electromagnetics*. 1969.
5. https://en.wikipedia.org/wiki/Intermodulation, June 2017, online.
6. G. W. Roberts, A. S. Sedra, *SPICE*, New York: Oxford University Press, 1997.
7. M. H. Rashid, *SPICE for Circuits and Electronics Using PSpice*, 1990.

滅

실험 7

바이폴라 트랜지스터의 특성

7.1 실험 목적

바이폴라 접합 트랜지스터의 동작 원리를 간단히 학습하고 그 직류 특성을 측정하여 직류와 소신호 등가 회로의 모델 파라미터들을 구한다.

7.2 실험 해설

바이폴라 접합 트랜지스터 (BJT: bipolar junction transistor)는 세 단자를 갖는 반도체 소자로 두 개의 pn 접합으로 구성된다. 접합 트랜지스터의 기본적인 동작 원리는 한 접합 양단의 전압이나 전류로 다른 접합에 흐르는 전류의 크기를 제어하는 것이다. 그러므로 바이폴라 접합 트랜지스터는 종속 전류원이나 스위치를 실현하는 전자 소자이며, 단자 전류가 전자와 정공으로 구성되므로 양극성 (bipolar) 트랜지스터이다.

바이폴라 접합 트랜지스터는 1948년 벨 연구소에서 발명된 이후 개별 회로나 집적 회로의 설계에 널리 사용되어 왔다. 고주파 아날로그 회로나 고속 디지털 회로에는 여전히 우수한 전자 소자로 이용된다. 특히 가혹한 환경에서 양호한 신뢰도를 가지므로 자동차 전자 공학에서는 아직도 많이 사용되고 있다. 나중에 실험하는 전계효과 트랜지스터의 장점인 저전력이나 큰 입력 저항과 바이폴라 트랜지스터의 장점인 초고주파 동작이나 큰 전류 구동력을 결합하는 BiCMOS 기술에도 이용된다.

7.2.1 BJT의 구조와 동작

그림 7.1은 npn 바이폴라 접합 트랜지스터의 간단한 구조를 나타낸다. 이 트랜지스터는 고농도로 도핑된 n^+ **이미터** (emitter), p **베이스** (base), 그리고 n **컬렉터** (collector) 영역으로 구성되어 있다. 각 반도체 영역에 접속된 단자는 이미터 단자 (E), 베이스 단자 (B), 그리고 컬렉터 단자 (C)이다. 또한 이미터와 베이스 사이의 pn 접합인 이미터 접합 J_E와 컬렉터와 베이스 사이의 pn 접합인 컬렉터 접합 J_C도 표시되어 있다. 그

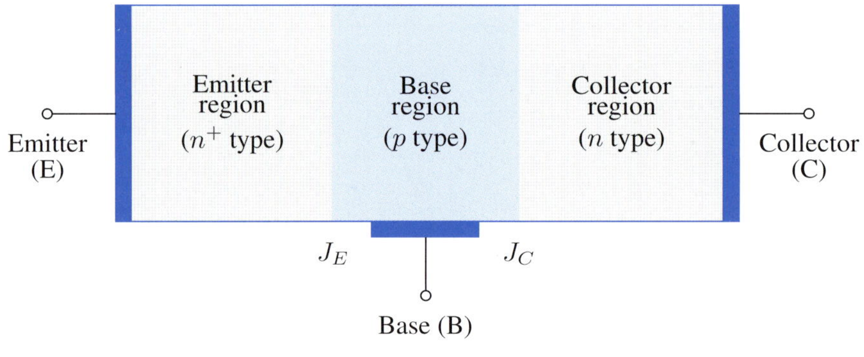

그림 **7.1** npn 바이폴라 접합 트랜지스터의 간단한 구조.

리고 이런 npn 트랜지스터와는 반대로 p형 이미터, n형 베이스, 그리고 p형 컬렉터를 가지는 트랜지스터를 pnp 트랜지스터라고 부른다.

BJT의 기본 동작 원리는 베이스와 이미터 사이의 전류 또는 전압으로 컬렉터 전류를 제어하는 **종속 전류원**으로 설명될 수 있다. 이것은 컬렉터 전류가 컬렉터 전압에는 거의 의존하지 않는 것을 의미한다. 그리고 이미터 접합과 컬렉터 접합이 직렬로 접속된 트랜지스터는 두 개의 상호 작용하는 다이오드들로 표현될 수 있다. 트랜지스터의 동작 모드나 **동작 영역**은 두 접합의 바이어스에 따라 표 7.1과 같이 차단 (cutoff), 활성 (active), 그리고 포화 (saturation) 영역으로 구별된다. 여기서 각 전압의 범위는 npn 트랜지스터에 대한 대략적인 것이다. 증폭기에서는 트랜지스터가 **활성 모드**로 동작하며, 논리 회로와 같은 스위칭 응용에서는 **차단 모드**와 **포화 모드**를 이용한다. 포화 모드에서는 두 접합이 순방향으로 바이어스되어 전류가 잘 흐르는 반면 차단 모드에서는 두 접합이 역방향으로 바이어스되기 때문에 전류는 거의 흐르지 않는다.

표 **7.1** 바이폴라 접합 트랜지스터의 동작 영역과 대략적인 전압 범위

Mode	J_E	J_C	V_{BE}	V_{BC}	V_{CE}
차단	역방향	역방향	< 0.4 V	< 0.4 V	$V_{BE} - V_{BC}$
활성	순방향	역방향	> 0.4 V	$V_{BE} - V_{CE}$	> 0.3 V
포화	순방향	순방향	> 0.7 V	$V_{BE} - V_{CE}$	< 0.3 V

활성 영역에서는 이미터–베이스 접합에 걸린 순바이어스 때문에 전류가 이 접합을 가로질러 흐른다. 이 전류는 이미터에서 베이스로 주입되는 전자들과 베이스에서 이미터로 주입되는 정공들로 구성된다. 전자에 기인한 첫 번째 성분을 정공에 기인한 두 번째 성분보다 훨씬 더 크도록 만들면 트랜지스터의 성능이 향상된다. 이것은 고농도로 도핑된 이미터와 저농도로 도핑된 베이스를 가지도록 소자를 제작함으로써 가능해진다. 즉, 트랜지스터는 이미터가 높은 전자 농도를 가지고 베이스는 낮은 정공 농도를 가지도록 설계된다. 따라서 전자 전류가 정공 전류보다 훨씬 크기 때문에, 이미터 전류는 전자 전류에 의해서 좌우된다.

이제 이미터에서 베이스로 주입되는 전자들에 대해서 생각해 보자. 이 전자들은 p형 베이스 영역에서 **소수 캐리어** (minority carrier)가 된다. 보통 베이스가 매우 얇기 때문에, 정상 상태에서 베이스 소수 캐리어인 전자의 분포는 컬렉터로 갈수록 선형적으로 감소하는 분포가 된다. 결국 전자 농도는 이미터 쪽이 가장 높고 컬렉터 쪽이 가장 낮을 것이다. 더구나 컬렉터–베이스 접합의 역바이어스로 인해 베이스의 컬렉터 쪽에 전자 농도는 아주 작아진다. 베이스 폭이 W일 때 베이스 영역에서 이미터 쪽의 전자 농도 $n_p(0)$와 컬렉터 쪽의 전자 농도 $n_p(W)$는 각각

$$n_p(0) = n_{p0} e^{v_{BE}/V_T} \tag{7.1}$$

$$n_p(W) = n_{p0} e^{v_{BC}/V_T} \ll n_p(0) \tag{7.2}$$

로 주어진다. 여기서 n_{p0}는 열적 평형 상태의 베이스 전자 농도이다.

경사진 전자 농도로 인해 베이스로 주입된 전자들은 베이스 영역을 통해서 컬렉터 쪽으로 확산한다. 그리고 대부분의 전자들은 컬렉터 접합의 역방향 전장에 의해 컬렉터에 수집된다. 그래서 활성 영역에서 npn 트랜지스터의 컬렉터 전류는 주로 베이스 영역에서 **전자의 확산**에 기인한다. 베이스 폭 W가 전자의 확산 길이 L_n보다 충분히 작을 경우 이 전자 확산 전류 i_n은 직선 농도 분포의 기울기에 비례한다.

$$i_n = A_E q D_n \frac{dn_p(x)}{dx} \simeq A_E q D_n \left(-\frac{n_p(0)}{W} \right) \tag{7.3}$$

여기서 A_E는 이미터–베이스 접합의 단면적, q는 전자 전하의 크기, D_n은 베이스에서 전자 확산 계수이다. 이상의 설명에서 베이스 영역을 확산하는 전자들의 대부분이 수집되어 컬렉터 전류 i_C를 구성한다. 따라서 $i_C \simeq -i_n$으로 근사할 수 있으므로 **컬렉터 전류** (collector current)는

$$\boxed{i_C \simeq \frac{qA_E D_n n_{p0}}{W} e^{v_{BE}/V_T} \equiv I_S \, e^{v_{BE}/V_T}} \tag{7.4}$$

로 표현된다. 여기서 I_S는 물리적인 상수와 BJT 크기에 의존하는 스케일 전류 또는 포화 전류로 10^{-12} A에서 10^{-15} A 정도의 크기를 갖는다.

베이스 전류는 두 가지 성분의 합으로 구성된다. 첫 번째 성분은 이미터 접합의 순방향 전압에 의해 베이스 영역에서 이미터 영역으로 주입되

는 정공에 기인한 것이며, 베이스 도핑 농도와 e^{v_{BE}/V_T}에 비례한다. 두 번째 성분은 이미터 영역에서 베이스 영역으로 주입되어 컬렉터로 확산해 가는 전자와 재결합 (recombination)을 하는 정공에 기인한 것으로 베이스 폭 W와 전자 농도 $n_p(0)$에 비례한다. 전자 농도 $n_p(0)$는 e^{v_{BE}/V_T}에 비례하므로 결국 **베이스 전류** (base current)는 컬렉터 전류에 비례하는 크기를 가지며 비례 상수 β를 사용하여 다음과 같이 표현될 수 있다.

$$i_B = \frac{i_C}{\beta} = \frac{I_S}{\beta}\, e^{v_{BE}/V_T} \tag{7.5}$$

여기서 β는 공통 이미터 (common emitter) 전류 이득이며 보통 100에서 200 정도의 크기를 갖는다. 베이스 폭이 작고 이미터가 베이스보다 도핑 농도가 크면 β가 큰 값을 가지게 된다.

트랜지스터 자체에도 전류 법칙이 성립한다. 즉, 트랜지스터로 들어가는 전류의 합은 나가는 전류의 합과 같다. 따라서 **이미터 전류** (emitter current)는 컬렉터 전류와 베이스 전류의 합과 같아야 한다. 이것은 트랜지스터의 전류 방정식으로 다음과 같이 정리된다.

$$i_E = i_C + i_B = \frac{\beta + 1}{\beta}\, i_C \equiv \frac{i_C}{\alpha} \tag{7.6}$$

여기서 α는 공통 베이스 전류 이득으로 약 0.99 정도의 크기를 갖는다.

7.2.2 BJT의 전기적 특성

앞서 기술한 트랜지스터의 간단한 동작 원리로부터 활성 영역에서 트랜지스터의 전달과 입력 특성은 다이오드와 유사한 지수 특성

$$i_C = I_S\, e^{v_{BE}/V_T} = \beta i_B \tag{7.7}$$

를 갖는다. 이는 확산 전류에 기인한 특징이다. 활성 영역에서 컬렉터 전류는 컬렉터 전압에 의존하지 않는다. 이미터 접합이 순바이어스된 npn 트랜지스터는 컬렉터 전압이 베이스 전압 아래로 약 0.4 V 이상 떨어지지 않으면 항상 활성 모드에서 동작한다. 그렇지 않으면 트랜지스터는 활성 모드를 떠나 포화 영역으로 들어갈 것이다. 바이폴라 접합 트

랜지스터의 직류 해석을 간단히 수행할 때에는 직류 입력 특성을

$$v_{BE} = V_T \ln\left(\frac{\beta i_B}{I_S}\right) = 0.6\,\mathrm{V} \sim 0.8\,\mathrm{V} \simeq 0.7\,\mathrm{V} \tag{7.8}$$

와 같은 정전압 강하 모델로 근사한다. 이것은 베이스 전압이 베이스 전류의 자연 로그에 비례함으로써 회로에서 필요로 하는 베이스 전류를 공급하기 위해, 베이스 전압은 0.7 V 근처에서 0.1 V 정도만 변하면 된다는 트랜지스터의 중요한 입력 특성을 근사적으로 나타낸다.

실제의 트랜지스터 직류 출력 특성은 **얼리 효과** (Early effect)로 인해 그림 7.2와 같으며, 컬렉터 전류 방정식도 컬렉터 전류가 컬렉터 전압에

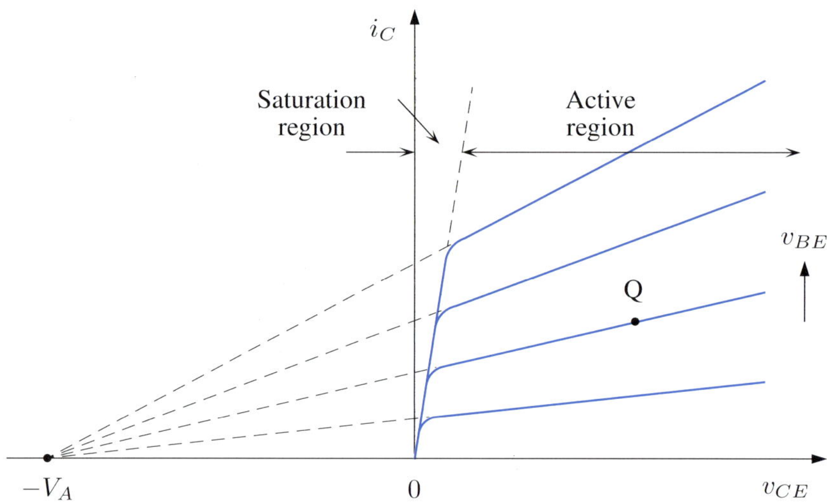

그림 **7.2** 바이폴라 접합 트랜지스터의 직류 출력 특성.

대한 의존성을 나타내는 인자를 포함하여 다음과 같이 수정된다.

$$i_C = I_S\, e^{v_{BE}/V_T}\left(1 + \frac{v_{CE}}{V_A}\right) \tag{7.9}$$

여기서 V_A는 얼리 전압으로 50 V에서 100 V 정도이다. 컬렉터 전류가 컬렉터 전압에 의존하는 정도를 나타내는 출력 저항은 동작점 Q에서

$$r_o \equiv \left[\frac{\partial i_C}{\partial v_{CE}}\right]_Q^{-1} = \frac{V_A + V_{CE}}{I_C} \simeq \frac{V_A}{I_C} \tag{7.10}$$

로 근사될 수 있다. 여기서 출력 동작점 Q의 좌표는 (V_{CE}, I_C)이다. 이 출력 저항 r_o는 보통 직류 해석에서는 단순한 계산을 위하여 무시되며 $(V_A = \infty)$, 소신호 해석에서는 전압 이득에 연관되므로 고려된다.

활성 영역에서 동작하는 트랜지스터의 전기적 특성으로부터 바이폴라 트랜지스터의 **대신호 등가 회로** 또는 모델은 전류 제어 전류원 또는 비선형 전압 제어 전류원을 사용하여 그림 7.3과 같이 구성될 수 있다.

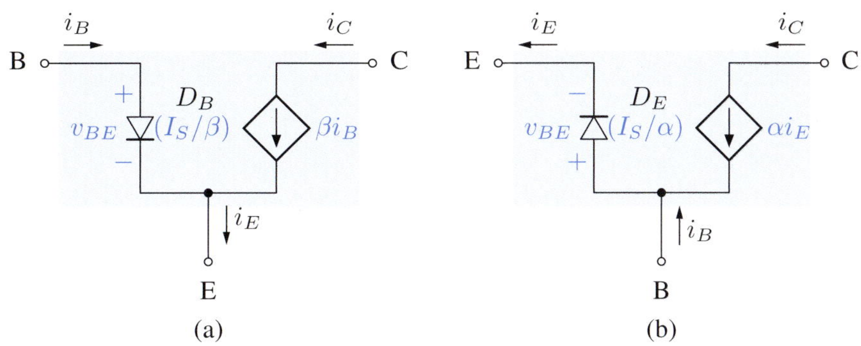

그림 **7.3** 활성 영역에서 동작하는 *npn* 바이폴라 트랜지스터의 대신호 모델. (a) Common-emitter large-signal model. (b) Common-base large-signal model.

컬렉터 접합이 물리적으로 순방향 $(v_{CB} < -0.4\,\text{V})$이면 바이폴라 접합 트랜지스터는 **포화 영역**에서 동작한다. 그러면 컬렉터 전류는 베이스 전류에 의존할 뿐만 아니라 활성 영역보다 더욱 크게 컬렉터 전압에 의존한다. 포화 영역에서 컬렉터 전류와 베이스 전류의 의존성은

$$\beta_{\text{forced}} = \left.\frac{I_C}{I_B}\right|_{\text{sat}} < \beta \tag{7.11}$$

로 표현된다. 이 강제 β는 활성 영역의 β보다 항상 작고 BJT가 포화되도록 설정한다는 의미를 포함한다. 그리고 포화 영역에서 동작하는 트랜지스터의 출력 특성은 컬렉터와 이미터 사이의 다음과 같은 포화 저항 $R_{CE\text{sat}}$와 오프셋 전압 $V_{CE\text{offset}}$을 사용하여 모델화될 수 있다.

$$R_{CE\text{sat}} = \left.\frac{V_{CE}}{I_C}\right|_{\text{sat}} \tag{7.12}$$

$$V_{CE\text{offset}} = V_{CE}|_{\text{sat},\ I_C=0} \tag{7.13}$$

바이폴라 접합 트랜지스터가 베이스에 대해 이미터와 컬렉터가 구조적으로 완전 대칭이면 이미터와 컬렉터를 교환해도 전기적 특성은 같아질 것이다. 그러나 실제의 트랜지스터는 이미터가 컬렉터보다 불순물 농도가 큰 $n^{+}pn$ 구조이므로 비대칭적인 구조를 갖고 있다. 이미터를 컬렉터로, 컬렉터를 이미터로 사용하면 트랜지스터가 **역모드** (reverse mode)로 동작하게 되며, 전류 이득 α_R과 β_R은 정상 모드보다 나빠진다.

7.3 예비 문제

1. 바이폴라 접합 트랜지스터의 동작 영역을 V_{BE}와 V_{CE}로 구분하라.
2. 바이폴라 접합 트랜지스터에서 얼리 전압 V_A와 출력 저항 r_o의 관계를 출력 특성을 사용하여 설명하라.
3. 멀티미터를 사용하여 바이폴라 접합 트랜지스터의 동작 영역을 판별하는 과정을 기술하라.

7.4 실험 부품 및 장비

부품 및 장비	규격 및 기능	수량
트랜지스터	2N2222 또는 2N3904	1
커패시터	0.1 μF 50 V	1
전해 커패시터	10 μF 50 V	3
저항기	1 kΩ, 1.3 kΩ 1/4 W	1
저항기	3.3 kΩ, 10 kΩ 1/4 W	1
저항기	15 kΩ, 47 kΩ 1/4 W	1
저항기	100 kΩ 1/4 W	1
디지털 온도계	실험실 온도 측정용	1
회로 시뮬레이터	PSpice, LTspice, 또는 Spice3	1

7.5 실험 내용

1. 바이폴라 접합 트랜지스터 2N2222의 이미터, 베이스, 그리고 컬렉터 단자를 그림 7.4의 접합 트랜지스터의 단자 연결도에서 확인하라. 이 연결도는 단자 쪽에서 바라본 도면이다. 2N2222와 2N3904는 *npn* 트랜지스터이고, 2N2907과 2N3906은 *pnp* 트랜지스터이다.

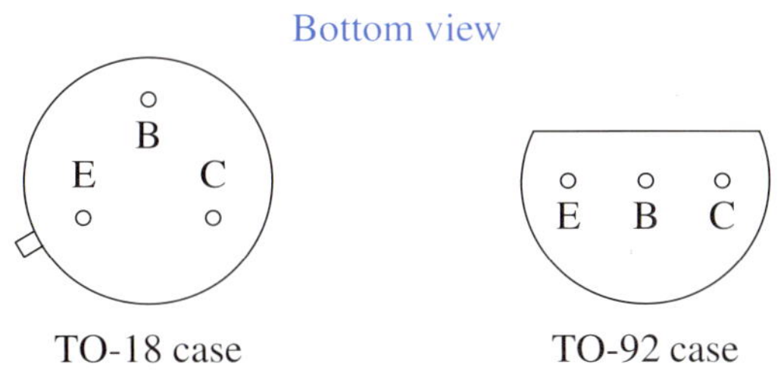

그림 **7.4** 바이폴라 접합 트랜지스터의 단자 연결도.

2. 실험에 사용할 바이폴라 접합 트랜지스터 2N2222의 이미터 접합과 컬렉터 접합의 순방향과 역방향 직류 전압 (저항)의 크기를 각각 멀티미터로 측정하여 표 7.2에 기록하고 정상 여부를 판별하라.

   ※ 멀티미터의 종류에 따라 다이오드의 전압이나 저항을 측정한다. 전압 (저항)의 측정 범위를 다이오드 표시가 있는 범위로 선택하라. 보통 실리콘 *pn* 접합은 순방향 전압 (저항)이 1 V (10 kΩ) 이하이고 역방향 전압 (저항)이 2 V (10 MΩ) 이상이면 정상이다.

표 **7.2** 트랜지스터의 이미터와 컬렉터 접합의 직류 전압 (직류 등가 저항)

Q (2N2222)	순방향 전압 (저항)	역방향 전압 (저항)	정상 여부
이미터 접합			
컬렉터 접합			

3. 바이폴라 접합 트랜지스터의 전기적 특성 측정을 위한 그림 7.5의 회로를 구성하라. 실험 온도와 저항 R_B와 R_C의 크기를 측정하여

표 7.4에 기록하라. 직류 전원들의 출력 전압을 $V_{BB} = 2\,\text{V}$와 $V_{CC} = 5\,\text{V}$로 각각 조정한 다음 직류 전원을 끄고 회로에 연결하라.

※ 커패시터 C_B와 C_C는 직류 전압을 측정하기 위해 교류 잡음을 제거하는 일종의 필터 커패시터들이다. C_C는 극성을 가지는 전해 커패시터이므로 극성에 맞게 연결해야 한다. 전해 커패시터의 두 단자 중 길이가 긴 단자가 +단자이며 그 단자를 컬렉터에 접속한다.

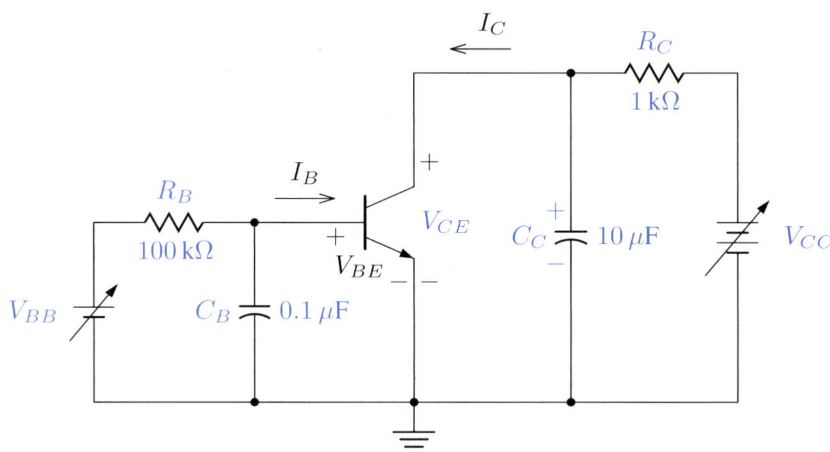

그림 7.5 바이폴라 접합 트랜지스터의 전기적 특성을 측정하기 위한 회로.

4. 직류 전원을 공급하기 전에 모든 회로 연결을 확인하라. 직류 전원을 공급하고 트랜지스터가 활성 영역에서 동작하는지를 표 7.3을 사용하여 판별하라. 차단 영역이나 포화 영역에 있으면 회로를 점검하여 트랜지스터가 활성 영역에 바이어스되도록 해야 한다.

표 7.3 바이폴라 접합 트랜지스터의 동작 영역 판별

전압	측정값	차단 영역	활성 영역	포화 영역	동작 영역
V_{CE}		$> V_{CC} - 0.2\,\text{V}$	$> V_{CE} > 0.3\,\text{V}$	$< 0.3\,\text{V}$	
V_{BE}		$< 0.4\,\text{V}$	$< V_{BE} < 0.7\,\text{V}$	$> 0.7\,\text{V}$	
		예상 전압: $V_{CE} = 3.2\,\text{V}$, $V_{BE} = 0.6\,\text{V}$			

5. V_{CE}의 조정은 V_{CC}를 사용하고, V_{BE}의 조정은 V_{BB}를 사용한다. 그리고 베이스 전류와 컬렉터 전류는 저항 R_B와 R_C의 양단 전압을 멀티미터로 측정하고 다음 식을 사용하여 각각 계산한다. 여기서 V_{R_B}와 V_{R_C}는 저항 R_B와 R_C 양단의 직류 전압이다.

$$I_B = \frac{V_{R_B}}{R_B}, \qquad I_C = \frac{V_{R_C}}{R_C} \tag{7.14}$$

6. 바이폴라 트랜지스터의 직류 입력 특성과 전달 특성을 얻기 위해, $V_{CE} = 5\,\text{V}$로 일정하게 유지하면서 베이스 전압 V_{BE}에 대한 베이스 전류 I_B와 컬렉터 전류 I_C를 측정하여 표 7.4를 완성하라. 이 때 V_{BE}를 조정하면 V_{CE}가 변하므로 서로 반복적으로 조정해야 한다.

표 **7.4** 바이폴라 접합 트랜지스터의 직류 입력 특성과 전달 특성

V_{BE} (V)	0.30	0.50	0.56	0.58	0.60	0.62	0.63	0.64	0.65
V_{R_B} (V)									
I_B (μA)									
V_{R_C} (V)									
I_C (mA)									
β									
α									
$V_{CE} = 5.0\,\text{V}$, $R_B =$ kΩ, $R_C =$ kΩ, 실험 온도 $T =$ K									

7. 트랜지스터의 직류 출력 특성을 얻기 위해, 그림 7.5의 회로에서 $I_B = 10\,\mu\text{A}$로 일정하게 유지하면서 컬렉터 전압 V_{CE}에 대한 컬렉터 전류 I_C를 측정하여 표 7.5를 완성하라. V_{CE}를 조정하면 I_B 즉 V_{R_B}가 미소하게 변하므로 서로 반복적으로 조정하라.

8. 저항 $10\,\text{k}\Omega$의 크기를 측정하여 표 7.6에 R_B로 기록하고 그림 7.5의 R_B와 교환하라. 그리고 트랜지스터의 이미터와 컬렉터를 교환하여 트랜지스터를 역모드로 동작하게 하라. $V_{CE} = 5\,\text{V}$로 일정하게

표 **7.5** 바이폴라 접합 트랜지스터의 직류 출력 특성

V_{CE} (V)	0.06	0.08	0.10	0.12	0.14	0.16	0.2	0.5	5.0
V_{R_C} (V)									
I_C (mA)									
β									
$I_B = 10\,\mu\text{A}$, $R_B =$ kΩ, $R_C =$ kΩ									

유지하면서 베이스 전압 V_{BE}에 대한 베이스 전류 I_B와 컬렉터 전류 I_C를 측정하여 표 7.6을 완성하라. 앞에서 측정한 정상 모드의 β와 β_R을 비교하여 역모드 트랜지스터의 성능 저하를 확인하라.

표 **7.6** 바이폴라 접합 트랜지스터의 역모드 직류 특성

V_{BE} (V)	0.30	0.50	0.56	0.58	0.60	0.62	0.63	0.64	0.65
V_{R_B} (V)									
I_B (μA)									
V_{R_C} (V)									
I_C (mA)									
β_R									
$V_{CE} = 5.0\,\text{V}$, $R_B =$ kΩ, $R_C =$ kΩ									

7.6 연습 문제

1. 바이폴라 접합 트랜지스터의 V_{BE}에 대한 I_B와 I_C의 측정값을 그림 7.6의 시뮬레이션 특성에 중첩하여 상용 대수로 표시하라. 컬렉터 전류의 상용 대수 (7.15)와 직선적으로 비교하여 V_T와 I_S를 구하라.

$$\log I_C = \left(\frac{\log e}{V_T}\right) V_{BE} + \log I_S \tag{7.15}$$

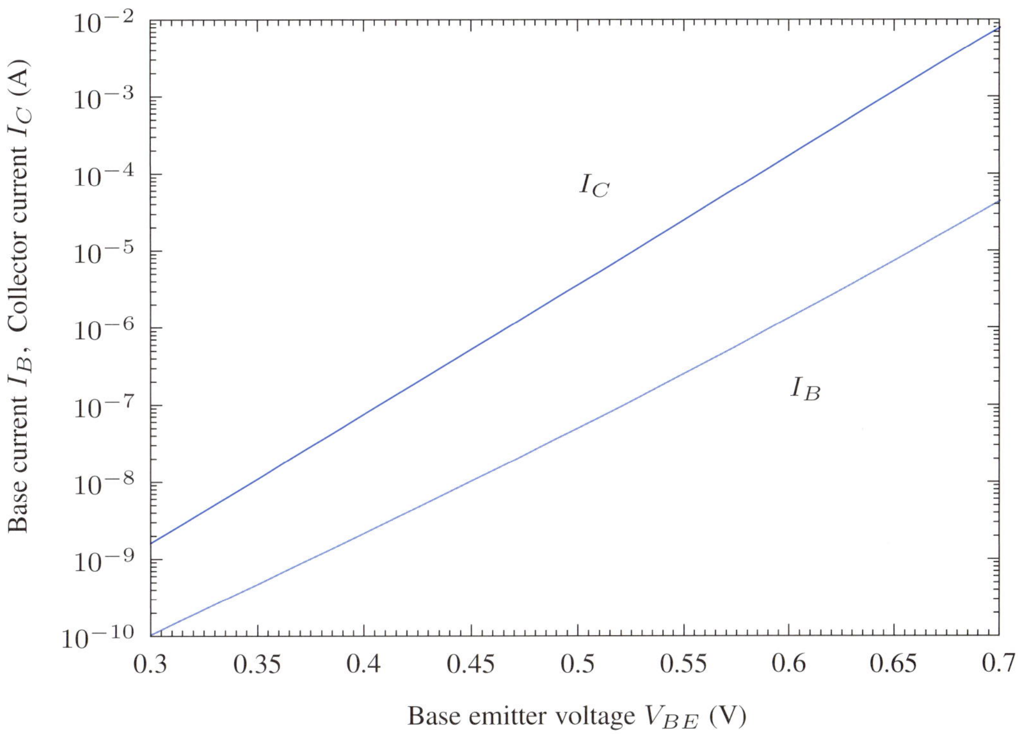

그림 **7.6** 바이폴라 접합 트랜지스터 2N2222의 전류 전압 특성.

2. 측정한 실험 온도로 V_T를 계산하여 $V_{BE} = 0.65\,\text{V}$에서 접합 트랜지스터의 소신호 모델 파라미터 $g_m = I_C/V_T$와 $r_\pi = \beta/g_m$을 구하라.

3. 실험 데이터로부터 트랜지스터의 직류 출력 특성을 그려서 얼리 전압 V_A, 출력 저항 r_o, 오프셋 전압, 그리고 포화 저항을 구하라.

4. Spice 시뮬레이션을 수행하여 표 7.7을 완성하고, I_S와 V_A 그리고 $V_{BE} = 0.65\,\text{V}$일 때의 g_m과 β를 구하여 실험 데이터와 비교하라.

   ※ 시뮬레이션으로 전류를 측정할 때는 R_B와 R_C를 단락하고 전원의 출력 전류를 직접 측정하거나 R_B와 R_C를 전류 측정용 전압원으로 대치하여 이 전원으로 흐르는 전류를 측정할 수 있다. Spice를 커브 트레이서로 이용하는 부록 7.1의 BJT 회로 파일을 참고하라.

표 7.7 바이폴라 접합 트랜지스터의 시뮬레이션 직류 특성과 모델 파라미터

V_{BE} (V)	0.30	0.50	0.56	0.58	0.60	0.62	0.63	0.64	0.65
I_B (μA)									
I_C (mA)									
β									
$V_{CE} = 5.0\,\text{V},\ \ R_B = 0\,\text{k}\Omega,\ \ R_C = 0\,\text{k}\Omega$									
V_{CE} (V)	0.06	0.08	0.10	0.12	0.14	0.16	0.2	0.5	5.0
I_C (mA)									
β									
$I_B = 10\,\mu\text{A},\ \ R_B = 0\,\text{k}\Omega,\ \ R_C = 0\,\text{k}\Omega$									

파라미터	I_S	V_A	g_m	β
측정값				
해석값				
오차 %				
$V_{BE} = 0.65\,\text{V}$에서 모델 파라미터의 비교				

참고 문헌

1. A. S. Sedra and K. C. Smith, *Microelectronic Circuits*, 2021.
2. R. W. Roberts and A. S. Sedra, *SPICE*, Oxford University Press, 1997.
3. M. H. Rashid, *SPICE for Circuits and Electronics Using PSpice*, 1990.

부록 7.1 BJT의 특성 해석을 위한 회로 파일

```
CE characteristics of transistor 2N2222
.probe
.dc vbe 0.3 0.65 0.01
.print dc i(vbb) i(vcc)
*.dc vce 0.06 5.0 0.02
*.print dc i(vcc)
vbe   4   0   dc   0.65V
*ibe   0   4   dc   10uA
vbb   4   1   dc   0V
vcc   3   2   dc   0V
vce   3   0   dc   5V
Q1    2   1   0   0   2N2222
.model 2N2222 NPN (Is=14.34f Xti=3 Eg=1.11 Vaf=74.03
+ Bf=255.9 Ne=1.307 Ise=14.34f Ikf=.2847 Xtb=1.5 Br=6.092
+ Nc=2 Isc=0 Ikr=0 Rc=1 Cjc=7.306p Mjc=.3416 Vjc=.75 Fc=.5
+ Cje=22.01p Mje=.377 Vje=.75 Tr=46.91n Tf=411.1p Itf=.6
+ Vtf=1.7 Xtf=3 Rb=10)
.end
```

※ 리눅스와 윈도우에서 Spice 실행 명령들은 다음과 같다.

```
> spice3 -b bjt.cir > bjt.out       (Linux)
> spice3 bjt.cir
  Spice 1 -> run
  Spice 2 -> plot i(vcc)

> pspice -e -r bjt.cir -o bjt.out   (Window)
> pspice
  File > Open (bjt.cir)
  Simulation > Run, Trace > Add Trace i(vcc)
```

부록 7.2 BJT의 Spice 모델 파라미터

```
.model 2N2222
+ NPN (Is=14.34f Xti=3 Eg=1.11 Vaf=74.03 Bf=255.9 Ne=1.307
+ Ise=14.34f Ikf=.2847 Xtb=1.5 Br=6.092 Nc=2 Isc=0 Ikr=0 Rc=1
+ Cjc=7.306p Mjc=.3416 Vjc=.75 Fc=.5 Cje=22.01p Mje=.377 Vje=.75
+ Tr=46.91n Tf=411.1p Itf=.6 Vtf=1.7 Xtf=3 Rb=10)
* National      pid=19   case=TO18

.model 2N2907
+ PNP (Is=650.6E-18 Xti=3 Eg=1.11 Vaf=115.7 Bf=231.7 Ne=1.829
+ Ise=54.81f Ikf=1.079 Xtb=1.5 Br=3.563 Nc=2 Isc=0 Ikr=0 Rc=.715
+ Cjc=14.76p Mjc=.5383 Vjc=.75 Fc=.5 Cje=19.82p Mje=.3357 Vje=.75
+ Tr=111.3n Tf=603.7p Itf=.65 Vtf=5 Xtf=1.7 Rb=10)
* National      pid=63   case=TO18

.model 2N3904
+ NPN (Is=6.734f Xti=3 Eg=1.11 Vaf=74.03 Bf=416.4 Ne=1.259
+ Ise=6.734f Ikf=66.78m Xtb=1.5 Br=.7371 Nc=2 Isc=0 Ikr=0 Rc=1
+ Cjc=3.638p Mjc=.3085 Vjc=.75 Fc=.5 Cje=4.493p Mje=.2593 Vje=.75
+ Tr=239.5n Tf=301.2p Itf=.4 Vtf=4 Xtf=2 Rb=10)
* Fairchild     pid=23   case=TO92

.model 2N3906
+ PNP (Is=1.41f Xti=3 Eg=1.11 Vaf=18.7 Bf=180.7 Ne=1.5 Ise=0
+ Ikf=80m Xtb=1.5 Br=4.977 Nc=2 Isc=0 Ikr=0 Rc=2.5 Cjc=9.728p
+ Mjc=.5776 Vjc=.75 Fc=.5 Cje=8.063p Mje=.3677 Vje=.75 Tr=33.42n
+ Tf=179.3p Itf=.4 Vtf=4 Xtf=6 Rb=10)
* Fairchild     pid=66   case=TO92
```

道

실험 8

전계효과 트랜지스터의 특성

8.1 실험 목적

전계효과 트랜지스터의 전기적 특성을 측정하여 MOS 전계효과 트랜지스터의 동작 원리를 이해하고 직류 등가 모델의 파라미터를 구한다.

8.2 실험 해설

금속-산화물-반도체 전계효과 트랜지스터 (MOSFET)는 네 단자를 갖는 반도체 소자로 가장 널리 사용되는 전계효과 트랜지스터 (field effect transistor)이다. 이 트랜지스터의 기본적인 동작 원리는 두 단자 사이의 전압에 기인한 전장이 세 번째 단자에 흐르는 전류의 크기를 제어하는 것이다. 그러므로 MOS 전계효과 트랜지스터는 종속 전류원이나 스위치를 실현하는 전자 소자이며, 전류가 전자나 정공 중에서 한 가지 캐리어로 주로 구성되므로 MOSFET는 단극성 (unipolar) 트랜지스터이다.

MOS 트랜지스터는 아주 작게 간단히 제조될 수 있고, 저항이나 다이오드를 사용하지 않고 MOSFET만을 사용하여 디지털 논리와 메모리 기능을 실현할 수 있다. 그래서 현재 대부분의 고집적 (VLSI) 회로는 MOS 기술로 만들어지고 있다. 마이크로프로세서나 메모리 칩들이 대표적인 회로들이다. 또한 MOS 기술은 아날로그 집적 회로나 아날로그와 디지털 회로를 결합한 혼용 집적 회로의 설계에도 널리 사용되고 있다.

8.2.1 MOSFET의 구조와 동작

그림 8.1은 n 채널 MOS 전계효과 트랜지스터의 단면도를 나타낸다. p형 반도체 기판 (substrate) 위에 고농도로 도핑된 n^+ **소스** (source)와 n^+ **드레인** (drain) 영역이 형성되어 있다. 이 기판의 표면 위에 전기적인 절연 특성이 양호하고 얇은 이산화 실리콘 (SiO_2) 층이 형성되어 있으며, 이 층이 소스와 드레인 영역 사이의 채널 (channel) 영역을 덮고 있다. 이 산화층 위에 다결정 실리콘이 형성되어 **게이트** (gate) 전극이 된다. 그래서 게이트와 채널 영역이 평행판 커패시터를 형성한다. 금속 전극들이 소스, 드레인, 그리고 **몸체** (body)라고 불리는 기판에 만들어져 있다. 따라

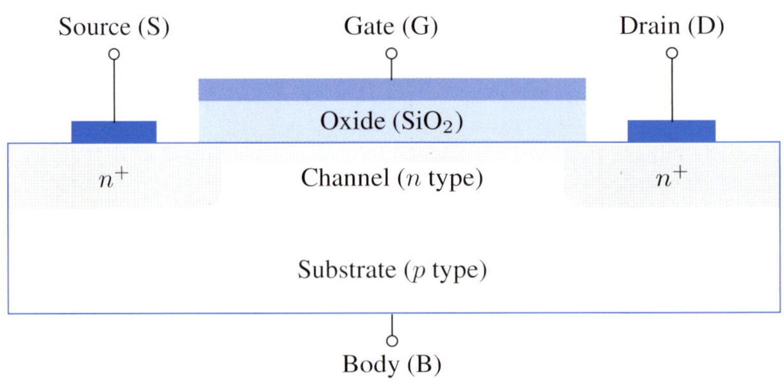

그림 **8.1** n 채널 MOS 전계효과 트랜지스터의 단면도.

서 네 개의 단자, 즉 게이트 단자 (G), 소스 단자 (S), 드레인 단자 (D), 그리고 기판 또는 몸체 단자 (B)가 그림에 나타나 있다.

기판과 소스 사이의 pn 접합이 소스 다이오드이고, 기판과 드레인 사이의 pn 접합이 드레인 다이오드이며, 그 사이는 전기 전도도가 게이트 전압에 의존하는 채널 영역이다. 소스와 몸체가 접지된 경우를 고려하자. 드레인에 양의 전압이 인가되고 게이트가 접지되면 드레인 다이오드는 역바이어스되어 소스와 드레인 사이의 채널 등가 저항은 $10^{12}\,\Omega$ 정도가 된다. 이런 큰 채널 등가 저항으로 인해 드레인 전류는 거의 흐르지 않는다. 이 동작 영역을 **차단 영역** (cutoff region)이라고 한다.

게이트 전압이 증가하면 채널 영역의 정공들은 아래로 밀려나 채널 영역은 이동 가능한 전하가 없는 공핍 영역이 된다. 계속 게이트 전압이 증가하면 소스와 드레인 접합의 실효 장벽 전압은 낮아지고 전자들은 채널 영역으로 확산한다. 그 결과 충분히 많은 전자들이 모이면 소스와 드레인 영역을 연결하는 n 채널이 유도된다. 이 유도된 채널은 p형 기판에서 n 영역으로 반전되었으므로 **반전층** (inversion layer)라고 부른다. 이 채널에 이동 가능한 전자가 충분히 유도되어 도통 채널을 형성하는 게이트 전압이 **문턱 전압** (threshold voltage) V_t이다. 이 문턱 전압에 대한 게이트 전압의 크기가 채널 전도도를 결정하게 되고 결국 드레인 전압에 대해 드레인 전류는 선형적으로 흐르게 된다. 이 동작 영역을 트라이오드 (triode) 영역 또는 **선형 영역** (linear region)이라고 한다. 보통 집적 회로에서 n 채널 트랜지스터의 문턱 전압은 0.3 V에서 1.0 V 정도이나 개별 회로에서는 이보다 클 수도 있다.

문턱 전압보다 큰 게이트 전압으로 도통 채널이 유도된 상태에서 드레인 전압이 증가하면 드레인과 게이트 사이의 전압차가 감소하므로 채널 깊이가 소스 쪽에는 깊고 드레인 쪽에는 얕은 경사진 채널이 그림 8.2와 같이 형성된다. 이 경사진 채널로 인하여 채널의 등가 저항은 증가한다. 계속 드레인 전압이 증가하면 드레인 전류는 드레인 전압에 따라 선형적으로 증가하지 않고 결국 일정한 크기로 포화된다. 이 동작 영역을 포화 (saturation) 영역 또는 **활성 영역** (active region)이라고 한다. 그러므로 활성 영역에서 MOS 전계효과 트랜지스터의 기본 동작은 게이트와 소스 사이의 전압으로 드레인 전류의 크기가 제어되는 종속 전류원으로 표현된다. 이것은 드레인 전류의 크기가 드레인 전압에는 의존하지 않고 게이트 전압에만 의존하는 것을 의미한다.

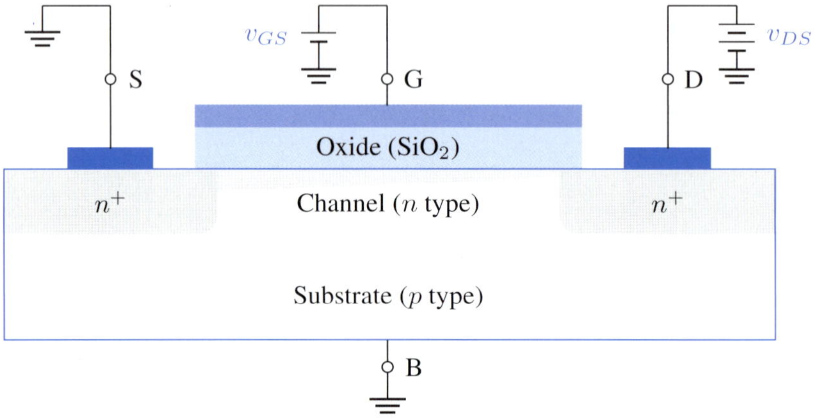

그림 **8.2** 드레인 전압 증가에 따른 n 채널 MOS 트랜지스터의 단면도.

그림 8.3은 일정한 게이트 전압에서 n 채널 MOS 전계효과 트랜지스터의 드레인 전압에 대한 드레인 전류를 나타낸다. 드레인 전압이 증가하면 선형 영역에서 드레인 전류는 선형적으로 증가하다가 기울기가 점점 완만해지며 결국 활성 영역에서 일정한 크기로 포화된다. 선형 영역

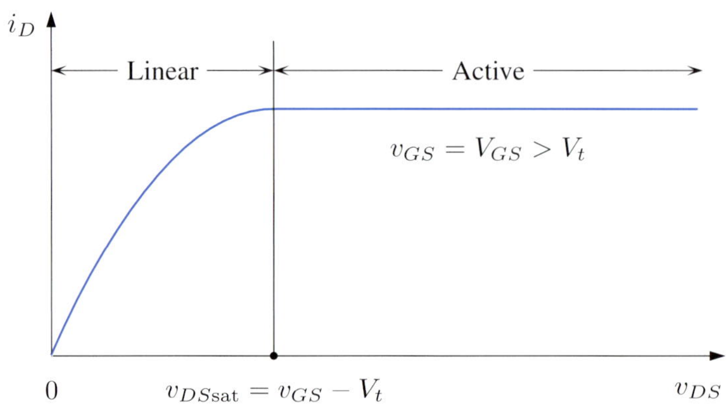

그림 **8.3** 일정한 v_{GS}에서 n 채널 MOS 트랜지스터의 v_{DS}에 대한 i_D.

과 활성 영역을 구분하는 드레인 포화 전압 (saturation voltage)는

$$\boxed{v_{DS\text{sat}} = v_{GS} - V_t \equiv v_{OV}} \tag{8.1}$$

로 표현되며, 실효 전압 (effective voltage) 또는 과구동 전압 (overdrive voltage) v_{OV}라고 한다. 이 전압은 게이트 전압에 의존하는 중요한 설계 변수이며, $v_{DS} < v_{DS\text{sat}}$이면 트랜지스터는 선형 영역에서 동작하고 $v_{DS} \geq v_{DS\text{sat}}$이면 활성 영역에서 동작한다. 그리고 $v_{OV} \gg v_{DS}$인 경우 채널에 유도된 전자 전하의 크기는 과구동 전압에 비례하며

$$\boxed{|Q| = C_{ox}WLv_{OV} \equiv C_g v_{OV}} \tag{8.2}$$

로 표현된다. 여기서 산화물 커패시턴스 (oxide capacitance) C_{ox}는 단위 면적당 게이트 커패시턴스이고 W와 L은 채널 폭과 길이이다. 그리고 WL은 게이트 면적이고 C_g는 채널에 대한 게이트 커패시턴스이다.

그림 8.4는 MOS 전계효과 트랜지스터의 회로 기호를 나타낸다. 여기서 그림 (a), (b), 그리고 (c)는 n 채널 MOS 트랜지스터의 회로 기호이고 그림 (d), (e), 그리고 (f)는 p 채널 MOS 트랜지스터의 회로 기호이다. 회로 기호 (a)와 (d)는 주로 디지털 회로에 사용되며, 회로 기호 (b)와 (e)는 기판 연결이 중요하지 않거나 기판이 소스에 접속되는 경우에 사용된다. 회로 기호 (c)와 (f)는 기판 연결을 표현할 경우에 사용되며, 화살표는 몸체와 채널 사이의 pn 접합에서 순방향 전류 방향을 나타낸다.

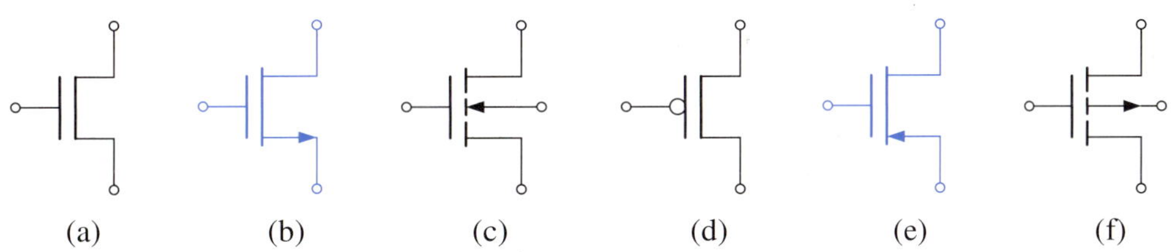

그림 **8.4** MOS 전계효과 트랜지스터의 회로 기호.

8.2.2 MOSFET의 전기적 특성

게이트 전압과 드레인 전압의 크기에 따라 트랜지스터의 **동작 영역**은 표 8.1과 같이 차단 (cutoff), 선형 (linear) 또는 트라이오드 (triode), 그리

고 활성 (active) 또는 포화 영역으로 구별된다. 선형 영역에서는 드레인 전류가 드레인 전압에 선형적으로 의존하며, 활성 영역에서는 드레인 전류가 드레인 전압보다는 주로 게이트 전압에 제곱적으로 의존한다.

표 **8.1** MOS 전계효과 트랜지스터의 동작 영역

동작 영역	게이트 전압	드레인 전압	드레인 전류
차단	$\lvert v_{GS}\rvert \le \lvert V_t\rvert$		$i_D \simeq 0$
선형	$\lvert v_{GS}\rvert > \lvert V_t\rvert$	$\lvert v_{DS}\rvert < \lvert v_{GS} - V_t\rvert$	$\lvert i_D\rvert > 0$
활성	$\lvert v_{GS}\rvert > \lvert V_t\rvert$	$\lvert v_{DS}\rvert \ge \lvert v_{GS} - V_t\rvert$	$\lvert i_D\rvert > 0$

선형 영역의 드레인 전류는 게이트 전압과 드레인 전압을 사용하여

$$i_D = \mu_n C_{ox}\frac{W}{L}\left[(v_{GS} - V_t)v_{DS} - \frac{v_{DS}^2}{2}\right] \tag{8.3}$$

으로 표현된다. 여기서 μ_n은 전자의 이동도이고 W/L은 트랜지스터의 외형비이다. 활성 영역의 드레인 전류는 선형 영역의 드레인 전류식에 드레인 전압 $v_{DS} = v_{GS} - V_t$를 대입하여 다음과 같이 구해진다.

$$i_D = \frac{\mu_n C_{ox}}{2}\frac{W}{L}(v_{GS} - V_t)^2 \equiv \frac{k_n'}{2}\frac{W}{L}(v_{GS} - V_t)^2 \tag{8.4}$$

여기서 $k_n' \equiv \mu_n C_{ox}$는 공정 트랜스컨덕턴스 파라미터이다. 그림 8.5는 **소자 트랜스컨덕턴스 파라미터** $k_n \equiv k_n'(W/L) = 45\,\mathrm{mA/V^2}$인 nMOS 트랜지스터의 게이트 전압에 대한 i_D–v_{DS} 특성과 동작 영역을 나타낸다. 게이트 전압이 $v_{GS} \le V_t$이면 트랜지스터는 차단 영역에서 동작한다. $v_{GS} > V_t$인 경우에는 $v_{DS} < v_{GS} - V_t$이면 선형 영역에서 동작하고, $v_{DS} \ge v_{GS} - V_t$이면 활성 영역에서 동작한다. 그림 8.6은 nMOS 트랜지스터의 드레인 전압에 대한 i_D–v_{GS} 특성과 동작 영역을 나타낸다. 여기서 드레인 전류가 0이 되는 게이트 전압이 문턱 전압 V_t이고, 선형 영역에서는 드레인 전류가 게이트 전압에 선형적으로 의존하며, 활성 영역에서는 드레인 전류가 게이트 전압에 제곱적으로 의존한다.

드레인 전류가 드레인 전압에 무관한 이상적인 동작과는 달리 실제적으로는 드레인 전류가 드레인 전압에 다소 의존한다. 드레인 전압이

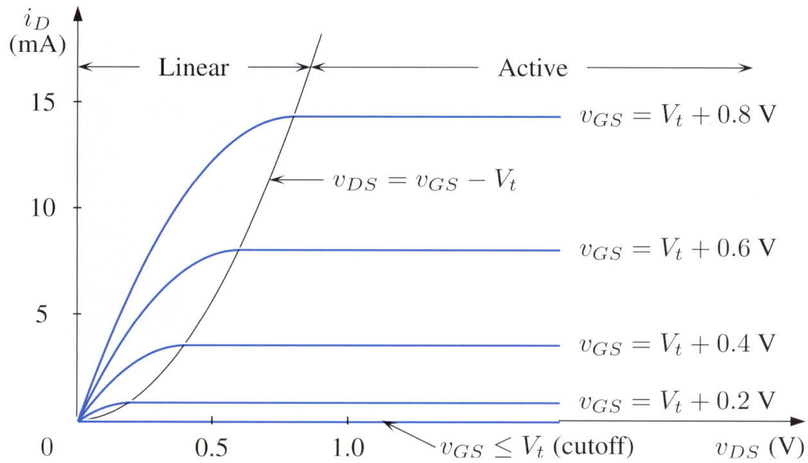

그림 **8.5** 게이트 전압에 대한 n 채널 MOS 트랜지스터의 i_D–v_{DS} 특성.

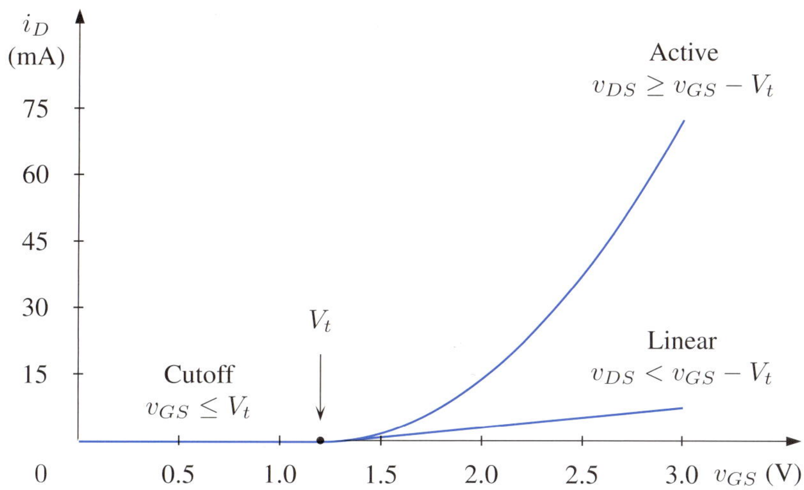

그림 **8.6** 드레인 전압에 대한 n 채널 MOS 트랜지스터의 i_D–v_{GS} 특성.

$v_{DS\text{sat}}$를 초과하면 드레인 접합에 역방향 전압의 증가로 핀치오프 영역의 길이가 ΔL이 되면서 실효 채널 길이 (effective channel length)가 그림 8.7처럼 감소하게 된다. 이 현상을 **채널 길이 변조** (channel length modulation)이라고 한다. 소스를 떠난 전자들이 채널을 통과하여 핀치오프 영역에 들어가면 그 영역의 전장에 의해 가속을 받으면서 드레인

으로 흡수된다. 그래서 이 핀치오프 영역을 드레인의 일부로 근사한다. 그 결과 드레인 전류는 실효 채널 길이에 반비례한다. 그러므로 활성 영역에서도 드레인 전압이 증가하면 드레인 전류가 증가하게 된다.

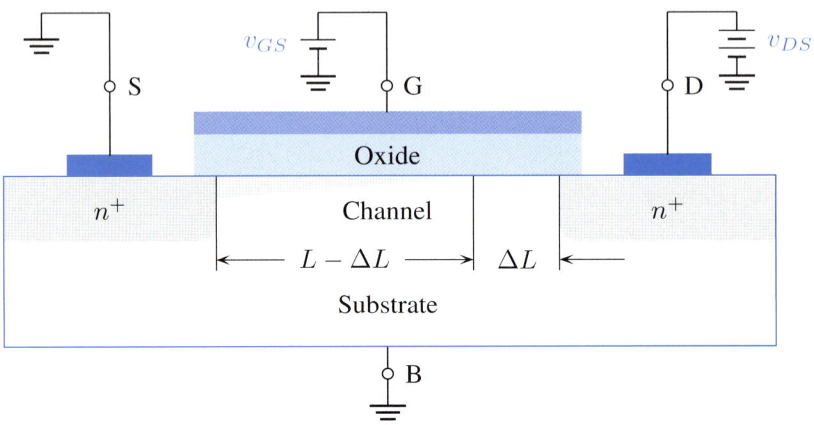

그림 **8.7** 드레인 전압의 증가에 따른 실효 채널 길이 $(L - \Delta L)$의 감소.

드레인 전압에 대한 드레인 전류의 의존성은 채널 길이 대신에 실효 채널 길이 $(L - \Delta L)$을 사용하고 긴 채널 조건 $L \gg \Delta L$을 적용하면

$$
\begin{aligned}
i_D &= \frac{k_n'}{2}\frac{W}{L}(v_{GS} - V_t)^2 = \frac{k_n'}{2}\frac{W}{L - \Delta L}(v_{GS} - V_t)^2 \\
&\simeq \frac{k_n'}{2}\frac{W}{L}(v_{GS} - V_t)^2\,(1 + \Delta L/L)
\end{aligned}
\tag{8.5}
$$

로 표현된다. i_D가 ΔL에 비례하며 보통 ΔL은 v_{DS}에 비례하는 식

$$
\frac{\Delta L}{L} \simeq \lambda v_{DS} \equiv \frac{v_{DS}}{V_A} \tag{8.6}
$$

로 근사될 수 있다. 여기서 λ는 공정 기술 파라미터이고 V_A는 얼리 전압 (Early voltage)로 채널 길이에 비례한다. 따라서 드레인 전류는

$$
\boxed{i_D = \frac{k_n'}{2}\frac{W}{L}(v_{GS} - V_t)^2\left(1 + \frac{v_{DS}}{V_A}\right)} \tag{8.7}
$$

로 표현된다. 그림 8.8은 채널 길이 변조에 기인한 드레인 전압에 대한 드레인 전류의 의존성을 나타낸다. 활성 영역의 i_D–v_{DS} 직선 특성을 확

장하면 v_{DS} 축과 점 $v_{DS} = -V_A$에서 교차하는 것을 알 수 있다. 드레인 전류가 드레인 전압에 선형적으로 의존하는 현상을 **출력 저항** (output resistance) r_o로 표현할 수 있다. 이 출력 저항은 정의를 사용하여

$$r_o \equiv \left(\frac{\partial i_D}{\partial v_{DS}}\right)^{-1}_{v_{GS}=V_{GS}} = \left[\frac{k'_n}{2V_A}\frac{W}{L}(V_{GS}-V_t)^2\right]^{-1} = \frac{V_A}{I_D} \tag{8.8}$$

로 구해지며, I_D는 채널 길이 변조를 무시한 직류 드레인 전류이다.

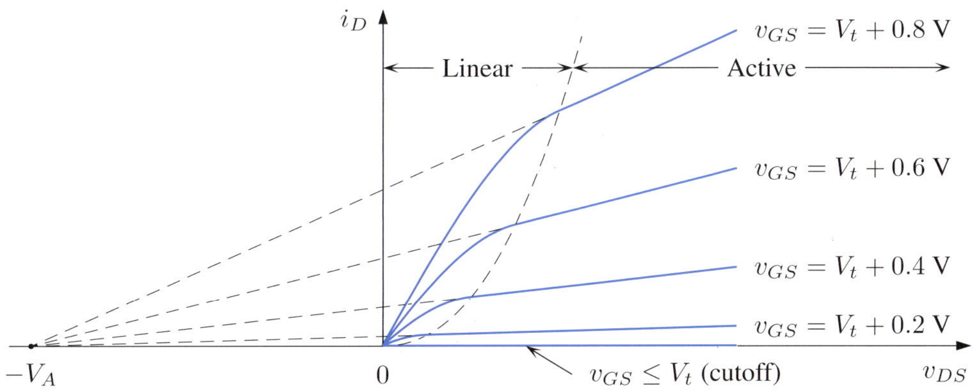

그림 **8.8** 채널 길이 변조에 기인한 드레인 전압에 대한 드레인 전류의 의존 현상.

활성 영역에서 동작하는 MOS 트랜지스터의 **대신호 등가 회로 모델**은 비선형 전압 제어 전류원과 출력 저항을 사용하여 그림 8.9와 같이 구성될 수 있다. 드레인에 전류 법칙을 적용하면 드레인 전류는

$$i_D = \frac{k'_n}{2}\frac{W}{L}(v_{GS}-V_t)^2 + \frac{v_{DS}}{r_o} \tag{8.9}$$

로 표현된다. 보통 직류 해석에는 채널 길이 변조를 무시하여 $r_o = \infty$로 근사한다. 선형 영역에서 동작하는 전계효과 트랜지스터의 드레인 전압이 $v_{DS} \ll 2V_{OV}$이면 드레인 전류는 다음과 같이 근사된다.

$$i_D = k'_n\frac{W}{L}\left[(v_{GS}-V_t)v_{DS} - \frac{v_{DS}^2}{2}\right] \simeq k'_n\frac{W}{L}(v_{GS}-V_t)v_{DS} \tag{8.10}$$

따라서 선형 영역에 있는 트랜지스터의 채널 등가 저항은 다음과 같다.

$$r_{DS} \equiv \left.\frac{v_{DS}}{i_D}\right|_{v_{GS}=V_{GS}} = \left[k'_n\frac{W}{L}(V_{GS}-V_t)\right]^{-1} \tag{8.11}$$

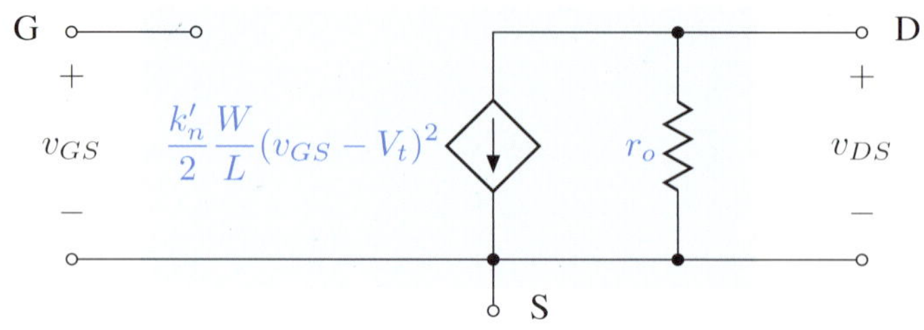

그림 8.9 n 채널 MOS 트랜지스터의 대신호 등가 회로 모델.

Circuit Sensitivity

일반적으로 전자 회로의 특성이나 성능은 온도, 제조 공정, 그리고 공급 전압에 의존한다. 그래서 이로 인한 특성 변화가 적도록 회로를 설계해야 양호한 회로가 얻어진다. 여기서는 공급 전압 V_{DD}에 대한 기준 전압 V_R의 변화를 다룬다. 이런 의존성은 **회로 감도** (circuit sensitivity)를 사용하여 정량적으로 표현된다. 보통 표준 감도는 다음과 같이 정의된다.

$$\boxed{S_{V_{DD}}^{V_R} \equiv \frac{\partial \ln V_R}{\partial \ln V_{DD}} = \frac{\partial V_R}{\partial V_{DD}}\frac{V_{DD}}{V_R} \equiv D_{V_{DD}}^{V_R}\frac{V_{DD}}{V_R}} \tag{8.12}$$

여기서 $D_{V_{DD}}^{V_R}$는 V_{DD}에 대한 V_R의 편미분인 절대 감도이며 Spice 감도 해석 `.sens`의 결과인 **소자 감도** (element sensitivity)로 출력된다. 기준 전압이 공급 전압에 의존하지 않으면 그 감도는 이상적으로 0이 된다.

바이어스나 기준 전압을 공급하는 전압 분할기 회로들이 그림 8.10에 나타나 있다. $V_{DD} = 5\,\text{V}$, $R_1 = 1.8\,\text{k}\Omega$, $R_2 = 1.2\,\text{k}\Omega$, $V_t = 0.5\,\text{V}$, $k_n' = 0.343\,\text{mS/V}$, $W = 1\,\mu\text{m}$, 그리고 $L = 0.25\,\mu\text{m}$인 경우에 이 회로들의 감도를 비교해 보자. 그림 8.10의 단순 전압 분할기의 기준 전압과 감도는

$$V_R = \frac{R_2}{R_1 + R_2}V_{DD} = 2\,\text{V}, \quad S_{V_{DD}}^{V_R} = 1 \tag{8.13}$$

로 주어진다. 그림 8.10의 저항과 트랜지스터를 사용한 전압 분할기의 기준 전압과 감도는 활성 영역의 드레인 전류 표현식을 사용하여

$$V_R = V_t - \frac{1}{k_n R_1} + \sqrt{\frac{2(V_{DD} - V_t)}{k_n R_1} + \frac{1}{(k_n R_1)^2}} = 2\,\text{V} \tag{8.14}$$

$$S_{V_{DD}}^{V_R} = \frac{1}{1 + k_n R_1 (V_R - V_t)} \frac{V_{DD}}{V_R} = 0.5 \tag{8.15}$$

로 구해진다. 같은 출력 전압에 대해 저항과 트랜지스터로 구현된 전압 분할기가 단순 전압 분할기보다 그 감도가 두 배 정도로 개선된다.

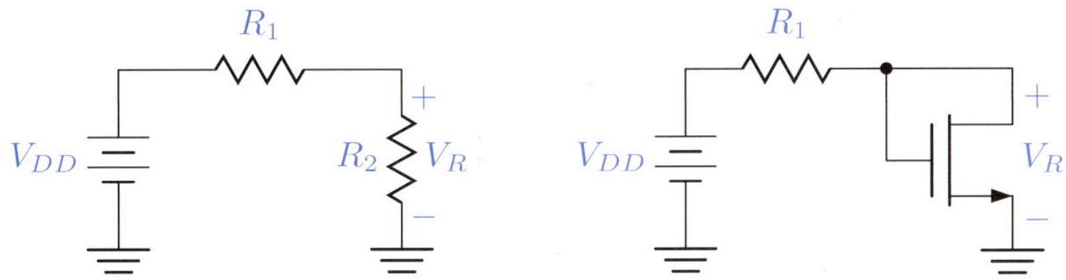

그림 **8.10** 단순 전압 분할기와 MOSFET로 구현된 전압 분할기.

8.3 예비 문제

1. 전압 V_{DS}가 일정한 활성 영역의 게이트 소스 전압 V_{GS1}과 V_{GS2}에 대한 드레인 전류 I_{D1}과 I_{D2}를 사용하여 문턱 전압 V_t를 표현하라.
2. 전압 V_{GS}가 일정한 활성 영역의 드레인 전압 V_{DS1}과 V_{DS2}에 대한 드레인 전류 I_{D1}과 I_{D2}를 사용하여 얼리 전압 V_A를 표현하라.
3. 문턱 전압 V_t와 얼리 전압 V_A가 주어질 때, 소자 트랜스컨덕턴스 파라미터 k_n을 구하는 방법을 설명하라.

8.4 실험 부품 및 장비

부품 및 장비	규격 및 기능	수량
트랜지스터	2N7000 n-channel MOSFET	1
커패시터	0.1 μF 50 V (Mylar)	1
저항	390 Ω, 1 kΩ, 2.2 kΩ 1/4 W	1
저항	100 kΩ, 1.5 MΩ, 5.1 MΩ 1/4 W	1

8.5 실험 내용

1. MOS 트랜지스터는 정전기 방전 (ESD: electrostatic discharge)로 손상되기 쉬우므로 트랜지스터 단자들을 손으로 만지지 말아야 한다. 그리고 직류 전원을 끄고 트랜지스터를 실험 회로에 접속하거나 제거해야 하며 신호는 직류 전원을 공급하고 회로에 인가해야 한다.

2. MOSFET 2N7000의 소스 S, 게이트 G, 그리고 드레인 D 단자를 그림 8.11의 단자 연결도에서 확인하라. 내부 다이오드는 드레인 다이오드를 나타낸다. 그래서 D와 S 사이의 저항은 멀티미터의 빨간색 프로브를 D에 접속하여 측정한다. 다른 저항은 검정색 프로브를 G에 접속하여 측정한다. 트랜지스터를 조립판에 장착하고 D와 S 사이, S와 G 사이, 그리고 D와 G 사이의 저항을 측정하여 각각 개방 회로 인가를 확인하라. 그렇지 않으면 트랜지스터는 손상된 것이다.

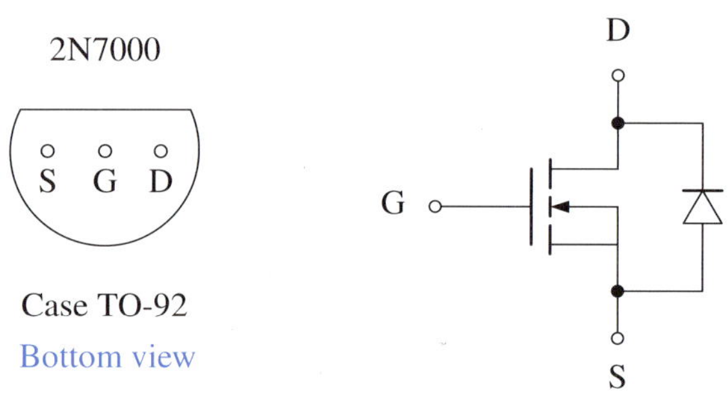

그림 **8.11** MOS 트랜지스터 2N7000의 단자 연결도와 내부 회로.

3. 그림 8.12의 회로에 주어진 드레인 저항 R_D의 크기를 멀티미터로 측정하여 표 8.2에 기록하고 회로를 구성하라. 잡음을 제거하는 필터 커패시터 C_G는 아직 접속하지 않는다. 직류 전원 V_{GG}의 출력 전압은 0 V로 조정하고, 직류 전원 V_{DD}의 출력 전압은 10 V로 미리 조정하라. 그리고 전원 공급기의 전원을 끄고 회로에 연결하라.

4. 전원들을 공급하고 드레인 전압 V_{DS}를 오실로스코프로 관측하라. $V_{GG} = 0\,\text{V}$이면 트랜지스터가 차단 상태이므로 $V_{DS} = 10\,\text{V}$가 되어

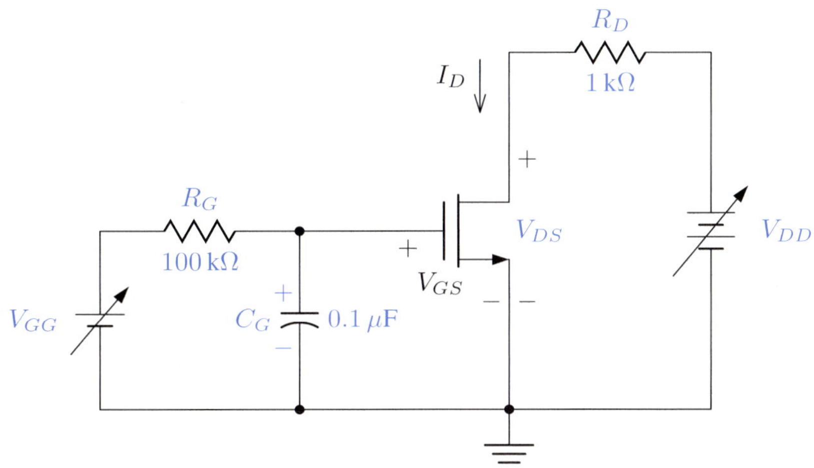

그림 **8.12** MOS 트랜지스터의 전기적 특성을 측정하기 위한 회로.

야 한다. 전원 V_{GG}를 증가시켜 $V_{GS} = 1.6\,\mathrm{V}$ 근방에서 $V_{DS} = 5\,\mathrm{V}$로 조정되면 트랜지스터가 실험에 적합하다. 그렇지 않으면 트랜지스터를 교환하라. 이제 V_{GG}를 개방하고 v_{DS}의 변화를 관측하여 교류 전압은 그림 8.13의 채널 1에 직류 전압은 채널 2에 그려라. 교류 전압의 주파수를 측정하고 무슨 신호인지 왜 나타나는지 검토하라.

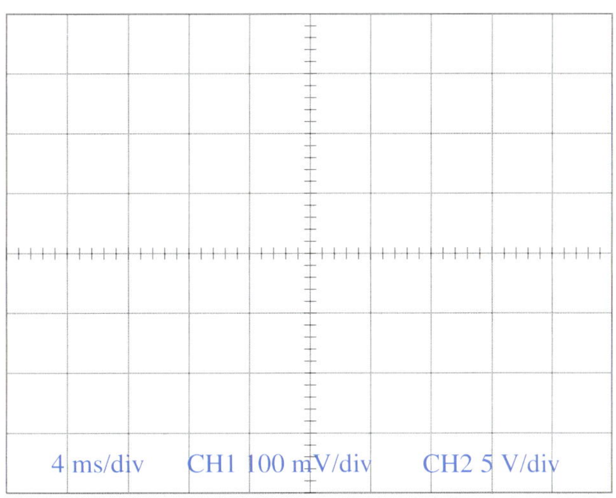

그림 **8.13** 게이트 개방 회로에서 출력 전압 v_{DS}의 파형.

5. 게이트가 개방된 상태에서도 직류 드레인 전류가 흐르고 있는 사실을 주목하라. 커패시터 C_G의 두 단자가 손과 접촉되지 않도록 유의하면서 회로에 접속하고 드레인 전압 v_{DS}의 변화를 관측하라. 이제는 드레인 전류가 흐르지 않을 것이다. 왜 이런 현상이 생기는가?

6. V_{DS}의 조정은 직류 전원 V_{DD}를 사용하고 V_{GS}의 조정은 직류 전원 V_{GG}를 사용한다. 그리고 드레인 전류는 저항 R_D의 양단 전압 V_{R_D}를 측정하여 옴의 법칙 $I_D = V_{R_D}/R_D$로 계산한다.

7. MOS 트랜지스터의 직류 전달 특성을 얻기 위하여 $V_{DS} = 5\,\text{V}$로 일정하게 유지하면서 게이트 전압 V_{GS}에 대한 드레인 전류 I_D를 측정하여 표 8.2를 완성하라. 이 실험에서 V_{GS}를 조정하면 드레인 전류의 변화로 V_{DS}가 변하므로 V_{DD}를 조정하여 V_{DS}를 일정하게 유지해야 한다. 그리고 측정한 데이터를 그림 8.14에 표시하여 2N7000의 시뮬레이션한 전달 특성과 비교하면서 측정의 정확도를 향상하라.

표 **8.2** MOS 전계효과 트랜지스터의 직류 전달 특성

V_{GS} (V)	1.0	1.1	1.2	1.3	1.35	1.4	1.45	1.5	1.55	1.6
V_{R_D} (V)										
I_D (mA)										
$V_{DS} = 5.0\,\text{V}$, $I_D = V_{R_D}/R_D$, $R_D =$ kΩ										

8. 게이트 소스 전압 $V_{GS1} = 1.45\,\text{V}$와 $V_{GS2} = 1.55\,\text{V}$에 대한 드레인 전류 I_{D1}과 I_{D2}를 다음 식에 대입하여 문턱 전압 V_t를 구하라.

$$V_t = \frac{V_{GS1} - \sqrt{\dfrac{I_{D1}}{I_{D2}}}\, V_{GS2}}{1 - \sqrt{\dfrac{I_{D1}}{I_{D2}}}} \tag{8.16}$$

9. MOS 전계효과 트랜지스터의 직류 출력 특성을 얻기 위하여 그림 8.12의 회로에서 $V_{GS} = 1.5\,\text{V}$로 일정하게 유지하면서 드레인 전압 V_{DS}에 대한 드레인 전류 I_D를 측정하여 표 8.3을 완성하라. 그리고

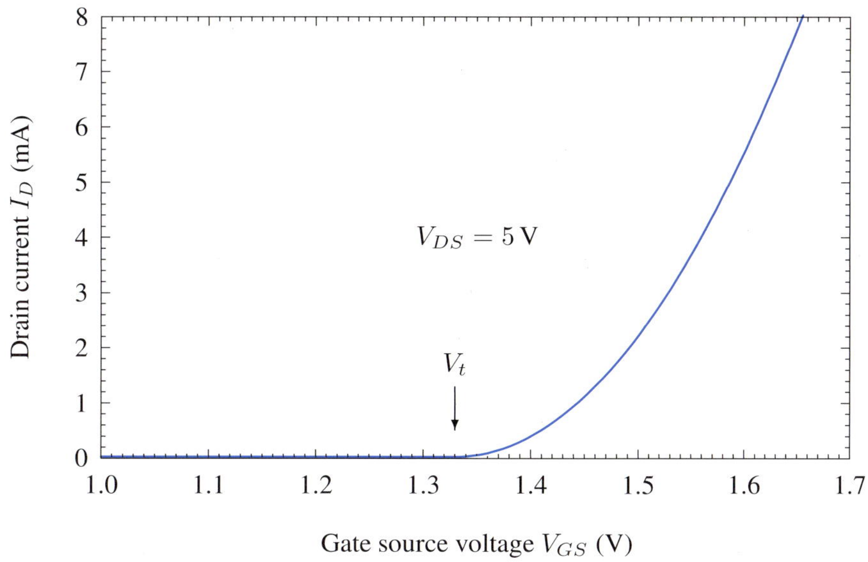

그림 **8.14** MOS 전계효과 트랜지스터의 직류 전달 특성.

측정한 데이터를 그림 8.15에 표시하여 2N7000의 주어진 시뮬레이션한 출력 특성과 비교하면서 측정의 정확도를 향상하라.

표 **8.3** MOS 전계효과 트랜지스터의 직류 출력 특성

V_{DS} (V)	0.02	0.06	0.1	0.14	0.2	0.3	0.5	1	3	5
V_{R_D} (V)										
I_D (mA)										
$V_{GS} = 1.5$ V, $I_D = V_{R_D}/R_D$, $R_D =$ kΩ										

10. 드레인 소스 전압 $V_{DS1} = 1\,\text{V}$와 $V_{DS2} = 5\,\text{V}$에 대한 드레인 전류 I_{D1}과 I_{D2}를 다음 식에 대입하여 얼리 전압 V_A를 구하라.

$$V_A = -\frac{V_{DS1} - \dfrac{I_{D1}}{I_{D2}} V_{DS2}}{1 - \dfrac{I_{D1}}{I_{D2}}} \tag{8.17}$$

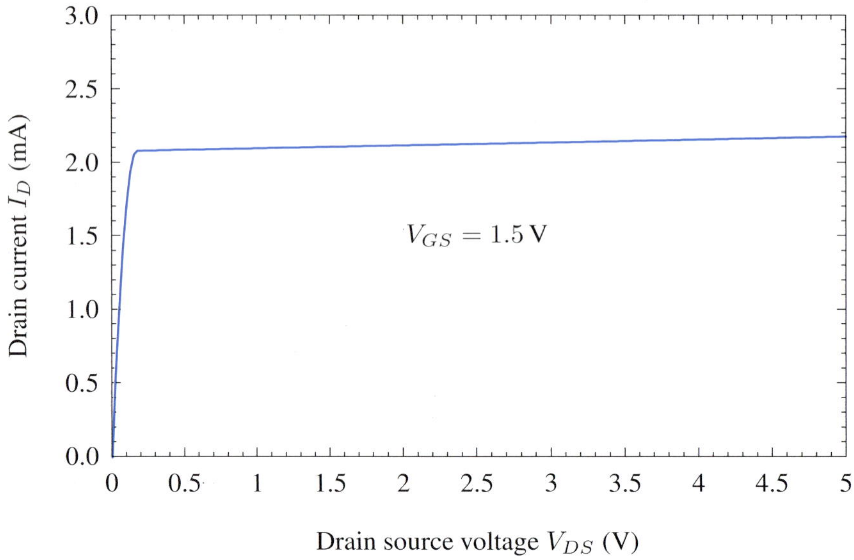

그림 **8.15** MOS 전계효과 트랜지스터의 직류 출력 특성.

11. $V_{GS1} = 1.5\,\text{V}$와 $V_{DS1} = 5\,\text{V}$에 대한 드레인 전류 I_{D1} 그리고 앞의 실험에서 구한 V_t와 V_A를 다음 식에 대입하여 k_n을 구하라.

$$k_n = \frac{2I_{D1}}{(V_{GS1} - V_t)^2(1 + V_{DS1}/V_A)} \tag{8.18}$$

12. 다음 회로 파일 divmos.cir을 해석하라. 출력 전압 V_2와 공급 전압 V_{DD}에 대한 출력 전압 V_2의 감도들을 구하여 표 8.4를 완성하라.

```
Voltage divider with MOSFET
.sens v(2)
Vdd  1   0   5V
R1   1   2   1.8k
M1   2   2   0   0   MOSFET W = 1u L = 0.25u
.model MOSFET nmos level = 1
+ vto = 0.5 kp = 0.343m lambda = 0.01
.end
```

표 **8.4** MOSFET로 구현된 전압 분할기의 출력 전압과 감도들의 해석

특성	V_2	$D_{V_{DD}}^{V_2}$	$0.01V_{DD}D_{V_{DD}}^{V_2}$	$S_{V_{DD}}^{V_2}$
계산값	2.0466 V	0.2075 V/V	0.0104 V/%	0.5069
해석값				

8.6 연습 문제

1. 실험 4에서 게이트가 개방되었을 때도 드레인 전류가 흐르는 원인을 설명하라. 그리고 출력에서 관측되는 신호가 있다면 그 신호는 무엇인가? 전자기 간섭 (electromagnetic interference)를 고려하라.

2. 실험에서 구한 V_t, V_A, 그리고 k_n으로 표현되는 MOS 트랜지스터의 전달 특성과 표 8.2의 데이터를 y 축이 $\sqrt{I_D}$인 그림 8.16에 함께 그려라. 이 전달 특성의 모델화 관점에서 V_t의 의미를 기술하라.

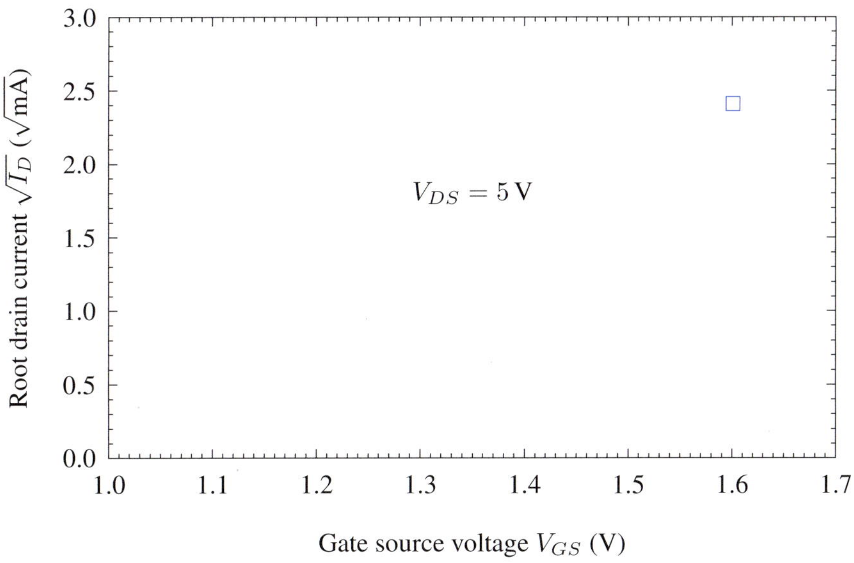

그림 **8.16** MOS 트랜지스터의 직류 전달 특성에 대한 모델화.

3. 실험을 통하여 구한 문턱 전압 V_t, 소자 트랜스컨덕턴스 파라미터 k_n, 그리고 얼리 전압 V_A를 사용하여 그림 8.12의 동작점 해석을 하기 위한 회로 파일을 완성하라. $V_{GG} = 1.5\,\text{V}$이고 $V_{DD} = 6.8\,\text{V}$이다. 작성한 회로 파일 `bias.cir`을 Spice 해석하여 표 8.5를 완성하라.

```
Bias analysis for MOSFET 2N7000
.op
VGG  1   0   1.5V
VDD  4   0   6.8V
RG   1   2   100k
RD   4   3   1k
M1   3   2   0  0  2N7000
.options defw = 1 defl = 1
.model 2N7000 nmos level = 1
+ vto = Vt kp = kn lambda = VA^-1
.end
```

표 **8.5** MOS 전계효과 트랜지스터 2N7000의 동작점 해석

V_{GS} (V)	V_{DS} (V)	I_D (mA)	g_m (mS)	r_o (kΩ)

참고 문헌

1. A. S. Sedra and K. C. Smith, *Microelectronic Circuits*, 2021.
2. G. W. Roberts and A. S. Sedra, *SPICE*, Oxford University Press, 1997.
3. P. Antognetti and G. Massobrio, *Semicoductor Device Modeling with SPICE*, New York: McGraw-Hill, 1988.

실험 9

전계효과 트랜지스터의 바이어스

9.1 실험 목적

MOSFET의 바이어스 원리와 안정화를 학습하여 바이어스 회로를 설계하고 동작점의 안정성을 관측한다. 그리고 전자 검전기를 실험해 본다.

9.2 실험 해설

증폭기 설계에 필수적이고 중요한 과정은 트랜지스터가 증폭을 하기 위한 적절한 직류 동작점 (operating point)를 설정하는 바이어싱 (biasing)

또는 바이어스 설계 (bias design)이다. 일반적으로 이러한 동작점은 직류 전원 전압이나 트랜지스터의 성능 변화 등에 대해 안정한 직류 드레인 전류 I_D와 입력 신호 크기에 대해 트랜지스터를 항상 활성 영역에서 동작하도록 보장하는 소스에 대한 드레인 전압 V_{DS}로 구성된다.

9.2.1 게이트 전압 고정 바이어스

MOSFET을 바이어스하는 가장 직접적인 방법은 원하는 드레인 전류 I_D를 얻기 위해 게이트 소스 전압 V_{GS}를 고정하는 것이다. 이 전압은 전원 전압 V_{DD}로부터 전압 분할기 (voltage divider)를 사용하여 생성되거나 기준 전압 회로에서 공급될 수 있다. 그림 9.1은 게이트 전압 고정 바이어스 회로를 나타낸다. 고정된 전압 V_{GS}에 대해 드레인 전류는

$$I_D = \frac{1}{2}\mu_n C_{ox}\frac{W}{L}(V_{GS} - V_t)^2 \tag{9.1}$$

으로 주어지는데, 공정 트랜스컨덕턴스 $\mu_n C_{ox}$, 문턱 전압 V_t, 그리고 트랜지스터 외형비 W/L이 같은 크기와 같은 종류의 트랜지스터들 사이에서도 공정 편차로 인해 서로 다른 값을 갖게 된다. 이러한 트랜지스터

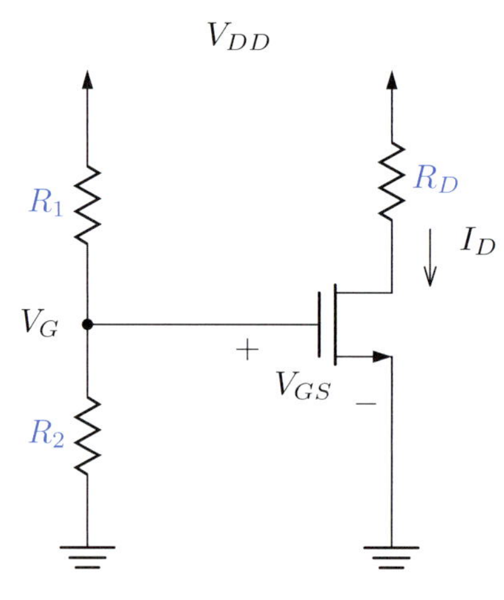

그림 **9.1** 게이트 전압 고정 바이어스 회로.

파라미터들의 분산은 다른 웨이퍼에 제조된 집적 회로의 트랜지스터들 사이에서 더욱 크다. 또한 같은 소자 번호를 갖는 개별 트랜지스터들에

대해서도 트랜지스터 파라미터들의 값들은 큰 편차를 가진다. 게다가 문턱 전압 V_t와 전자 이동도 μ_n은 온도에도 의존하므로 전압 V_{GS}를 고정하면 드레인 전류 I_D는 온도에도 크게 의존하게 된다. 그러므로 V_{GS}를 고정하는 바이어싱은 공정 편차와 온도 변화로 인해 I_D가 일정하지 않으므로 양호한 바이어싱 방법이라 할 수 없다. 그림 9.2는 같은 종류의 트랜지스터 중에서 고정된 전압 V_{GS}에 대해 가장 큰 드레인 전류를 갖는 소자 2와 가장 작은 드레인 전류를 갖는 소자 1의 특성을 나타낸다. 다른 트랜지스터들의 특성들은 이 특성들 사이에 놓이게 되므로 다음과 같이 드레인 전류의 분산이 수반되는 것을 알 수 있다.

$$I_{D1} \leq I_D \leq I_{D2} \tag{9.2}$$

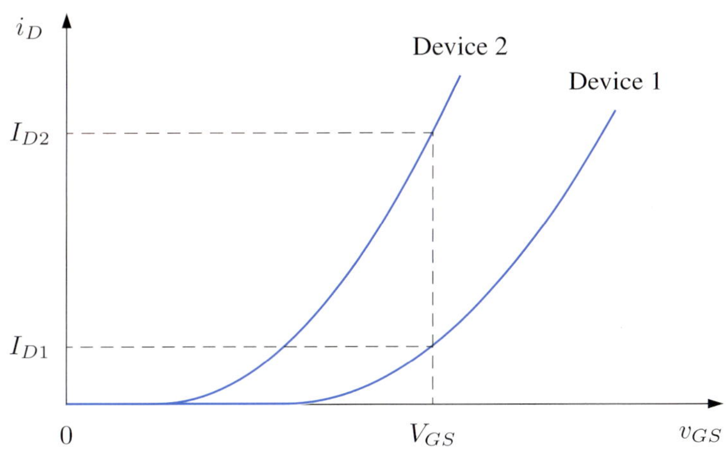

그림 **9.2** 고정 바이어스로 인한 드레인 전류의 분산.

9.2.2 전압 분할기 바이어스

개별 MOSFET 회로에 대한 우수한 바이어싱 방법은 그림 9.3과 같이 전압 분할기를 사용하여 게이트 전압 V_G를 고정하고 고정 바이어스와 다르게 소스 단자에 저항 R_S를 연결하는 것이다. 게이트 직류 전류가 흐르지 않으므로 게이트 직류 전압 V_G는 전압 분할기에 의해서

$$V_G = \frac{R_2}{R_1 + R_2} V_{DD} \tag{9.3}$$

로 정해진다. 그리고 게이트 회로에 전압 법칙을 적용하면 이 바이어스 회로의 바이어스 선 (bias line)은 다음과 같이 표현될 수 있다.

$$\boxed{V_G = V_{GS} + R_S I_D} \tag{9.4}$$

여기서 소스 저항 R_S는 바이어스 전류 I_D를 안정시키는 부귀환 (negative feedback) 작용을 한다. 어떤 원인으로 I_D가 증가하면 R_S 양단 전압 크기가 증가하여 일정한 V_G에 대해 V_{GS}가 감소하게 되고 결국 I_D도 감소하게 된다. 반대로 I_D가 감소하면 R_S 양단 전압 크기가 감소하여 일정한 V_G에 대해 V_{GS}가 증가하게 되므로 결국 I_D도 증가하게 된다. 따라서 R_S는 항상 I_D를 일정하게 유지하려는 작용을 한다. 이런 부귀환 작용을 고려하여 R_S를 소스 **감생 저항** (degeneration resistance)라고 한다.*

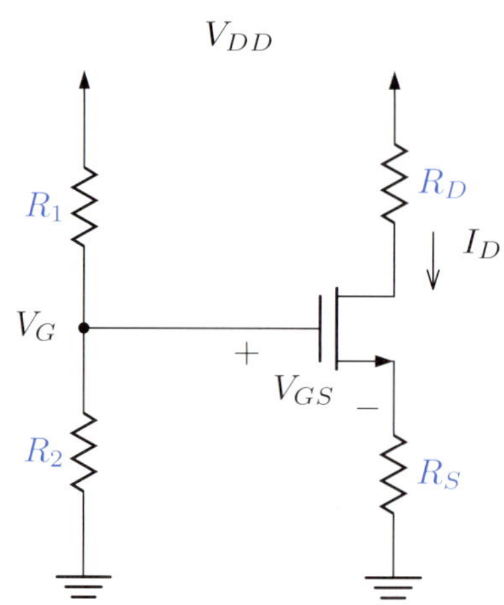

그림 **9.3** 전압 분할기 바이어스 회로.

그림 9.4는 게이트 전압을 고정하고 소스 저항을 사용한 바이어스 회로에 대한 드레인 전류의 분산을 나타낸다. 게이트 전압 고정 바이어스와 비교하면 드레인 전류의 분산은 현저히 작아진 것을 알 수 있다. 그래서 R_S를 크게 하면 바이어스 선의 경사가 더 작아지므로 드레인 전류의 분산은 더욱 감소되고 바이어스 안정성은 더 향상될 것이다.

*저항 R_S는 I_D의 변화를 줄이는 기능을 한다. 그래서 '반대'의 뜻을 갖는 접두사 'de'를 감안하고 regeneration (재생)에 대응하여 degeneration을 감생 (減生)으로 표현한다.

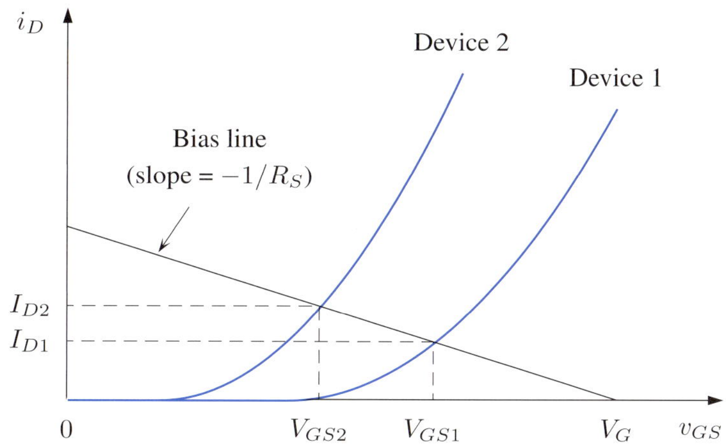

그림 **9.4** V_G를 고정하고 R_S를 사용한 바이어스 회로의 I_D 분산.

일반적으로 바이어스 회로 설계는 전력 소모, 바이어스 안정성, 그리고 증폭기 특성 등을 종합적으로 고려해야 하는 복합적인 과정이지만 여기서는 간단한 설계 조건을 사용하여 단순하게 설계할 것이다. 직류 전원 전압은 $V_{DD} = 10\,\text{V}$이고, MOS 전계효과 트랜지스터의 직류 특성은 $V_t = 1.33\,\text{V}$와 $k_n \equiv k_n' W/L = 144\,\text{mA/V}^2$이다. MOS 트랜지스터의 드레인 전류는 $I_D = 2\,\text{mA}$가 되고, 최대 출력 신호 진폭은 $4\,\text{V}$가 되도록 바이어스 회로를 설계해 보자. 이 최대 신호 진폭을 위해서 V_{DS}와 R_D 양단 전압은 $4\,\text{V}$보다 커야 하므로 여유를 고려하여 $V_{DS} = V_{R_D} = 4.6\,\text{V}$로 설계하면 적절할 것이다. R_S 양단 전압은 드레인 루프 방정식에서 $V_{R_S} = 10 - 2 \times 4.6 = 0.8\,\text{V}$가 되므로 드레인과 소스 저항은 다음과 같은 표준 저항들로 각각 설계될 수 있다.

$$R_D = \frac{4.6}{2} \simeq 2.2\,\text{k}\Omega, \quad R_S = \frac{0.8}{2} \simeq 390\,\Omega \tag{9.5}$$

활성 영역의 드레인 전류식에서 게이트 소스 전압은

$$V_{GS} = V_t + \sqrt{\frac{2I_D}{k_n}} = 1.33 + 0.17 = 1.5\,\text{V} \tag{9.6}$$

로 구해지며, 게이트 전압은 바이어스 선을 사용하여

$$V_G = V_{GS} + R_S I_D = 1.5 + 0.78 = 2.28\,\text{V} \tag{9.7}$$

로 계산된다. 전압 분할기에 의해 주어지는 게이트 전압 V_G의 표현식으로부터 이 전압 분할기 저항들의 관계는

$$2.28(R_1 + R_2) = 10R_2, \quad R_1 = 3.39R_2 \tag{9.8}$$

로 표현되며, 이 저항들의 크기를 보통 MΩ 범위의 큰 값으로 설계하여 전력 소모를 줄이고 큰 입력 저항을 갖도록 한다. 따라서 $R_2 = 1.5\,\mathrm{M\Omega}$인 표준 저항으로 설계하면 $R_1 \simeq 5.1\,\mathrm{M\Omega}$인 표준 저항이 된다.

9.2.3 드레인 귀환 바이어스

개별 MOSFET 회로를 위한 간단하고 효율적인 바이어싱 방법은 그림 9.5와 같이 게이트와 드레인 사이에 귀환 저항 (feedback resistor) R_G를 연결하는 것이다. 큰 입력 저항을 얻기 위해 이 저항의 크기를 보통 MΩ

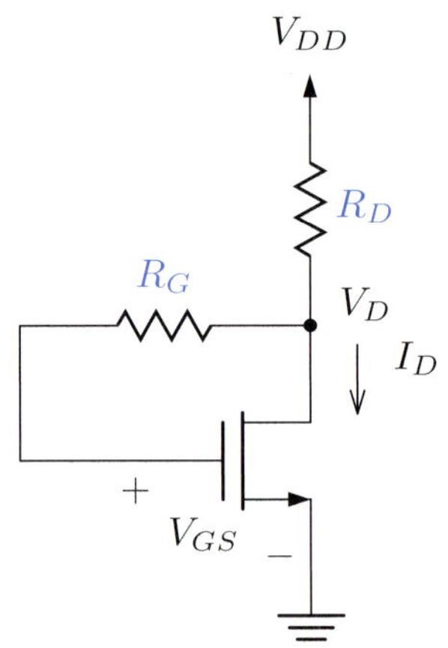

그림 **9.5** 드레인 귀환 바이어스 회로.

범위의 큰 값으로 설계하며, 게이트 직류 전류가 $I_G = 0$이므로 게이트와 드레인은 같은 직류 전압을 갖는다. 따라서 게이트 전압은

$$V_{GS} = V_{DS} = V_{DD} - R_D I_D \tag{9.9}$$

로 표현되며, 이 식에서 (9.4)와 같은 형태의 바이어스 선은

$$\boxed{V_{DD} = V_{GS} + R_D I_D} \tag{9.10}$$

로 얻어진다. 여기서 I_D가 증가하면 V_{GS}가 감소하고 MOS 트랜지스터는 I_D를 감소시켜 결국 드레인 전류는 일정하게 된다. 저항 R_G를 통한 이러한 부귀환 작용으로 인하여 드레인 전류는 거의 일정하게 유지된다. 이 바이어스 회로에서 $V_{DS} = V_{GS}$이므로 항상 활성 영역 조건 $V_{DS} > V_{GS} - V_t$가 만족되는 장점도 있으나 출력 순시 전압 v_O가 조건

$$v_O = v_{DS} \geq v_{GS} - V_t \tag{9.11}$$

도 만족해야 하므로 출력 신호 파형의 음의 진폭은 V_t 정도로 제한된다.

9.2.4 스위치와 전자 검전기

MOS 트랜지스터는 적절한 바이어싱을 통해 증폭기뿐만 아니라 스위치 (switch)나 센서 (sensor)로 사용될 수 있다. 특히 전계효과 트랜지스터의 동작 원리는 이온 센서 (ISFET), 가스 센서 (GasFET), CMOS 이미지 센서 (CIS), 그리고 DNA 센서 (BioFET) 등에 활용되고 있다. 이 절에서는 MOSFET을 간단한 스위치와 전자 검전기 (electroscope)로 활용한다.

그림 9.6은 MOSFET을 터치 (touch) 스위치로 활용한 회로를 나타낸다. 저항 R_G를 통해 게이트가 접지로 바이어스되므로 트랜지스터는 차단된다. 그래서 드레인 전류는 흐르지 않고 발광 다이오드 (LED)도 빛

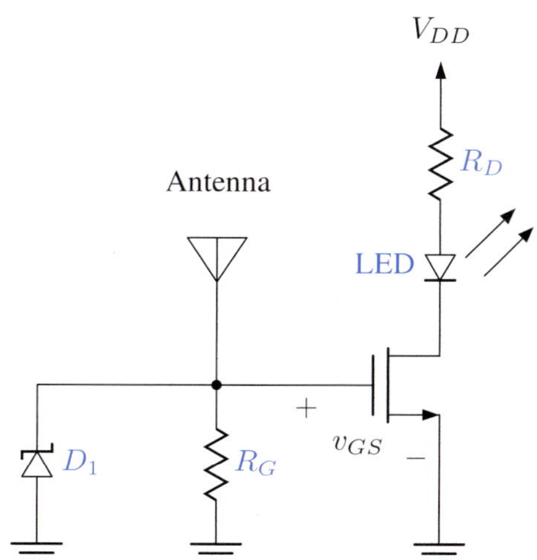

그림 **9.6** MOSFET을 터치 스위치로 활용한 회로.

을 내지 않는다. 안테나 끝에 손가락을 접촉하면 60 Hz의 교류 전압이 약 2 V 정도 게이트에 유도되어 트랜지스터는 주기적으로 도통된다. 그 결과 LED는 빛을 내게 된다. 이것은 MOSFET가 일종의 터치 스위치로 동작하는 것을 의미한다. 제너 다이오드 D_1은 정전기로부터 트랜지스터를 보호하는 리미터 (limiter) 회로이며 R_D는 LED의 전류를 제한하는 저항이다. LED 빛의 세기는 R_D의 크기를 변경하여 조절할 수 있다.

그림 9.7은 MOSFET을 전자 검전기로 활용한 회로를 나타낸다. 가변 저항기 R_1을 조정하여 게이트를 적절한 양의 전압으로 바이어스할 수 있다. 제너 다이오드 D_1으로 흐르는 순방향 전류는 게이트 소스 커패시턴스 C_{gs}를 충전한다. 그러면 트랜지스터가 도통되고 발광 다이오드는 빛을 낼 것이다. 이때 D_1의 애노드를 가변 저항기로부터 개방해도 게이트에 충전된 양의 전하는 그대로 남아 있게 된다. 그 결과 LED는 계속 빛을 낼 것이다. 이 상태에서 음의 전하, 즉 전자로 대전된 물체를 안테나 가까이 가져가면 안테나 내부의 전자들은 반발력에 의해 게이트 쪽으로 이동한다. 이 전자들이 게이트에 있는 양의 전하를 중화하여 결국 트랜지스터를 차단시킨다. 그러면 LED는 빛을 내지 않을 것이다. 대전된 물체를 멀리 이동하면 게이트에는 양의 전하가 원래대로 복원되고 LED는 다시 빛을 낼 것이다. 이러한 부동 게이트 (floating gate)의 작용

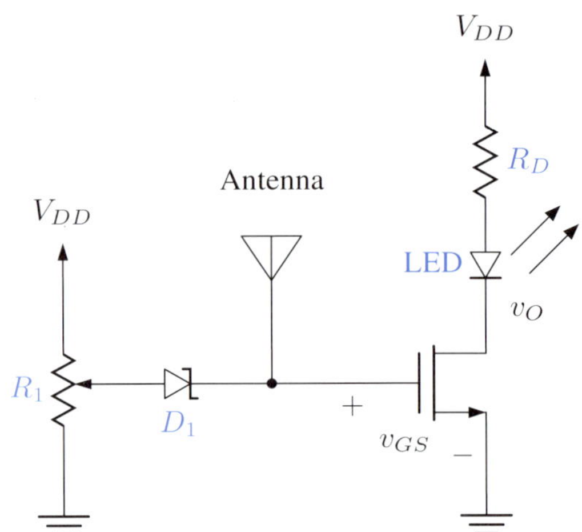

그림 **9.7** MOSFET을 전자 검전기로 활용한 회로.

은 마치 금박 검전기 (gold leaf electroscope)의 동작과 같다. 그리고 트랜지스터의 게이트를 적절하게 바이어스하면 전자 검전기를 동적으로 동작시킬 수 있다. 즉, 대전된 물체가 천천히 이동하면 반응하지 않고 빠르게 움직여야 LED가 반응한다. 이 경우에 리미터 다이오드로 흐르는 작은 역방향 전류가 전자 이동으로 인한 게이트 전하의 변화에 적절한 시간 지연을 제공한다. 그래서 우리가 그 변화를 LED로 관측할 수 있다.

9.3 예비 문제

1. 전압 분할기 바이어스 회로에서 저항 R_2의 증가나 감소가 동작점에 미치는 영향과 출력 신호의 최대 진폭에 관해 설명하라.

2. 대전된 물체가 금박 검전기에 가까이 가는 경우와 그때 금박 검전기를 접지시키는 경우에 대해 그 검전기의 동작을 설명하라.

9.4 실험 부품 및 장비

부품 및 장비	규격 및 기능	수량
트랜지스터	2N7000 n-channel MOSFET	1
제너 다이오드	1N5234B 6.2 V 0.5 W	1
발광 다이오드	초록색	1
피복선 (안테나)	동심 직경 0.5 mm (AWG 24) 10 cm	1
볼펜	모나미 (폴리스티렌)	1
커패시터	10 μF 50 V	2
가변 저항기	2 MΩ 1/4 W	1
저항	390 Ω, 1 kΩ, 2.2 kΩ 1/4 W	1
저항	1 MΩ, 1.5 MΩ, 2 MΩ, 5.1 MΩ 1/4 W	1

9.5 실험 내용

1. 해설에서 설계한 바이어스 회로인 그림 9.8의 각 저항 크기를 측정하여 표 9.1에 기입하고 커패시터는 제외하고 회로를 구성하라.

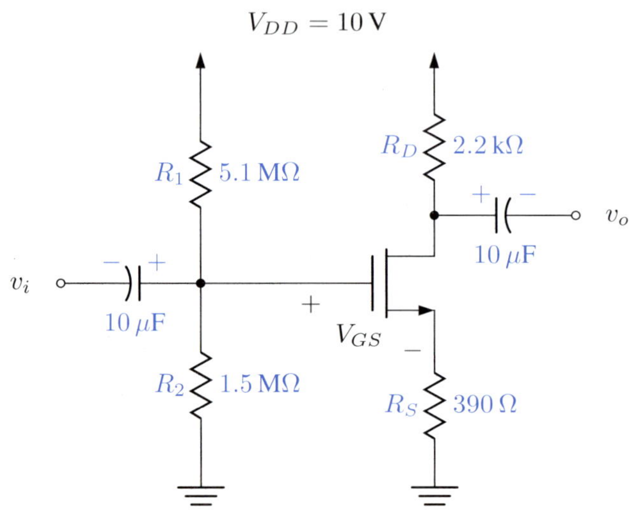

그림 **9.8** MOSFET 2N7000을 위한 전압 분할기 바이어스 회로.

2. 직류 전압 V_S, V_D, 그리고 V_{DS}는 측정하고 나머지는 이 측정값들로 해설처럼 계산하여 표 9.1을 완성하라. 전압 분할기의 저항이 매우

표 **9.1** 전압 분할기 바이어스 회로의 동작점

동작점	V_S	V_D	V_{DS}	V_G	V_{GS}	I_D
설계값	0.80 V	5.40 V	4.60 V	2.28 V	1.50 V	2.00 mA
측정값						
분산값						
편차 %						
$R_1 =$ MΩ, $R_2 =$ MΩ, $R_D =$ kΩ, $R_S =$ Ω						

크므로 멀티미터로 V_G를 측정하면 오차가 수반되지만 계산값과 비교하기 위하여 게이트 전압 V_G를 측정하라. 분산값은 트랜지스터만 다른 트랜지스터로 대체하고 측정하여 구한 값이다. 편차는 측정값에 대한 분산값의 상대 오차이다. (측정한 $V_G =$ V)

3. 입력 신호를 주파수가 10 kHz이고 진폭이 500 mV인 정현파로 조정하여 결합 커패시터와 함께 회로에 접속하라. 출력 신호를 관측하여 출력 신호 파형의 양과 음의 진폭이 거의 같고 모양도 대칭임을 확인하라. 그리고 진폭을 측정하라. (출력 진폭 $V_o =$ V)

4. 전압 분할기의 저항 R_2를 1 MΩ으로 교체하여 동작점을 이동하라. 동작점이 서서히 이동하여 1 분 정도 지나면 정상 상태가 된다. 출력 신호 파형의 양과 음의 진폭을 측정하고 입력 파형에 대한 출력 파형을 그림 9.9에 기록하라. ($V_o^+ =$ V, $V_o^- =$ V)

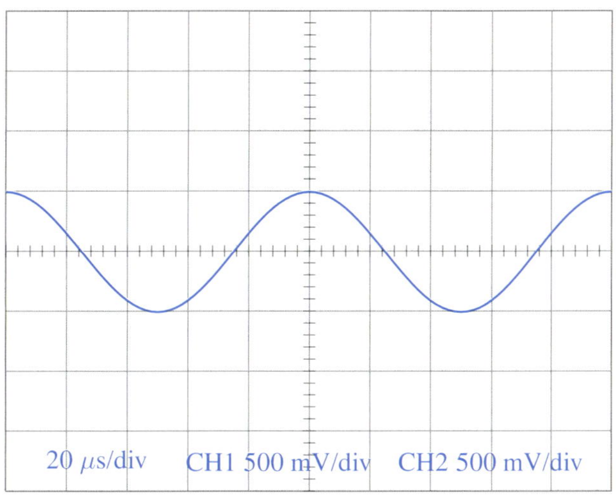

그림 **9.9** $R_2 = 1\,\text{M}\Omega$인 바이어스 회로의 출력 파형.

5. 전압 분할기의 저항 R_2를 2 MΩ으로 교체하여 동작점을 이동하라. 동작점이 서서히 이동하여 1 분 정도 지나면 정상 상태가 된다. 출력 신호 파형의 양과 음의 진폭을 측정하고 입력 파형에 대한 출력 파형을 그림 9.10에 기록하라. ($V_o^+ =$ V, $V_o^- =$ V)

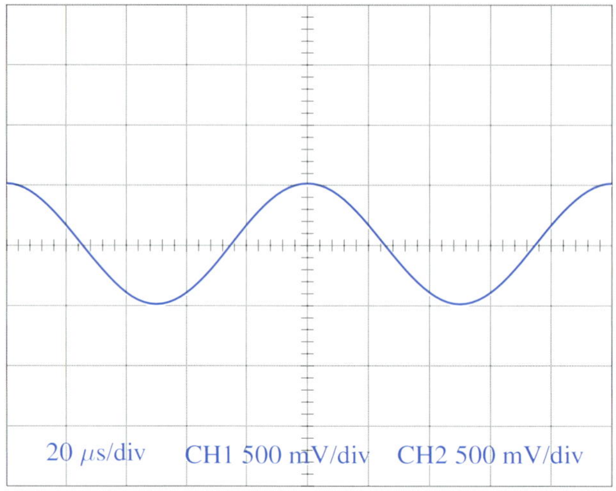

그림 **9.10** $R_2 = 2\,\text{M}\Omega$인 바이어스 회로의 출력 파형.

6. 다이오드 D_1은 1N5234를 사용하고 게이트 저항은 $R_G = 5.1\,\text{M}\Omega$으로 그림 9.11의 회로를 구성하라. 안테나는 10 cm 정도의 피복선을 사용하여 수직으로 세우고 발광 다이오드는 초록색 LED를 사용하라. 발광 다이오드의 단자 중 길이가 더 긴 단자가 애노드 단자이다.

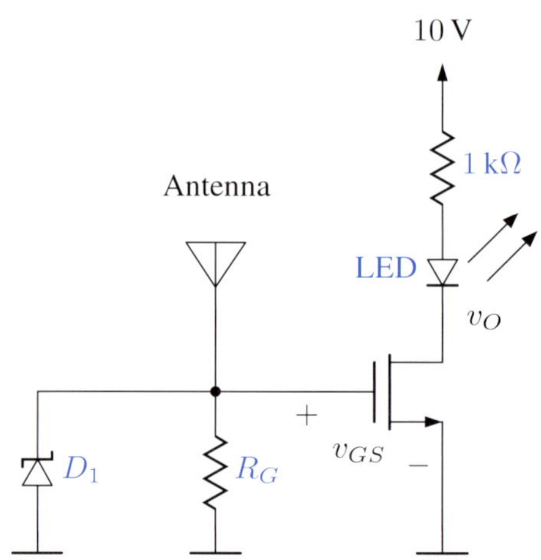

그림 **9.11** MOSFET 2N7000을 터치 스위치로 활용한 회로. 실제로 사용되는 터치 센서나 패널은 이 스위치와 달리 터치 커패시턴스를 측정하여 동작한다.

7. 채널을 DC 결합 모드로 설정하여 출력 전압 v_O를 관측하라. 출력 전압은 8.5 V 정도이다. 이 상태에서 안테나 끝에 손가락을 접촉하면 LED는 빛을 낸다.† 그러나 다른 손이 접지에 접촉되면 LED는 빛을 내지 않는다. 만일 LED가 빛을 내지 않는다면 다른 손을 전원 공급기의 교류 전원 코드 가까이 가져가 보라. 그래도 LED가 발광하지 않으면 다른 손을 10 V 직류 전원에 접촉해 보라. LED가 빛을 내는 경우의 출력 파형을 그림 9.12에 나타내고 그 원인을 검토하라.

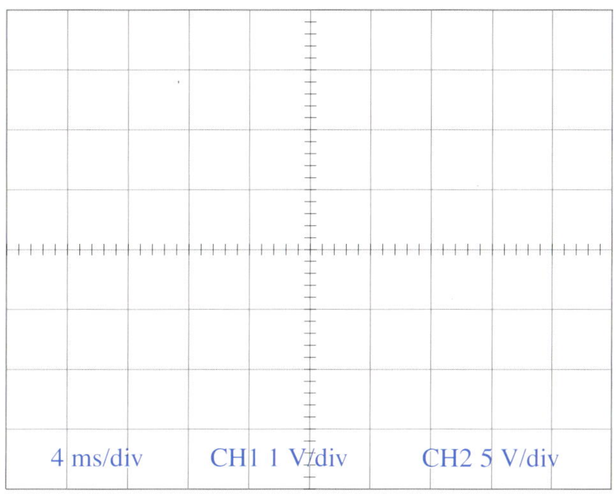

그림 **9.12** 터치 스위치가 동작하는 경우의 출력 파형.

8. 다이오드 D_1은 1N5234를 사용하고 가변 저항기는 $R_1 = 2\,\text{M}\Omega$으로 9.13의 회로를 구성하라. 스위치 실험의 안테나와 발광 다이오드는 그대로 사용한다. 가변 저항기를 조절하여 LED가 빛을 내지 않다가 빛을 내기 시작하는 상태로 트랜지스터를 바이어스하라. 그리고 손가락이 회로에 접촉되지 않도록 주의하면서 D_1의 애노드를 가변 저항기로부터 완전히 개방하라. 그래도 LED는 계속 빛을 낼 것이다. 이 원인을 검토하라. 지금부터는 정전기 보호 회로인 리미터가 정상 동작하지 않으므로 일체 안테나에 접촉하지 말아야 한다.

† 전자기 간섭이 적어 LED가 발광하지 않는 경우는 R_G를 개방하고 실험할 수도 있다.

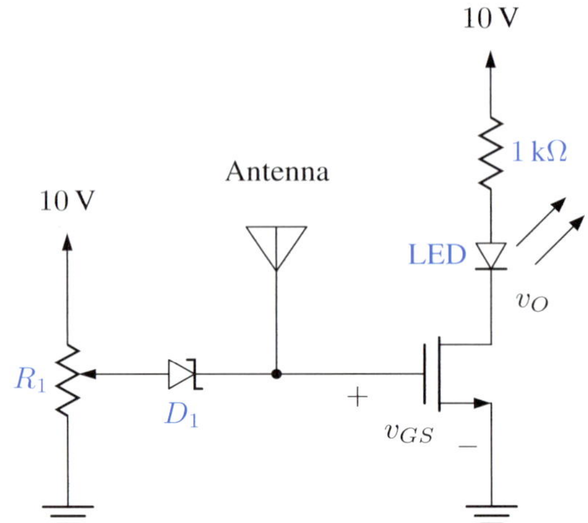

그림 **9.13** MOSFET 2N7000을 전자 검전기로 활용한 회로.

9. 볼펜을 머리털에 문지르면 마전 효과 (triboelectric effect)로 인해 볼펜에는 정전기인 음의 전하, 즉 전자가 대전된다. 이때 고전압이 볼펜에 형성될 수 있으므로 볼펜을 안테나에 접촉하지 말아야 한다. 이제 볼펜을 안테나 가까이 가져가 보라. LED 빛은 어떻게 되는가?

10. 다이오드 D_1의 애노드를 접지로 접속하라. 볼펜을 안테나 끝에서 2 cm 정도 아래로 가까이 가져가 보라. 게이트가 접지에 바이어스되어 있으므로 당연히 LED는 빛을 내지 않는다. 또한 정전기 유도 (electrostatic induction)의 결과로 안테나가 휘어지는 현상도 관찰하라. 이제 볼펜을 빠르게 멀리 이동하라. LED 빛은 어떻게 되는가?

11. 모든 소자의 특성은 통계적인 분포를 갖는다. 그 영향을 분석하는 몬테 카를로 (Monte Carlo) 해석은 오차가 명기된 모델 파라미터들을 무작위로 변경함으로써 변화되는 소자 특성에 대한 회로 성능을 해석한다. 그 결과 규격을 만족하는 회로들의 비율, 즉 제조 공정의 수율 (yield)를 평가할 수 있다. 그림 9.5의 드레인 귀환 바이어스에 대한 다음 회로 파일을 해석하고 Trace > Add Trace V(2)로 막대 그래프를 얻어라. 이 그래프의 y 축은 회로 수의 백분율이다. 커서를 사용하여 규격 $2.0\,\text{V} \le V_2 \le 2.1\,\text{V}$를 만족하는 수율 Y를 평가하라.

```
Monte Carlo analysis for drain feedback bias
.dc  Vdd list 5V
.mc  2000 dc v(2) min output all
.probe
Vdd  1   0   5V
R1   1   2   RBIAS 1.8k
R2   3   2   100k
M1   2   3   0   0   MOSFET W = 1u L = 0.25u
.model RBIAS res r = 1 dev/gauss 0.25%
.model MOSFET nmos level = 1 lambda = 0.01
+ vto = 0.5 dev/gauss 0.01 kp = 0.343m dev/gauss 4%
.end
```

저항 R_1의 크기는 표준 편차가 0.25 %인 정규 분포로 명기되었고 MOSFET의 vto는 표준 편차가 10 mV이고 kp는 표준 편차가 4 %인 정규 분포로 명기되었다. 그리고 회로 해석의 수는 2000번이다. V_2에 대한 적절한 수율 평가를 위해 막대 그래프의 수평 분할수를 Tools > Options > Number of Histogram Divisions = 20으로 변경하라.

9.6 연습 문제

1. 전압 분할기 바이어스 회로에서 트랜지스터를 교체해도 동작점의 변화가 적은, 즉 바이어스 안정성이 있는 이유를 기술하라.

2. 실험 2에서 게이트 전압 V_G를 멀티미터로 측정하면 오차가 큰 이유를 기술하고 전해 커패시터를 이용하여 측정하는 방법을 설명하라.

3. 실험 10에서 LED가 빛을 내다가 내지 않는 원인을 기술하라.

4. 전압 분할기 바이어스 회로인 그림 9.8의 동작점을 해석하기 위한 다음 회로 파일 mosbias.cir을 완성하라. 그리고 이 파일을 Spice 해석하여 표 9.2를 완성하고 실험으로 측정한 값들과 비교하라.

```
Voltage divider bias circuit for MOSFET
.op
Vdd  4   0   10V
R1   4   3   5.1Meg
R2   3   0   1.5Meg

RS   6   0   390
M1   5   3   6   6  2N7000
.options defw = 1 defl = 1
.model 2N7000 nmos level = 1
+ vto = 1.33 kp = 0.144 lambda = 0.0096
.end
```

표 **9.2** MOSFET의 전압 분할기 바이어스 회로에 대한 Spice 해석

동작점	V_S	V_D	V_{DS}	V_G	V_{GS}	I_D
설계값	0.80 V	5.40 V	4.60 V	2.28 V	1.50 V	2.00 mA
해석값						
측정값						

참고 문헌

1. A. S. Sedra and K. C. Smith, *Microelectronic Circuits*, 2021.
2. G. W. Roberts and A. S. Sedra, *SPICE*, Oxford University Press, 1997.
3. *PSpice A/D Reference Guide*, Cadence Design Systems, Inc.
4. W. J. Beaty, "Ridiculously sensitive electric charge detector," 1987, online.
5. W. D. Sherman, "Electric field sensor," Feb. 2007, online.

槃 실험 10

바이폴라 트랜지스터의 바이어스

10.1 실험 목적

바이폴라 접합 트랜지스터를 바이어스하는 원리, 바이어스 회로, 그리고 바이어스 안정화를 학습하고, 전압 분할기 바이어스 회로에 대해서 동작점의 변화에 따른 증폭기 출력 파형의 변화를 실험으로 관측한다.

10.2 실험 해설

트랜지스터의 **바이어스 회로** (biasing circuit)는 직류 전원을 공급하여 트랜지스터를 원하는 동작점 (operating point) Q(V_{BE}, V_{CE}, I_B, I_C)에 위치시키는 회로이다. 이 동작점을 이루는 V_{BE}, I_B, 그리고 I_C가

$$\boxed{I_C = \alpha I_E = \beta I_B = I_S e^{V_{BE}/V_T}} \tag{10.1}$$

로 연관이 되고, V_{CE}도 I_C와 I_E가 정해지면 트랜지스터의 외부 회로에 의해 결정되므로 트랜지스터의 바이어스는 이미터나 컬렉터 전류를 일정하게 유지하는 문제로 귀착된다. 따라서 이미터 전류가 온도 변화, 트랜지스터의 β 변화, 그리고 각종 부품의 오차 등에 가급적 무관하도록 바이어스 회로를 설계하는 것이 **바이어스 안정성** (bias stability)를 향상하는데 필수적이며, 나아가 양질의 전자 회로와 시스템에 기본이 된다.

바이어스 회로는 개별 회로 (discrete circuit) 바이어스 회로와 집적 회로 (integrated circuit) 바이어스 회로로 나눌 수 있으며, 개별 회로 바이어스는 주로 전압 전원에 의해 이루어지는 반면 집적 회로 바이어스는 주로 전류 전원에 의해 이루어진다. 이번 실험에서는 기본적인 개별 회로 바이어스 회로들을 정리하고, 트랜지스터 회로의 직류 해석을 통해 바이어스 회로의 설계 방법을 학습한다. 그리고 바이어스가 증폭기 동작에 미치는 영향인 출력 파형의 변화를 실험으로 관찰한다.

10.2.1 베이스 바이어스

이 바이어스는 가장 간단한 형태로 고정 바이어스 (fixed bias)라고 부르기도 한다. 단일 전원을 사용하여 그림 10.1과 같이 베이스 저항기 R_B와 컬렉터 저항기 R_C를 통해 이미터 접합과 컬렉터 접합을 트랜지스터가 활성 영역에 동작하도록 각각 바이어스한다. 베이스 회로에 전압 법칙을 적용하여 얻어진 베이스 직류 전류와 이미터 직류 전류는 각각

$$I_B = \frac{V_{CC} - V_{BE}}{R_B} \tag{10.2}$$

$$I_E = (\beta + 1) I_B = \frac{V_{CC} - V_{BE}}{R_B/(\beta + 1)} \tag{10.3}$$

로 표현된다. 컬렉터 회로에 전압 법칙을 적용하면 컬렉터 전압은

$$V_{CE} = V_{CC} - I_C R_C \quad (10.4)$$

로 표현되며, 부하 저항 R_C로 연관되는 I_C와 V_{CE}의 이 선형 관계를 직류 부하선 (dc load line)이라고 한다. 고정된 I_B로 인해 이미터 전류가 β에 선형적으로 의존하여 바이어스 안정성이 나쁘므로 증폭기 회로에는 거의 사용하지 않고 주로 스위칭 회로나 디지털 회로에 사용된다.

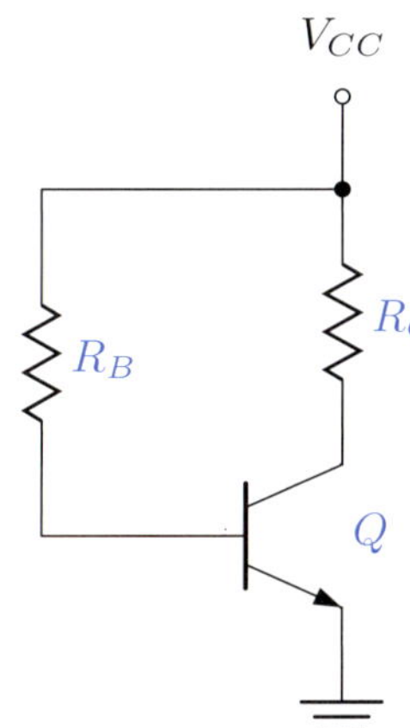

그림 **10.1** 베이스 바이어스 회로.

10.2.2 이미터 바이어스

두 개의 직류 전압 전원을 사용하여 그림 10.2와 같이 이미터와 컬렉터 접합을 트랜지스터가 활성 영역에 동작하도록 바이어스한다. 베이스 회로에 전압 법칙을 적용하면 다음과 같은 방정식을 얻을 수 있고

$$V_{EE} = I_B R_B + V_{BE} + (I_B + I_C) R_E \quad (10.5)$$

이 식을 정리하면 베이스 전류와 이미터 전류는 각각

$$I_B = \frac{V_{EE} - V_{BE}}{R_B + (\beta + 1) R_E} \quad (10.6)$$

$$I_E = \frac{V_{EE} - V_{BE}}{R_E + R_B/(\beta + 1)} \quad (10.7)$$

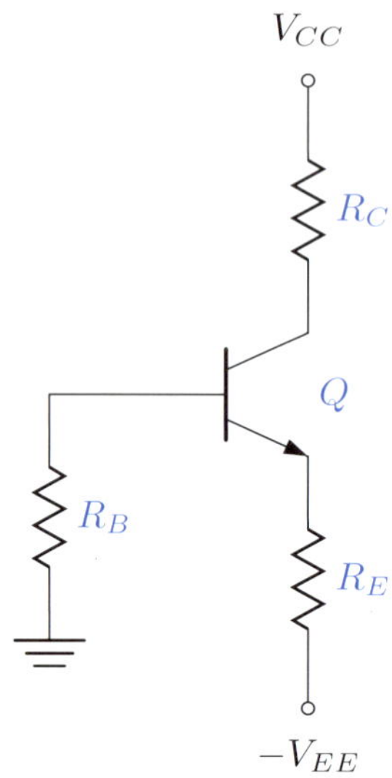

그림 **10.2** 이미터 바이어스 회로.

로 표현된다. 이미터 전류 I_E를 V_{BE}와 β의 변화에 둔감하게 만들어 바이어스 안정성을 향상하기 위해서는 분자의 첫 번째 항을 두 번째 항보다 훨씬 크게 설계하고 β에 의존하는 분모의 두 번째 항을 첫 번째 항보다 충분히 작게 설계해야 한다. 즉, 바이어스 안정 조건들

$$V_{EE} \gg V_{BE}, \quad R_E \gg \frac{R_B}{\beta + 1} \simeq \frac{R_B}{\beta} \tag{10.8}$$

를 만족하도록 설계해야 한다. 그러면 이미터 전류는 $I_E \simeq V_{EE}/R_E$로 근사되고 그 결과 V_{BE}와 β에 거의 의존하지 않는다. 그리고 공통 베이스 증폭기인 경우는 R_B를 단락하여 베이스를 접지할 수도 있다. 컬렉터 회로에 전압 법칙을 적용하면 이미터에 대한 컬렉터 전압은

$$V_{CE} = V_{CC} - I_C R_C - I_E R_E + V_{EE} \tag{10.9}$$

로 표현된다. 이 회로의 단점은 전원 공급기 두 개를 사용하는 것이다.

10.2.3 컬렉터 귀환 바이어스

이 바이어스 회로는 그림 10.3과 같이 베이스 바이어스 회로의 베이스 저항기를 컬렉터에 연결하여 바이어스 안정성을 향상하는 단순한 회로

로 트랜지스터가 항상 활성 영역에 바이어스되는 장점이 있다. 컬렉터 전류가 증가하면 R_C에 전압 강하가 증가하여 컬렉터 전압은 낮아진다. 이는 R_B 양단 전압의 감소와 베이스 전류의 감소로 이어지고 결국 컬렉터 전류를 감소시킨다. 이 부귀환 작용이 바이어스 안정화를 가져온다.

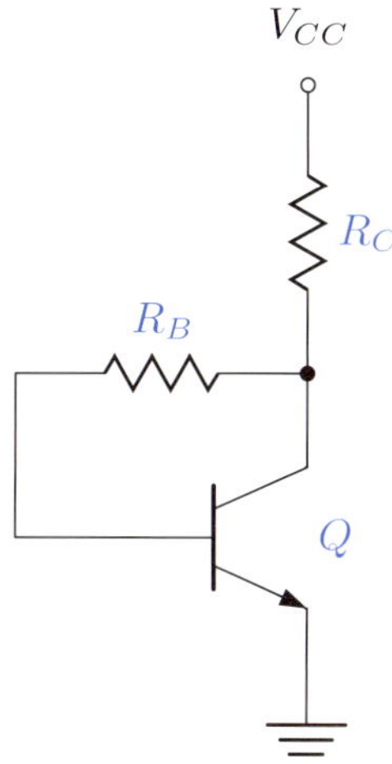

그림 **10.3** 컬렉터 귀환 바이어스 회로.

베이스 회로의 전압 방정식은

$$V_{CE} = V_{BE} + I_B R_B \tag{10.10}$$

로 주어지며, 베이스와 컬렉터 전류들이 R_C로 흐르므로 컬렉터 전압은

$$V_{CE} = V_{CC} - (I_B + I_C)R_C = V_{CC} - I_E R_C \tag{10.11}$$

로 표현된다. 이 식들을 정리하면 베이스 전류와 이미터 전류는 각각

$$I_B = \frac{V_{CC} - V_{BE}}{R_B + R_C(\beta + 1)} \tag{10.12}$$

$$\boxed{I_E = \frac{V_{CC} - V_{BE}}{R_C + R_B/(\beta + 1)}} \tag{10.13}$$

로 표현된다. 여기서도 이미터 전류 I_E를 V_{BE}와 β의 변화에 둔감하게 만들어 바이어스 안정성을 향상하기 위해서 바이어스 안정 조건들

$$V_{CC} \gg V_{BE}, \quad R_C \gg \frac{R_B}{\beta + 1} \simeq \frac{R_B}{\beta} \tag{10.14}$$

를 만족하도록 설계해야 한다.

보통 컬렉터의 신호 전압이 감소할 때에도 컬렉터 접합이 항상 역방향으로 동작해야 한다. 이 조건은 $v_{CB} \simeq V_{CB} - \hat{v}_c > -0.4\,\mathrm{V}$로 표현된다. 따라서 신호 진폭은 부등식 $\hat{v}_c < V_{CB} + 0.4\,\mathrm{V}$를 만족해야 음의 출력 신호가 왜곡되지 않는다. 또한 컬렉터 접합의 바이어스 전압 V_{CB}는

$$V_{CB} = I_B R_B = I_E \frac{R_B}{\beta + 1} \ll I_E R_C \tag{10.15}$$

로 표현된다. 여기서 전압 $I_E R_C$는 컬렉터 양의 신호 진폭의 최댓값이다. 그래서 컬렉터 음의 신호 진폭은 양의 신호 진폭보다 훨씬 작은 크기로 제한된다. 이는 결국 출력 신호 스윙이 제한되는 단점을 야기한다.

10.2.4 이미터 귀환 바이어스

이 바이어스 회로는 베이스 바이어스 회로의 바이어스 안정성을 개선하기 위해 이미터 귀환 저항기 (feedback resistor) R_E를 그림 10.4와 같이 접속한 회로이다. 여기에는 컬렉터 귀환 회로의 신호 스윙 제한이 없다.

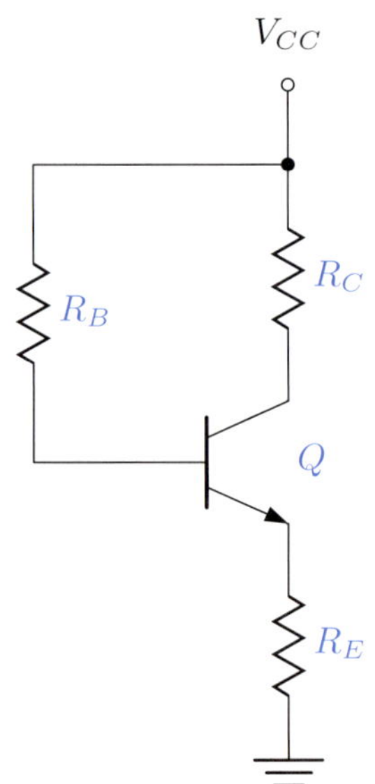

그림 **10.4** 이미터 귀환 바이어스 회로.

베이스 회로에 전압 법칙을 적용하면 베이스 전류는

$$I_B = \frac{V_{CC} - V_{BE}}{R_B + (\beta + 1)R_E} \tag{10.16}$$

로 주어지며, 컬렉터 회로에 전압 법칙을 적용하면 컬렉터 전압은

$$V_{CE} = V_{CC} - I_C R_C - I_E R_E \tag{10.17}$$

로 표현된다. 그리고 이미터 전류는

$$I_E = \frac{V_{CC} - V_{BE}}{R_E + R_B/(\beta + 1)} \tag{10.18}$$

로 표현된다. 이 바이어스도 컬렉터 귀환 바이어스와 마찬가지로 이미터 전류의 V_{BE}와 β에 대한 의존성이 적어지도록 설계된다. 즉, 이미터 전류를 V_{BE}와 β에 둔감하게 만들어 바이어스 안정성을 향상하기 위해서 다음과 같은 안정 조건들을 만족하도록 설계해야 한다.

$$V_{CC} \gg V_{BE}, \quad R_E \gg \frac{R_B}{\beta + 1} \simeq \frac{R_B}{\beta} \tag{10.19}$$

10.2.5 전압 분할기 바이어스

단일 직류 전압 전원을 사용하여 트랜지스터를 바이어스하기 위해 가장 널리 사용하는 회로는 그림 10.5와 같이 구성된다. R_1과 R_2는 전압 V_{CC}를 분할하여 베이스 전압 V_B를 설정하는 전압 분할기이다. 이 베이스 전압이 이미터 접합을 순바이어스하여 이미터 전류를 흐르게 한다. 만일 어떤 이유로 이미터 전류가 증가한다면 이미터 저항기 R_E로 인해 이미터 전압 V_E도 증가한다. 베이스 전압이 거의 일정하므로 이미터 접합 전압 V_{BE}는 감소한다. 이로 인해 컬렉터 전류는 감소하고 결국 이미터 전류도 감소할 것이다. 이와 같이 처음 일어난 변화와 상반되는 변화를 야기하여 그 변화를 방지하는 현상이 **부귀환** 작용이다. 이런 부귀환 작용은 바이어스의 안정성을 향상시킨다. 그러나 저항기 R_E가 신호에도 부귀환 작용을 하므로 신호의 전압 이득은 감소될 것이다. 그리고 컬렉터 저항기 R_C는 부하 저항이며 커패시터 C_B와 C_C는 직류를 차단하고 신호를 결합하는 **차단** 또는 **결합 커패시터** (coupling capacitor)이다.

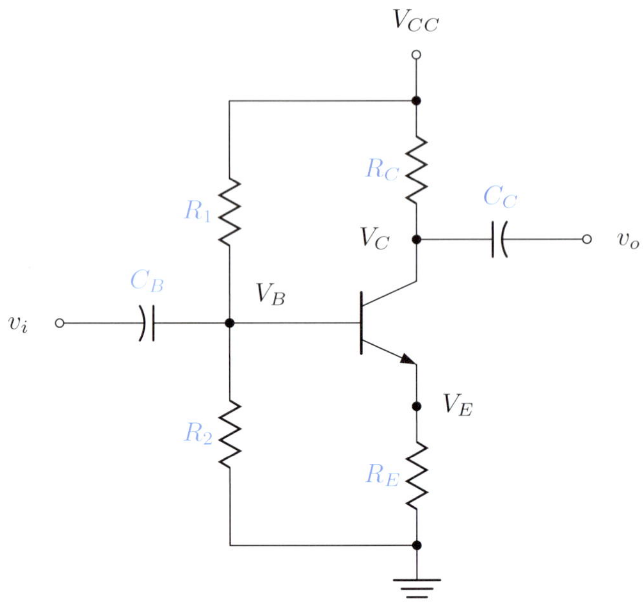

그림 **10.5** 전압 분할기 바이어스 회로.

그림 10.6은 전압 분할기 바이어스 회로를 직류 해석하기 위한 등가 회로이며 전압 분할기의 테브냉 등가 저항 R_B와 전압 V_{BB}는

$$R_B = \frac{R_1 R_2}{R_1 + R_2} \tag{10.20}$$

$$V_{BB} = \frac{R_2}{R_1 + R_2} V_{CC} \tag{10.21}$$

로 주어진다. 베이스 회로에 키르히호프의 전압 방정식을 세우면

$$V_{BB} = I_B R_B + V_{BE} + I_E R_E \tag{10.22}$$

가 되고, 여기에 활성 영역에서의 트랜지스터 전류 관계식

$$I_B = \frac{I_E}{\beta + 1} \tag{10.23}$$

를 대입하면 이미터 전류는

$$\boxed{I_E = \frac{V_{BB} - V_{BE}}{R_E + R_B/(\beta + 1)}} \tag{10.24}$$

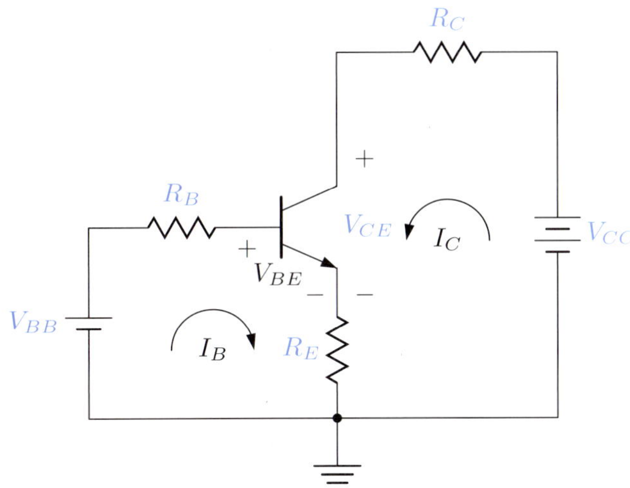

그림 **10.6** 전압 분할기 바이어스 회로의 직류 등가 회로.

로 표현된다. 이미터 직류 전류 I_E를 V_{BE}와 β의 변화에 둔감하도록 만들어 바이어스 안정성을 향상하기 위해서는 바이어스 안정 조건들

$$V_{BB} \gg V_{BE} \tag{10.25}$$

$$\boxed{R_E \gg \frac{R_B}{\beta+1} \simeq \frac{R_B}{\beta}} \tag{10.26}$$

를 만족하도록 설계해야 한다. 이러한 조건들은 다음과 같은 대략적인 설계 규칙들 (design rules)로 변환될 수 있다.

$$V_{BB} \gg V_{BE} \quad \rightarrow \quad V_{BB} = V_{CE} = I_C R_C \simeq \frac{V_{CC}}{3} \tag{10.27}$$

$$\beta R_E \gg R_B \quad \rightarrow \quad R_E \geq 0.1 R_B \tag{10.28}$$

이미터에 대한 컬렉터 전압은 컬렉터 회로의 전압 방정식

$$V_{CC} = I_C R_C + V_{CE} + I_E R_E \tag{10.29}$$

로부터 구할 수 있다. 그리고 $\alpha \simeq 1$인 경우 직류 부하선은 다음과 같다.

$$\boxed{I_C = -\frac{V_{CE}}{R_C + R_E} + \frac{V_{CC}}{R_C + R_E}} \tag{10.30}$$

직류 전압 전달 특성

바이어스의 간단한 설정과 출력 전압의 파형 왜곡을 이해하기 위해 증폭기의 **직류 전압 전달 특성** (voltage transfer characteristic)은 유용하게 사용된다. 이 특성은 입력 전압에 대한 출력 전압의 관계를 나타낸다. 전압 분할기 바이어스 회로에서 입력 전압인 베이스 전압 v_B가 증가하면 트랜지스터는 차단, 활성, 그리고 포화 영역에서 동작한다. 차단 영역에서 모든 전류는 0이고 활성 영역과 포화 영역에서 이미터 전류는

$$\boxed{i_E = \frac{v_B - v_{BE}}{R_E}} \tag{10.31}$$

로 표현된다. 활성 영역에서 컬렉터 전류는 $i_C = \alpha i_E$이므로 컬렉터 전압 $v_C = V_{CC} - i_C R_C$는 v_B에 따라 감소한다. 포화 영역에서도 i_E가 v_B에 따라 계속 증가하므로 이미터 전압 $v_E = i_E R_E$도 계속 증가한다. 작아지는 컬렉터 이미터 전압은 결국 $v_{CE} = V_{CE\text{sat}}$로 포화된다. 그다음 컬렉터 전압 $v_C = v_E + V_{CE\text{sat}}$는 증가한다. 그림 10.7은 이러한 전압들의 변화를 나타낸다. 동작점 Q를 설정하는 구간인 선분 AB를 벗어난 구간으로 컬렉터 전압 v_C가 스윙 (swing)하면 파형 왜곡이 수반된다.

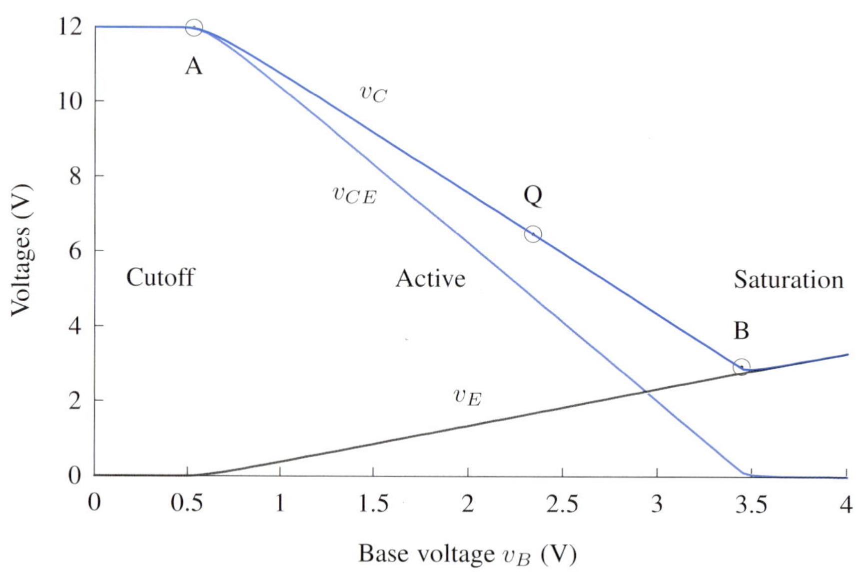

그림 **10.7** 전압 분할기 바이어스를 사용한 증폭기의 직류 전압 전달 특성.

10.3 예비 문제

1. 컬렉터 귀환 바이어스 회로의 트랜지스터는 항상 활성 영역으로 바이어스된다는 사실을 보여라.
2. 전압 분할기 바이어스 회로에서 전압 분할기의 테브냉 등가 저항 R_B와 등가 전압 V_{BB}의 표현식을 유도하라.
3. 전압 분할기 바이어스 회로에서 트랜지스터의 동작점을 활성 영역에서 포화 영역으로 이동시키는 부품들을 지적하라. 그리고 그 부품들의 크기가 증가할 경우인지 감소할 경우인지를 명시하라.
4. 전압 분할기 바이어스 회로의 설계 규칙들을 설명하라.

10.4 실험 부품 및 장비

부품 및 장비	규격 및 기능	수량
트랜지스터	2N2222 또는 2N3904	1
전해 커패시터	10 μF 50 V	2
가변 저항기	1 kΩ 1/4 W	1
저항기	1 kΩ 1/4 W	1
저항기	3.3 kΩ 1/4 W	1
저항기	10 kΩ 1/4 W	1
저항기	12 kΩ 1/4 W	1
저항기	47 kΩ 1/4 W	1
저항기	100 kΩ 1/4 W	1
회로 시뮬레이터	PSpice, LTspice, 또는 Spice3	1

10.5 실험 내용

1. 전원 공급기의 출력 전압을 +12 V로 조정하고 BJT가 정상인가를 검사하라. 그리고 저항기들의 크기를 측정하여 표 10.1에 기록하라.

표 **10.1** 전압 분할기 바이어스의 실험 회로에 사용하는 저항기들

단위 kΩ	R_1	R_2	R_C	R_E	R_3	R_4
저항값	47	12	3.3	1	10	100
측정값						

2. 전원 공급기를 끄고 그림 10.8의 회로를 구성하라. 전해 커패시터는 극성을 확인하여 연결하라. 전해 커패시터의 긴 단자가 +단자이다.

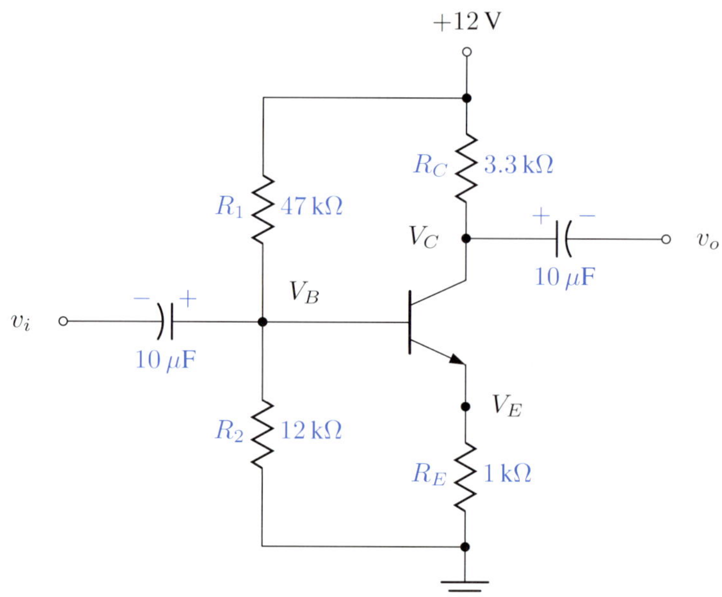

그림 **10.8** 트랜지스터 2N2222를 사용한 전압 분할기 바이어스의 실험 회로.

3. 전원을 공급하기 전에 모든 회로 연결을 확인하라. 직류 전원을 공급하고 트랜지스터가 활성 영역에 있는가를 표 10.2를 사용하여 판

별하라. 차단 영역이나 포화 영역에 있으면 회로 소자의 접속 상태를 점검하여 트랜지스터가 활성 영역에 있도록 해야 한다.

표 **10.2** 바이폴라 접합 트랜지스터의 활성 영역 판별

전압 측정값	차단 영역	활성 영역	포화 영역	동작 영역
V_{CE}	$> V_{CC} - 0.2\,\text{V}$	$> V_{CE} > 0.3\,\text{V}$	$< 0.3\,\text{V}$	
V_{BE}	$< 0.4\,\text{V}$	$< V_{BE} < 0.7\,\text{V}$	$> 0.7\,\text{V}$	
예상 전압: $V_C = 6.5\,\text{V}$, $V_B = 2.3\,\text{V}$, $V_E = 1.7\,\text{V}$				

4. 바이어스 전압과 전류들을 측정하여 표 10.3에 기록하라. 트랜지스터를 다른 트랜지스터로 교환하고 바이어스 전압과 전류들을 다시 측정하여 분산값에 기록하라. 회로 법칙으로 전류를 계산하여 표를 완성하라. 이 소자 교환에 대한 바이어스 안정성을 검토하라. 그리고 측정한 동작점을 2N2222의 출력 특성인 그림 10.9에 표시하라.

표 **10.3** 트랜지스터 교환으로 인한 β의 변화에 대한 바이어스 전압과 전류의 변화

동작점	V_C	V_B	V_E	V_{CE}	V_{BE}	I_C	I_B	β
측정값								
분산값								
편차 %								

5. 주파수가 10 kHz이고 진폭이 1 V인 정현파를 v_i로 인가하고 출력 신호 v_o를 오실로스코프로 관찰하라. 출력 전압 v_o의 양과 음의 진폭을 측정하여 표 10.4에 기록하라. 그리고 왜곡이 거의 없는, 즉 입력과 출력 파형이 거의 닮은 파형이 되는 출력 전압 v_o의 최대 진폭과 그때의 입력 전압 v_i의 진폭을 측정하여 표 10.4에 기록하라.

6. R_2와 병렬로 10 kΩ을 연결하여 동작점을 **차단 영역** 근방으로 이동하라. 실험을 통하여 표 10.5를 완성하라. 측정한 동작점을 2N2222의

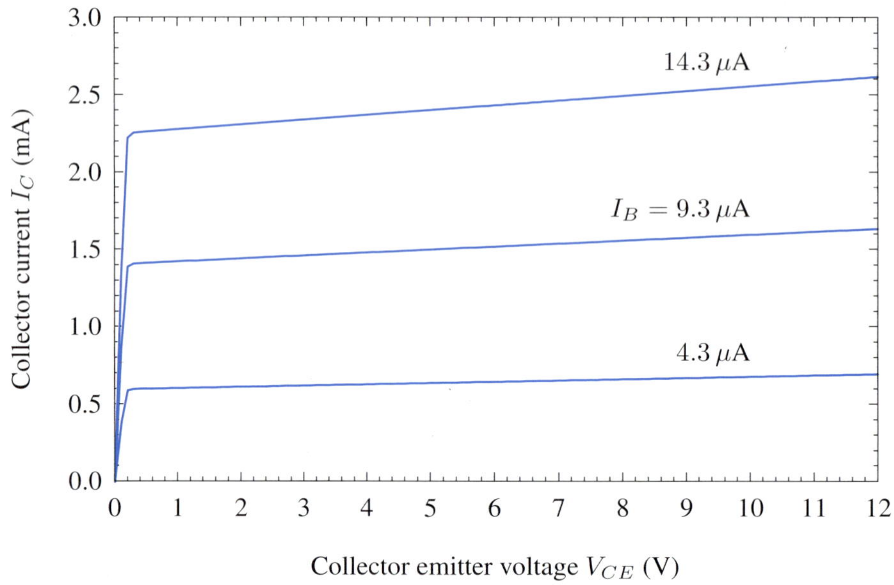

그림 **10.9** 바이폴라 접합 트랜지스터 2N2222의 직류 출력 특성.

표 **10.4** 신호 진폭에 대한 출력 신호의 진폭과 왜곡이 없는 최대 신호 진폭

진폭이 주어진 경우	출력 전압 v_o	입력 전압 v_i
예상값	V_o^+: 3.2 V V_o^-: 3.2 V	1.0 V
측정값	V_o^+: V_o^-:	1.0 V
왜곡이 없는 경우	출력 전압 v_o	입력 전압 v_i
예상값	3.5 V	1.12 V
측정값		

출력 특성인 그림 10.9에 직류 출력 부하선과 함께 표시하여 트랜지스터가 차단 영역 근방에서 동작하는지 확인하라. 입력 신호 v_i의 진폭을 1 V로 설정할 때 출력 신호 v_o의 파형을 그림 10.10에 그려라. 그리고 이 동작점 이동의 영향으로 출력 파형에 나타나는 비선형 왜곡의 위치와 특징을 검토하라.

표 **10.5** 차단 영역에 가까운 바이어스와 신호 증폭

동작점	V_C	V_B	V_E	V_{CE}	V_{BE}	I_C	I_B	β
측정값								
바이어스 전압과 전류								

출력 전압 v_o	입력 전압 v_i	출력 전압 v_o	입력 전압 v_i
V_o^+: V_o^-:	1.0 V		
입력 진폭이 주어진 경우		왜곡이 없는 최대 진폭	

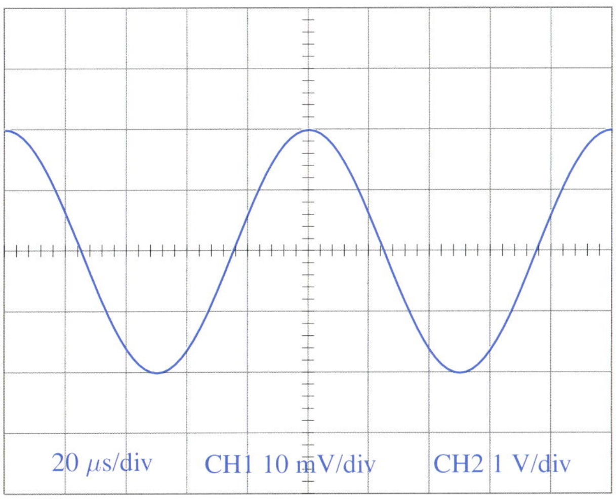

그림 **10.10** 차단 영역 가까이 동작하는 바이어스 회로의 출력 파형.

7. R_2를 12 kΩ으로 복원하고 R_1과 병렬로 100 kΩ을 연결하여 동작점을 **포화 영역** 근방으로 이동하라. 실험으로 표 10.6을 완성하고 측정한 동작점을 그림 10.9에 표시하여 트랜지스터가 포화 영역 근방에서 동작하는지 확인하라. 입력 신호 v_i의 진폭을 1 V로 설정할 때 출력 신호 v_o의 파형을 그림 10.11에 그려라. 그리고 동작점 이동으로 출력 파형에 나타나는 비선형 왜곡의 위치와 특징을 검토하라.

표 **10.6** 포화 영역에 가까운 바이어스와 신호 증폭

동작점	V_C	V_B	V_E	V_{CE}	V_{BE}	I_C	I_B	β
측정값								
바이어스 전압과 전류								

출력 전압 v_o	입력 전압 v_i	출력 전압 v_o	입력 전압 v_i
V_o^+: V_o^-:	1.0 V		
입력 진폭이 주어진 경우		왜곡이 없는 최대 진폭	

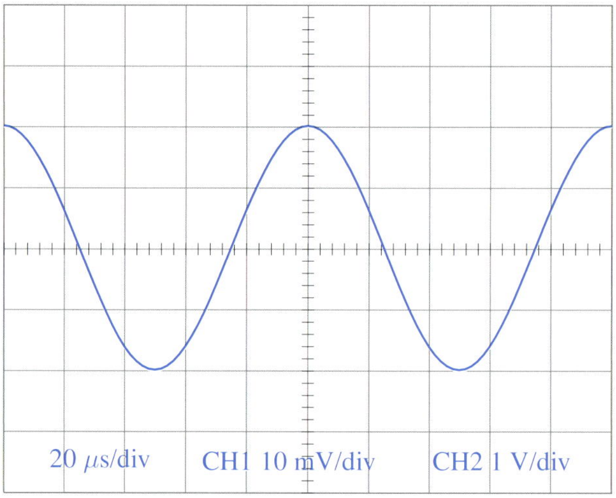

그림 **10.11** 포화 영역 가까이 동작하는 바이어스 회로의 출력 파형.

10.6 연습 문제

1. 측정한 β와 V_{BE}를 사용하여 그림 10.8의 전압 분할기 바이어스 회로에 대한 동작점을 해석하라. 이 해석 결과로 표 10.7을 완성하라.

2. 그림 10.8의 전압 분할기 바이어스 회로를 Spice로 시뮬레이션하여 표 10.8을 완성하고 실험 데이터에 대한 상대 오차를 분석하라. 이 바이어스 회로의 분석을 위한 회로 파일은 부록 10.1을 참고하라.

표 **10.7** 전압 분할기 바이어스 회로의 해석

동작점	V_C	V_B	V_E	V_{CE}	V_{BE}	I_C	I_B	β
측정값								
해석값								
오차%								

표 **10.8** 전압 분할기 바이어스 회로에 대한 동작점과 신호 증폭의 Spice 해석

<table>
<tr><td>동작점</td><td>V_C</td><td>V_B</td><td>V_E</td><td>V_{CE}</td><td>V_{BE}</td><td>I_C</td><td>I_B</td><td>β</td></tr>
<tr><td>측정값</td><td></td><td></td><td></td><td></td><td></td><td></td><td></td><td></td></tr>
<tr><td>해석값</td><td></td><td></td><td></td><td></td><td></td><td></td><td></td><td></td></tr>
<tr><td>오차%</td><td></td><td></td><td></td><td></td><td></td><td></td><td></td><td></td></tr>
<tr><td colspan="9">바이어스 전압과 전류</td></tr>
<tr><td colspan="3">출력 전압 v_o</td><td colspan="2">입력 전압 v_i</td><td colspan="2">출력 전압 v_o</td><td colspan="2">입력 전압 v_i</td></tr>
<tr><td colspan="3">V_o^+: V_o^-:</td><td colspan="2">1.0 V</td><td colspan="2"></td><td colspan="2"></td></tr>
<tr><td colspan="5">입력 진폭이 주어진 경우</td><td colspan="4">왜곡이 없는 최대 진폭</td></tr>
</table>

참고 문헌

1. R. T. Paynter, *Introductory Electronic Devices and Circuits*, 2003.

2. A. S. Sedra and K. C. Smith, *Microelectronic Circuits*, 2021.

3. T. L. Floyd, *Electronic Devices*, Prentice Hall, 1996.

4. M. H. Rashid, *SPICE for Circuits and Electronics Using PSpice*, 1990.

부록 10.1 BJT의 바이어스 회로 해석을 위한 회로 파일

```
Bias circuit for transistor 2N2222
.op
*.probe
*.tran 5u 200u
*.ac dec 100 1 100k
vi     1    0    dc   0v   ac   1v
+      sin (0 1v 10k 0 0)
CB     2    1    10uF
R1     4    2    47k
R2     2    0    12k
RC     4    3    3.3k
RE     5    0    1.0k
CC     3    6    10uF
RL     6    0    1Meg
VCC    4    0    dc   12v
Q1     3    2    5    0    2N2222
.model 2N2222 NPN (Is=14.34f Xti=3 Eg=1.11 Vaf=74.03
+ Bf=255.9 Ne=1.307 Ise=14.34f Ikf=.2847 Xtb=1.5 Br=6.092
+ Nc=2 Isc=0 Ikr=0 Rc=1 Cjc=7.306p Mjc=.3416 Vjc=.75 Fc=.5
+ Cje=22.01p Mje=.377 Vje=.75 Tr=46.91n Tf=411.1p Itf=.6
+ Vtf=1.7 Xtf=3 Rb=10)
.end
```

寂

실험 11

전계효과 트랜지스터 증폭기

11.1 실험 목적

전계효과 트랜지스터의 소신호 동작과 등가 회로를 이해하고 대표적인 MOSFET 증폭기들을 해석한다. 공통 소스 증폭기와 공통 드레인 증폭기를 구성하여 증폭 현상을 관측하고 증폭기의 특성을 측정한다.

11.2 실험 해설

11.2.1 소신호 동작과 모델

활성 영역에서 동작하도록 바이어스된 MOS 전계효과 트랜지스터는 신호를 증폭할 수 있다. 보통 직류 동작점은 바이어스 회로를 사용하여 설정되지만 여기서는 소신호 동작에 집중하기 위해 그림 11.1과 같이 직류 게이트 전압 V_{GS}를 사용하여 동작점을 원리적으로 간단히 설정한다. 입력 신호는 게이트에 인가되고 출력 신호는 드레인에서 얻어지며 소

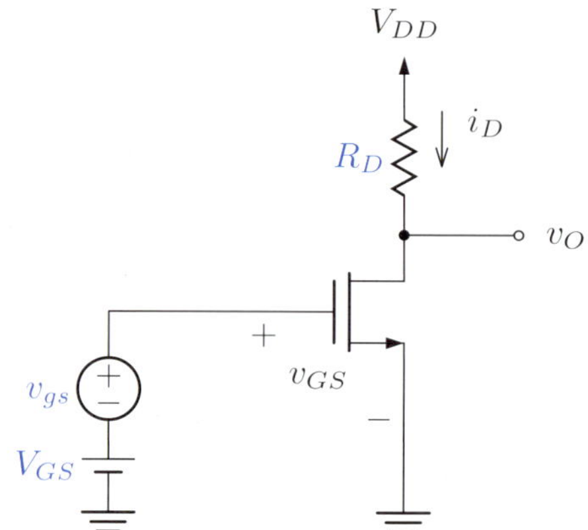

그림 11.1 MOS 트랜지스터의 소신호 동작을 설명하기 위한 개념적인 회로.

스 단자는 입력과 출력에 공통으로 사용된다. 이 증폭기 구성을 공통 소스 증폭기 (common-source amplifier)라고 한다. 이 경우에 입력 전압 신호 v_{gs}는 직류 바이어스 전압 V_{GS}에 중첩되어 인가되고 증폭된 신호 전압은 드레인에 출력으로 나타난다. 따라서 게이트 소스 순시 전압은

$$\boxed{v_{GS} = V_{GS} + v_{gs}} \qquad (11.1)$$

로 표현된다. 이 순시 전압으로 인한 드레인 순시 전류는

$$i_D = \frac{k_n'}{2}\frac{W}{L}(v_{GS} - V_t)^2 \qquad (11.2)$$

$$= \frac{k_n'}{2}\frac{W}{L}(V_{GS} - V_t)^2 + k_n'\frac{W}{L}(V_{GS} - V_t)v_{gs} + \frac{k_n'}{2}\frac{W}{L}v_{gs}^2 \qquad (11.3)$$

$$\equiv I_D + i_d + \frac{k_n'}{2}\frac{W}{L}v_{gs}^2 \qquad (11.4)$$

으로 표현된다. 이것은 드레인 순시 전류 i_D가 직류 전류 I_D, 선형 신호 전류 i_d, 그리고 신호의 제곱에 비례하는 이차 신호 전류로 구성되는 것을 나타낸다. 마지막 항은 출력 신호에 비선형 왜곡 (nonlinear distortion)을 수반한다. 이 왜곡을 줄여서 신호를 충실하게 증폭하기 위하여 신호 진폭은 다음과 같은 소신호 조건을 만족하도록 충분히 작아야 한다.

$$\boxed{v_{gs} \ll 2(V_{GS} - V_t) = 2V_{OV}} \tag{11.5}$$

소신호 조건이 만족되면 식 (11.4)의 마지막 항은 두 번째 항보다 충분히 작아 무시될 수 있으므로 드레인 순시 전류는 다음과 같이 근사된다.

$$\boxed{i_D \simeq I_D + i_d} \tag{11.6}$$

동작점 Q에서 드레인 신호 전류 i_d와 게이트 신호 전압 v_{gs}의 관계를 나타내는 MOS 트랜지스터의 **트랜스컨덕턴스** (transconductance) g_m은

$$\boxed{g_m \equiv \left.\frac{\partial i_D}{\partial v_{GS}}\right|_{v_{GS}=V_{GS}} = \frac{i_d}{v_{gs}} = k_n' \frac{W}{L}(V_{GS} - V_t)} \tag{11.7}$$

로 표현되며, 동작점에서 i_D–v_{GS} 전달 특성의 기울기를 의미한다. 이 트랜스컨덕턴스를 통하여 게이트와 소스 사이의 신호 전압 v_{gs}는 드레인 신호 전류 $i_d = g_m v_{gs}$로 변환된다. 따라서 신호적인 관점에서 MOS 트랜지스터는 전압 제어 전류 전원 (voltage-controlled current source)를 사용하여 그림 11.2와 같은 **소신호 모델** (small-signal model) 또는 등가 회로로 표현될 수 있다. 여기서 드레인 전류가 드레인 전압에 의존하는 특

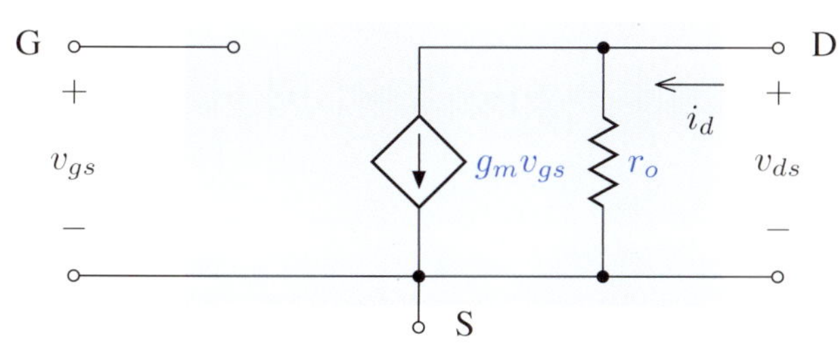

그림 **11.2** MOS 전계효과 트랜지스터의 소신호 등가 회로 모델.

성을 나타내는 출력 저항 (output resistance) $r_o = V_A/I_D$가 부가되었다. 출력 컨덕턴스 $g_o = 1/r_o$를 사용하면 드레인 전류는 다음과 같다.

$$i_d = g_m v_{gs} + g_o v_{ds} \tag{11.8}$$

이 소신호 모델을 **하이브리드 파이 모델** (hybrid-π model)이라고 하며 그림 11.3과 같은 T 모델 (T model)로 변환할 수 있다. 게이트 신호 전류가 $i_g = 0$이므로 게이트에서 들여다본 게이트와 소스 사이의 등가 저항은 무한대이지만 소스에서 들여다본 소스와 게이트 사이의 등가 저항은 $1/g_m$ 정도가 된다. T 모델의 이러한 특징은 여러 가지 회로에서 유용하게 사용된다. 소신호 모델 파라미터 g_m과 r_o는 MOS 전계효과 트랜지스터의 직류 동작점에 의존하고 이 소신호 파라미터들은 증폭기 특성을 결정한다. 따라서 동작점은 증폭기 특성에 직접적으로 영향을 미친다.

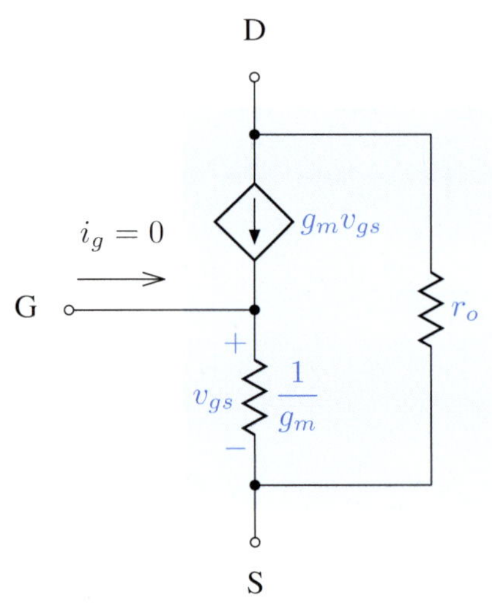

그림 **11.3** MOS 전계효과 트랜지스터의 T 등가 회로 모델.

11.2.2 공통 소스 증폭기

소스 접지 증폭기 (grounded-source amplifier) 또는 공통 소스 (CS) 증폭기는 MOS 전계효과 트랜지스터의 증폭기 회로 중에서 가장 널리 사용되는 증폭기 구성이다. 이 증폭기는 그림 11.4와 같은 회로로 실현될 수 있다. 여기서 게이트는 입력 단자로 사용되고 드레인은 출력 단자로 사용되며 소스는 입력과 출력 포트에 공통 단자로 사용된다. 전압 전원 v_s와 내부 저항 R_s는 신호원의 등가 회로를 나타내며, 신호 전압은 커패시터 C_G를 통해 게이트로 결합된다. 이 커패시터는 신호를 결합하고 직류를 차단하는 기능을 한다. 직류가 차단되면 신호원의 접속으로 트랜지스터의 직류 동작점이 변경되지 않으므로 신호원과 무관하게 동작점을 설계할 수 있다. 그래서 이 커패시터를 **결합 커패시터** (coupling capacitor) 또는 차단 커패시터 (blocking capacitor)라고 한다. 보통 μF 정도의 큰 용량을 갖는 전해 커패시터를 사용하여 신호가 잘 결합되도록 한다. 그러나 임피던스 크기가 $1/\omega C$로 주파수에 반비례하는 결합 커패시터들은 저주파 신호를 감쇠시키는 요인이 된다. 드레인에서 얻어진 출력 신호는 결합 커패시터 C_D를 통해 부하 저항 R_L로 전달된다. 전압 분할기 R_1과 R_2는 게이트 직류 전압을 설정하고 소스 저항 R_S는 부귀환 작용을 통해 바이어스 안정성 (bias stability)를 향상한다. 그러나 소스 저항이 신호에 대해서도 부귀환 작용을 하므로 전압 이득의 안정성은 향상되지만 전압 이득의 크기는 감소된다. 소스 단자가 신호적으로 접지되면 전압 이득의 감소가 방지되므로 **우회 커패시터** (bypass capacitor) C_S를 사용하여 소스의 신호 접지 (signal ground)를 실현할 수 있다.

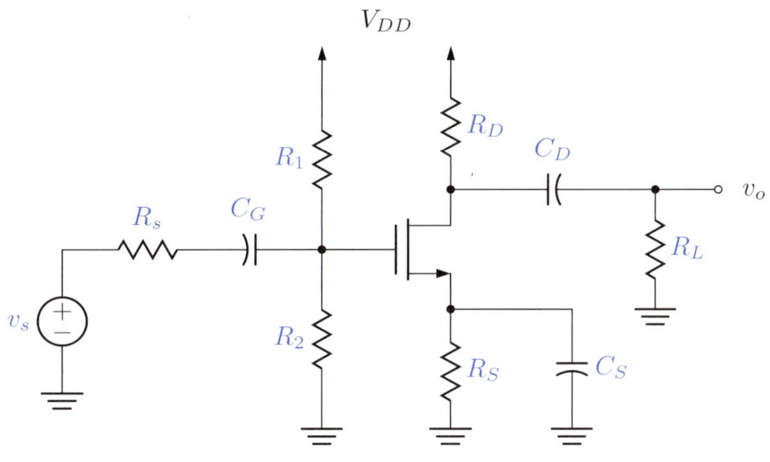

그림 **11.4** 공통 소스 증폭기.

공통 소스 증폭기의 특성을 구하기 위하여 MOS 트랜지스터를 소신호 모델로 대치하여 신호 해석을 수행할 것이다. 그림 11.5의 회로는 소스 저항 R_S의 영향을 고려하기 위하여 우회 커패시터 C_S를 개방하고 결합 커패시터들을 단락으로 근사한 등가 회로이다. 여기서 전압 분할기의 등가 저항은 $R_G = R_1 \parallel R_2$이며 출력 저항 r_o도 고려되었다.

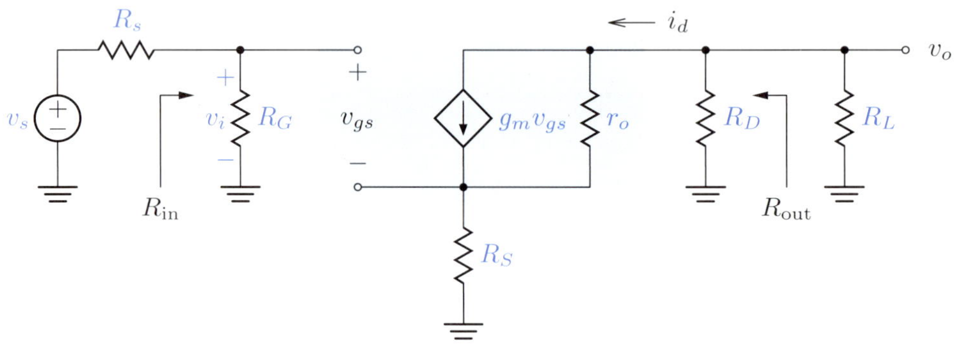

그림 **11.5** 소신호 해석을 위한 공통 소스 증폭기의 등가 회로.

보통 $R_G \gg R_s$이므로 입력 저항과 입력 전압은 각각

$$R_{\text{in}} = R_G, \quad v_i = v_s \frac{R_G}{R_s + R_G} \simeq v_s \tag{11.9}$$

로 주어진다. 게이트 소스 전압과 출력 전압은 각각 다음과 같다.

$$v_{gs} = v_i - R_S i_d, \quad v_o = -(R_D \parallel R_L) i_d \tag{11.10}$$

드레인 루프의 전압 방정식은

$$R_S i_d + r_o(i_d - g_m v_{gs}) + (R_D \parallel R_L) i_d = 0 \tag{11.11}$$

으로 기술된다. 여기에 게이트 소스 전압을 대입하면 드레인 전류는

$$\boxed{i_d = \frac{g_m r_o v_i}{(1 + g_m r_o) R_S + r_o + (R_D \parallel R_L)}} \tag{11.12}$$

로 정리된다. 따라서 전압 이득 (voltage gain) A_v는

$$A_v \equiv \frac{v_o}{v_i} = -\frac{g_m r_o (R_D \parallel R_L)}{(1 + g_m r_o) R_S + r_o + (R_D \parallel R_L)} \tag{11.13}$$

로 표현된다. 보통 $g_m r_o \gg 1$이고 $r_o \gg (R_D \parallel R_L)$이므로 전압 이득은

$$A_v \simeq -\frac{g_m(R_D \parallel R_L)}{1+g_m R_S} \tag{11.14}$$

로 근사되며, 부하 저항이 개방되면 개방 회로 전압 이득 A_{vo}가 된다. 소스 저항 R_S로 인해 전압 이득의 크기는 인자 $(1+g_m R_S)$만큼 감소되지만 전압 이득의 변화도 줄어들게 되므로 이 저항을 소스 감생 저항이라고 한다. 이 저항의 크기를 $g_m R_S \gg 1$로 설계하면 전압 이득은

$$A_v \simeq -\frac{R_D \parallel R_L}{R_S} \tag{11.15}$$

로 근사되며 트랜지스터 특성인 g_m에 무관하므로 증폭기는 이득 안정성 (gain stability)를 가지게 될 것이다. 반면에 C_S를 접속하면 소스가 신호 접지되어 R_S가 신호에 영향을 주지 않으므로 전압 이득의 크기는 다음과 같이 증가하지만 g_m에 의존하여 전압 이득의 안정성은 저하된다.

$$A_v = -g_m(r_o \parallel R_D \parallel R_L) \simeq -g_m(R_D \parallel R_L) \tag{11.16}$$

그리고 주어진 입력 전압 v_i에 대해 게이트 소스 신호 전압은

$$v_{gs} = \frac{v_i\,[R_S + r_o + (R_D \parallel R_L)]}{(1+g_m r_o)R_S + r_o + (R_D \parallel R_L)} \simeq \frac{v_i}{1+g_m R_S} \tag{11.17}$$

로 감소되어 소신호 조건을 더욱 잘 만족한다. 그래서 저항 R_S는 비선형 왜곡을 줄이는 작용도 하게 된다. $R_G \gg R_s$이면 전체 전압 이득은

$$G_v \equiv \frac{v_o}{v_s} = \frac{v_i}{v_s}\frac{v_o}{v_i} = \frac{R_G}{R_s + R_G} A_v \simeq A_v \tag{11.18}$$

로 기술된다. 증폭기의 출력 저항은 내부 신호원 v_s를 영으로 하고, 저항 R_D와 R_L 대신에 테스트 전원 v_t를 인가하여 다음과 같이 구할 수 있다.

$$R_t \equiv \left.\frac{v_t}{i_d}\right|_{v_s=0} = (1+g_m r_o)R_S + r_o, \quad R_{\text{out}} = R_t \parallel R_D \simeq R_D \tag{11.19}$$

이제부터 공통 소스 증폭기의 실험 회로에 대해서 정확한 특성과 근사적인 특성을 구하여 비교해 보고자 한다. 신호원의 내부 저항은 $R_s = 50\,\Omega$이고, 전압 분할기의 저항들은 $R_1 = 5.1\,\text{M}\Omega$과 $R_2 = 1.5\,\text{M}\Omega$이

다. 그리고 소스 감생 저항은 $R_S = 390\,\Omega$이고, 드레인 저항은 $R_D = 2.2\,\mathrm{k}\Omega$이며, 부하 저항은 $R_L = 10\,\mathrm{k}\Omega$이다. 또한 직류 전원 전압은 $V_{DD} = 10\,\mathrm{V}$이고, MOS 전계효과 트랜지스터의 직류 특성은 $V_t = 1.33\,\mathrm{V}$, $k_n \equiv k_n' W/L = 144\,\mathrm{mA/V^2}$, 그리고 $V_A = 104\,\mathrm{V}$이다. 이 증폭기에 대해 직류 동작점을 해석하면 드레인 전류는 $I_D = 2\,\mathrm{mA}$이고 게이트 소스 전압은 $V_{GS} = 1.49\,\mathrm{V}$이다. 이 직류 바이어스 점에서 소신호 모델 파라미터인 트랜스컨덕턴스와 출력 저항을 구하면 다음과 같다.

$$g_m = k_n' \frac{W}{L}(V_{GS} - V_t) = 144 \times (1.49 - 1.33) = 23\,\mathrm{mS} \tag{11.20}$$

$$r_o = \frac{V_A}{I_D} = \frac{104}{2} = 52\,\mathrm{k}\Omega \tag{11.21}$$

증폭기의 입력 저항과 출력 저항은 각각

$$R_{\mathrm{in}} = R_G = R_1 \parallel R_2 = 1.16\,\mathrm{M}\Omega \tag{11.22}$$

$$R_t = (1 + g_m r_o)R_S + r_o = 519\,\mathrm{k}\Omega \tag{11.23}$$

$$R_{\mathrm{out}} = R_t \parallel R_D = 519 \parallel 2.2 = 2.19\,\mathrm{k}\Omega \tag{11.24}$$

으로 계산되고, 전압 이득과 전체 전압 이득도 각각

$$A_v = -\frac{g_m r_o (R_D \parallel R_L)}{(1 + g_m r_o)R_S + r_o + (R_D \parallel R_L)} = -4.135\,\mathrm{V/V} \tag{11.25}$$

$$G_v = \frac{R_G A_v}{R_s + R_G} = \frac{1.16 \times (-4.135)}{50 \times 10^{-6} + 1.16} = -4.135\,\mathrm{V/V} \tag{11.26}$$

로 계산된다. 표 11.1은 공통 소스 증폭기의 특성에 대한 해석 결과를 나타낸다. 출력 저항 r_o를 무시한 경우는 고려한 경우와 특성이 거의 같고, 신호 해석에서 $R_S = 0$에 해당되는 $C_S = \infty$인 경우는 전압 이득이 크게 증가하며 v_{gs}/v_i의 증가로 왜곡도 증가할 것이다. 일반적으로 공통 소스 증폭기는 큰 전압 이득을 얻기 위해 주로 사용되며, 필요하다면 여러 증폭단을 접속하여 매우 큰 전압 이득을 얻을 수도 있다. 그리고 소스 저항 R_S의 일부는 신호에 대해 부귀환 작용을 하게 하고 나머지는 신호를 우회시켜 이득의 크기와 안정성을 절충하는 설계도 가능하다.

표 **11.1** 공통 소스 증폭기의 특성

증폭기 특성	R_{in}	R_{out}	A_v	v_{gs}/v_i
$r_o \neq \infty$	1.16 MΩ	2.19 kΩ	−4.135	0.1
$r_o = \infty$	1.16 MΩ	2.20 kΩ	−4.153	0.1
$C_S = \infty$	1.16 MΩ	2.11 kΩ	−40.02	1.0

11.2.3 공통 드레인 증폭기

드레인 접지 증폭기 (grounded-drain amplifier) 또는 공통 드레인 (CD) 증폭기는 소스 폴로어 (source follower)로 알려진 증폭기 구성이다. 이 증폭기는 공통 소스 증폭기에서 드레인 저항을 단락하고 부하를 소스에 결합하여 그림 11.6과 같은 회로로 실현될 수 있다. 여기서 게이트는 입력 단자로 사용되고 소스는 출력 단자로 사용되며 드레인은 입력과 출력 포트에 공통 단자로 사용된다. 물론 소스 저항 R_S의 크기가 변경되면 바이어스 전압 분할기 R_1과 R_2의 크기를 다시 설계해야 할 것이다.

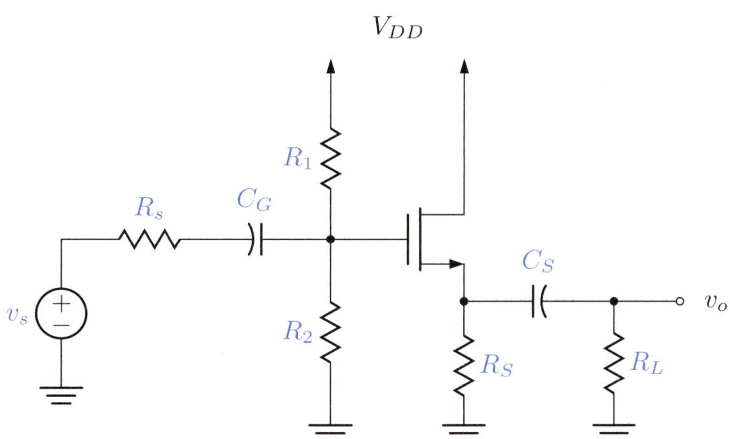

그림 **11.6** 공통 드레인 증폭기.

공통 드레인 증폭기를 해석하기 위한 소신호 등가 회로가 그림 11.7에 나타나 있다. 여기서 결합 커패시터들은 단락으로 근사되었고, MOS 전계효과 트랜지스터의 출력 저항 r_o는 고려되었다. 그리고 전압 분할기의 등가 저항은 $R_G = R_1 \parallel R_2$이며 이로 인해 입력 저항은 감소된다.

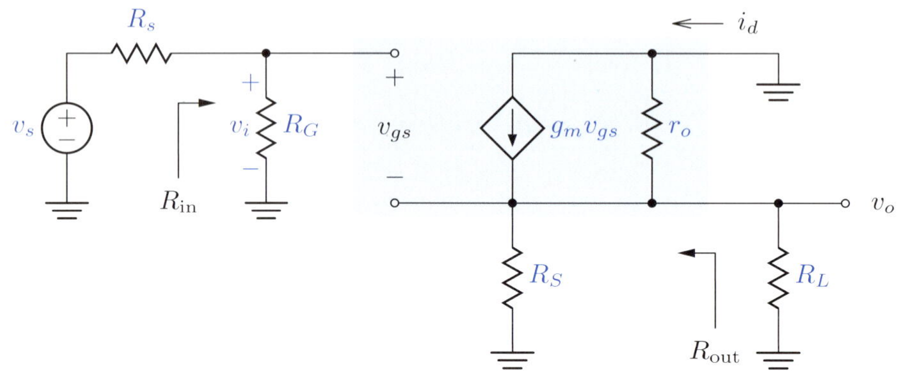

그림 **11.7** 소신호 해석을 위한 공통 드레인 증폭기의 등가 회로.

보통 $R_G \gg R_s$이므로 입력 저항과 입력 전압은 각각

$$R_{in} = R_G, \quad v_i = v_s \frac{R_G}{R_s + R_G} \simeq v_s \tag{11.27}$$

로 주어진다. 게이트 소스 전압과 출력 전압은 각각 다음과 같다.

$$v_{gs} = v_i - v_o, \quad v_o = (R_S \parallel R_L) i_d \tag{11.28}$$

드레인 루프의 전압 방정식은 다음과 같이 기술된다.

$$(R_S \parallel R_L) i_d + r_o(i_d - g_m v_{gs}) = 0 \tag{11.29}$$

여기에 게이트 소스 전압을 대입하여 정리하면 드레인 전류는

$$\boxed{i_d = \frac{g_m r_o v_i}{r_o + (1 + g_m r_o)(R_S \parallel R_L)}} \tag{11.30}$$

로 표현된다. 따라서 $g_m r_o \gg 1$이면 전압 이득은

$$A_v \equiv \frac{v_o}{v_i} = \frac{g_m r_o (R_S \parallel R_L)}{r_o + (1 + g_m r_o)(R_S \parallel R_L)} \simeq \frac{g_m (R_S \parallel R_L)}{1 + g_m (R_S \parallel R_L)} \tag{11.31}$$

로 근사될 수 있다. 저항 R_S와 부하 R_L의 크기를 $g_m(R_S \parallel R_L) \gg 1$로 설계하면 공통 드레인 증폭기의 전압 이득은

$$\boxed{A_v \simeq 1 - \frac{1}{1 + g_m(R_S \parallel R_L)} \simeq 1} \tag{11.32}$$

로 근사된다. 이는 소스 신호 전압이 게이트 신호 전압을 그대로 따라가는 것을 의미하므로 이 증폭기를 **소스 폴로어** (source follower)라고 한다. 전압 이득이 트랜지스터의 특성인 g_m에 무관하므로 전압 이득의 안정성을 가지게 된다. 그리고 입력 전압 v_i에 대해 게이트 소스 전압은

$$v_{gs} = \frac{v_i\left[r_o + (R_S \parallel R_L)\right]}{r_o + (1 + g_m r_o)(R_S \parallel R_L)} \simeq \frac{v_i}{1 + g_m(R_S \parallel R_L)} \tag{11.33}$$

로 감소되므로 비선형 왜곡도 감소된다. 전체 전압 이득은

$$G_v \equiv \frac{v_o}{v_s} = \frac{v_i}{v_s}\frac{v_o}{v_i} = \frac{R_G}{R_s + R_G}A_v \simeq A_v \tag{11.34}$$

로 표현된다. 증폭기의 출력 저항을 구하기 위해 내부 신호원 v_s를 영으로 하고 저항 R_L 대신에 테스트 전원 v_t를 인가하면 $v_{gs} = -v_t$가 되고 종속 전류원 $g_m v_{gs}$는 크기가 $1/g_m$인 저항으로 변환된다. 따라서 소스 폴로어의 출력 저항은 다음과 같이 구해진다.

$$\boxed{R_{\text{out}} = \frac{1}{g_m} \parallel r_o \parallel R_S \simeq \frac{1}{g_m} \parallel R_S} \tag{11.35}$$

끝으로 게이트 바이어스 회로가 그림 11.6과 같은 공통 드레인 증폭기에 대해서 r_o가 고려된 정확한 특성과 r_o가 무시된 근사적인 특성을 구하여 비교해 보고자 한다. 공통 소스 증폭기와 마찬가지로 신호원의 내부 저항은 $R_s = 50\,\Omega$이고, 전압 분할기의 저항들은 $R_1 = 5.1\,\text{M}\Omega$과 $R_2 = 1.5\,\text{M}\Omega$이다. 그리고 소스 감생 저항은 $R_S = 390\,\Omega$이고, 부하 저항은 $R_L = 10\,\text{k}\Omega$이다. 또한 MOS 전계효과 트랜지스터의 소신호 파라미터들은 $g_m = 23\,\text{mS}$이고 $r_o = 52\,\text{k}\Omega$이다.

증폭기의 입력 저항과 출력 저항은 각각

$$R_{\text{in}} = R_G = R_1 \parallel R_2 = 1.16\,\text{M}\Omega \tag{11.36}$$

$$R_{\text{out}} = \frac{1}{g_m} \parallel r_o \parallel R_S = 43.5 \parallel 52 \times 10^3 \parallel 390 = 39.11\,\Omega \tag{11.37}$$

으로 계산되고, 전압 이득과 전체 전압 이득도 각각

$$A_v = \frac{g_m r_o (R_S \parallel R_L)}{r_o + (1 + g_m r_o)(R_S \parallel R_L)} = 0.896\text{ V/V} \tag{11.38}$$

$$G_v = \frac{R_G A_v}{R_s + R_G} = \frac{1.16 \times 0.896}{50 \times 10^{-6} + 1.16} = 0.895\text{ V/V} \tag{11.39}$$

로 계산된다. 표 11.2는 공통 드레인 증폭기의 특성에 대한 해석 결과를 나타낸다. 출력 저항 r_o를 무시한 경우는 고려한 경우와 특성이 거의 같으며, 전압 이득은 1에 가깝고 입력 저항은 크고 출력 저항은 작아서 공통 드레인 증폭기는 전압 완충기 (voltage buffer)로 사용된다.

표 **11.2** 공통 드레인 증폭기의 특성

증폭기 특성	R_{in}	R_{out}	A_v	v_{gs}/v_i
$r_o \neq \infty$	1.16 MΩ	39.11 Ω	0.896	0.1
$r_o = \infty$	1.16 MΩ	39.12 Ω	0.896	0.1

11.2.4 증폭기의 주파수 응답

보통 **중간 대역** (midband)에서는 결합이나 우회 커패시터들을 단락 회로로 근사한다. 하지만 입력 신호의 주파수가 낮아지면 이 커패시터들의 임피던스 크기가 증가하므로 증폭기의 전압 이득은 감소한다. 또한 높은 주파수 영역에서도 증폭기의 전압 이득이 감소한다. 이는 MOSFET의 내부 용량성 효과에 기인한다. 중간 대역에서는 모든 커패시턴스의 영향을 무시할 수 있다. 그 결과 주파수에 따라 이득이 거의 일정하게 유지된다. 중간 대역의 경계는 전압 이득이 중간 대역의 크기 아래로 3 dB만큼 떨어지는 저주파 차단 주파수 f_L과 고주파 차단 주파수 f_H이다. 이 주파수들을 사용하여 **증폭기 대역폭** (amplifier bandwidth)는

$$\boxed{\text{BW} \equiv f_H - f_L} \tag{11.40}$$

로 정의된다. 대역폭이 크면 고속 동작을 할 수 있고 이득이 크면 정확한 동작을 할 수 있다. 따라서 증폭기에 대한 하나의 성능 지수는

$$\boxed{\text{GB} = |A_M|\,\text{BW}} \tag{11.41}$$

로 정의되는 **이득 대역폭 곱**이다. 여기서 $|A_M|$은 중간 대역에서 증폭기 이득의 크기이다. 보통 대역폭에 대해 이득 크기를 절충하여 증폭기를 설계한다. 이를 위한 한 가지 방법을 예로 들면 공통 소스 증폭기에서 소스 저항 R_S가 커지면 이득은 감소하지만 대역폭은 증가한다.

11.3 예비 문제

1. MOSFET 증폭기의 소신호 조건을 유도하고 $v_{gs} = 20\cos(\omega t)$ mV이고 $V_{OV} = 0.2$ V인 경우 출력에 수반되는 왜곡을 THD로 표현하라.
2. MOSFET의 하이브리드 π 모델을 종속 전압원으로 표현하라.
3. CS 증폭기에서 소스 저항 R_S와 커패시터 C_S의 기능을 설명하라.
4. CD 증폭기의 전압 이득과 출력 저항의 표현식을 유도하라.

11.4 실험 부품 및 장비

부품 및 장비	규격 및 기능	수량
MOS 트랜지스터	2N7000 n-channel MOSFET	1
커패시터	10 μF 50 V	3
저항	56 Ω, 430 Ω 1/4 W	1
저항	390 Ω, 2.2 kΩ 1/4 W	1
저항	1.5 MΩ, 5.1 MΩ 1/4 W	1
저항	1 MΩ, 2 MΩ 1/4 W	1
저항	1 kΩ, 10 kΩ 1/4 W	1

11.5 실험 내용

1. 함수 발생기의 출력을 주파수가 10 kHz이고 진폭이 100 mV인 정현파로 설정하라. 그리고 전원 공급기의 전압을 10 V로 조정하라.

2. 그림 11.8의 공통 소스 증폭기를 구성하라. 전해 축전기는 극성에 유의하여 회로에 접속하라. 커패시터 C_S는 아직 접속하지 않는다.

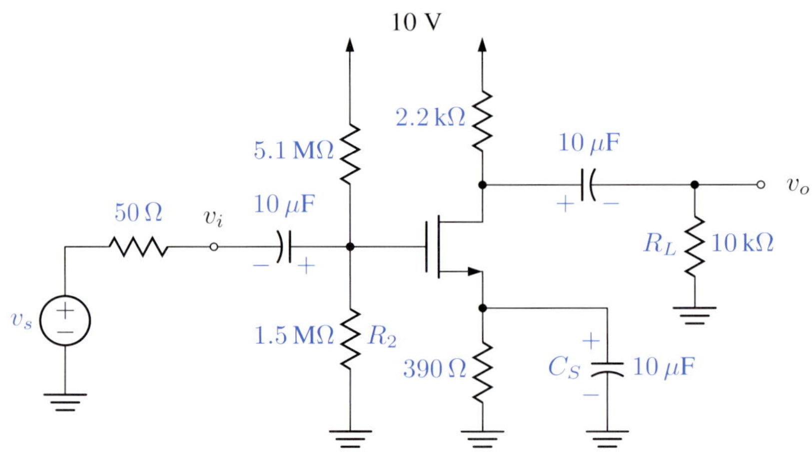

그림 **11.8** 공통 소스 증폭기의 실험 회로.

3. 직류 전원과 신호를 공급하고 오실로스코프를 사용하여 입력과 출력 신호 파형을 관측하여 그림 11.9에 기록하라. 부하 효과 (loading effect)로 인한 동작점의 이동을 방지하기 위하여 입력 신호를 관측하는 채널의 프로브는 게이트 결합 커패시터의 왼쪽에 접속한다.

4. 입력과 출력 전압의 비인 전압 이득 $A_v = |A_v|\angle\phi$를 측정하여 표 11.3에 기록하라. 부하 저항 R_L을 개방하고 전압 이득 A_{vo}를 측정하여 표에 기록하라. 부하 저항을 4.7 kΩ 가변 저항으로 교체하여 전압 이득의 크기가 $|A_v| = |A_{vo}|/2$가 되도록 가변 저항을 조절하라. 이 가변 저항의 크기가 출력 저항 R_{out}이므로 측정하여 기록하라.

5. C_S를 접속하고 증폭기의 특성을 측정하여 표 11.4에 기록하라. 우회 커패시터가 접속되면 전압 이득이 크게 증가하므로 출력 파형

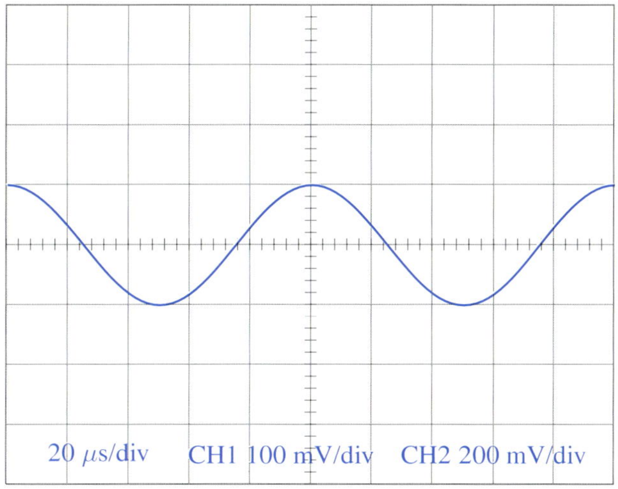

그림 **11.9** 공통 소스 증폭기의 입력 신호와 출력 신호의 파형.

표 **11.3** 공통 소스 증폭기의 특성

증폭기 특성	R_{in}	R_{out}	A_v	A_{vo}
계산값	1.16 MΩ	2.19 kΩ	−4.135 V/V	−5.05 V/V
측정값	1.16 MΩ			

은 왜곡된다. 이를 방지하기 위해 입력 신호 진폭을 10 mV로 줄여야 한다. 함수 발생기의 출력이 10 mV 정도로 감소되지 않으면 그림 11.10과 같은 전압 분할기로 실현된 신호 감쇠기를 사용하라.

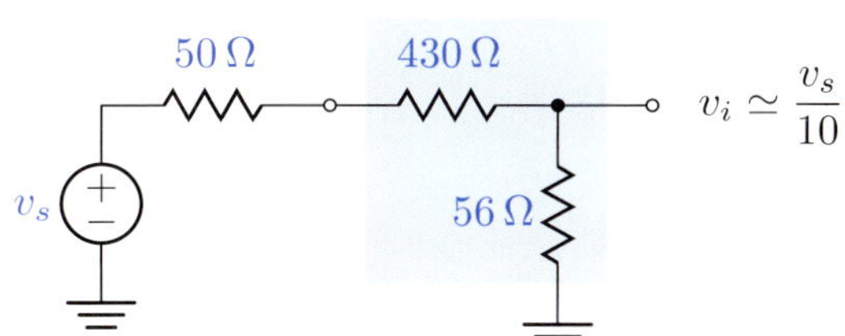

그림 **11.10** 소신호 생성을 위한 신호 감쇠기.

표 **11.4** 우회 커패시터가 접속된 공통 소스 증폭기의 특성

증폭기 특성	R_{in}	R_{out}	A_v	A_{vo}
계산값	1.16 MΩ	2.11 kΩ	−40.02 V/V	−48.55 V/V
측정값	1.16 MΩ			

6. 공통 소스 증폭기의 저주파 차단 주파수 f_L과 고주파 차단 주파수 f_H를 측정하여 증폭기 대역폭 BW와 이득 대역폭 곱 GB를 구하라.

7. 공통 소스 증폭기를 수정하여 그림 11.11의 공통 드레인 증폭기를 구성하라. 입력 신호는 주파수가 10 kHz이고 진폭은 100 mV인 정현파로 설정하라. 증폭기가 발진하거나 불안정하여 실험에 장애가 되면 함수 발생기의 내부 저항 50 Ω과 직렬로 1 kΩ 저항을 접속하라.

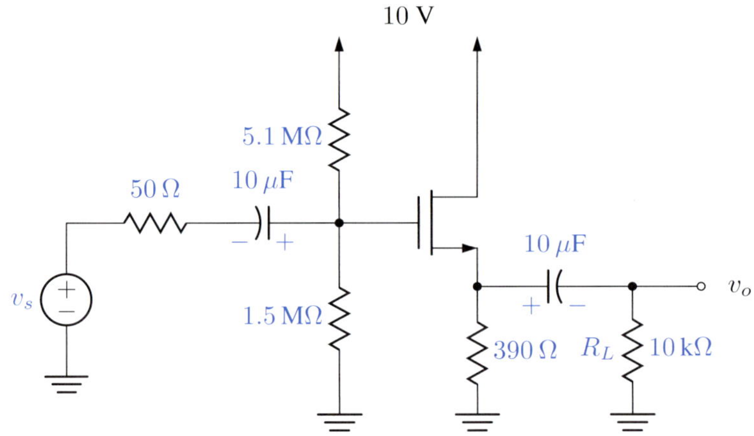

그림 **11.11** 공통 드레인 증폭기의 실험 회로.

8. 공통 드레인 증폭기의 전압 이득 $A_v = |A_v|\angle\phi$를 측정하여 표 11.5에 기록하라. 부하 저항 R_L을 개방하고 전압 이득 A_{vo}를 측정하여 표에 기록하라. 부하 저항을 100 Ω 가변 저항으로 교체하여 전압 이득의 크기가 $|A_v| = |A_{vo}|/2$가 되도록 가변 저항을 조절하라. 이 가변 저항의 크기가 출력 저항 R_{out}이므로 측정하여 표에 기록하라.

표 **11.5** 공통 드레인 증폭기의 특성

증폭기 특성	R_{in}	R_{out}	A_v	A_{vo}
계산값	1.16 MΩ	39.11 Ω	0.896 V/V	0.895 V/V
측정값	1.16 MΩ			

9. CD 증폭기의 저주파 차단 주파수 f_L과 고주파 차단 주파수 f_H를 측정하여 증폭기 대역폭 BW와 이득 대역폭 곱 GB를 구하라. f_L이 너무 낮은 주파수라 측정하기 어려우면 BW $\simeq f_H$로 근사하라. f_H가 함수 발생기의 최대 주파수보다 높다면 그 주파수로 근사하라. 그리고 공통 드레인 증폭기의 대역폭이 매우 크다는 사실을 주목하라.

11.6 연습 문제

1. 실험 3에서 입력 신호를 관측하는 채널을 게이트 결합 커패시터의 오른쪽에 접속하면 직류 전압 V_G의 크기는 얼마로 변하겠는가?

2. 다음 Spice 문들을 참고하여 우회 커패시터가 접속된 공통 소스 증폭기의 회로 파일을 작성하라. 주파수 10 kHz인 입력 신호에 대해 Spice 시뮬레이션을 수행하여 표 11.6을 완성하라.

```
Common source amplifier
.probe
.ac dec  1   10k 100k
VDD  4   0   10v
M1   5   3   6   6  2N7000
.options defw = 1 defl = 1
.model 2N7000 nmos level = 1
+ vto = 1.33 kp = 0.144 lambda = 0.0096
+ cgso = 20p cgdo = 8p cbs = 56p cbd = 56p
.end
```

표 **11.6** 우회 커패시터가 접속된 공통 소스 증폭기의 특성 해석

증폭기 특성	R_{in}	R_{out}	A_v	A_{vo}
계산값	$1.16\,\text{M}\Omega$	$2.11\,\text{k}\Omega$	$-40.02\,\text{V/V}$	$-48.55\,\text{V/V}$
해석값	$1.16\,\text{M}\Omega$			

참고 문헌

1. A. S. Sedra and K. C. Smith, *Microelectronic Circuits*, 2021.
2. R. C. Jaeger and T. N. Blalock, *Microelectronic Circuit Design*, 2016.
3. G. W. Roberts and A. S. Sedra, *SPICE*, Oxford University Press, 1997.
4. M. H. Rashid, *SPICE for Circuits and Electronics Using PSpice*, 1990.

靜

실험 12

바이폴라 트랜지스터 증폭기

12.1 실험 목적

바이폴라 접합 트랜지스터의 소신호 동작과 그 등가 회로를 이해하고 공통 이미터 증폭기와 공통 컬렉터 증폭기를 소신호 모델 (small-signal model)을 사용하여 해석하는 과정을 학습한다. 그리고 공통 이미터 증폭기를 구성하여 증폭 현상을 관측하고 증폭기의 기본적인 특성을 측정한다. 이 증폭기에 공통 컬렉터 증폭기를 종속 결합하여 스피커를 구동함으로써 오디오 신호의 파형과 오디오 증폭기의 동작을 관찰한다.

12.2 실험 해설

12.2.1 소신호 동작과 모델

활성 영역에서 동작하도록 바이어스된 바이폴라 트랜지스터는 신호를 증폭할 수 있다. 보통 직류 동작점은 바이어스 회로를 사용하여 설정되지만 여기서는 소신호 동작에 집중하기 위해 그림 12.1과 같이 직류 전압 V_{BE}를 사용하여 동작점을 원리적으로 간단히 설정한다. 그리고 입

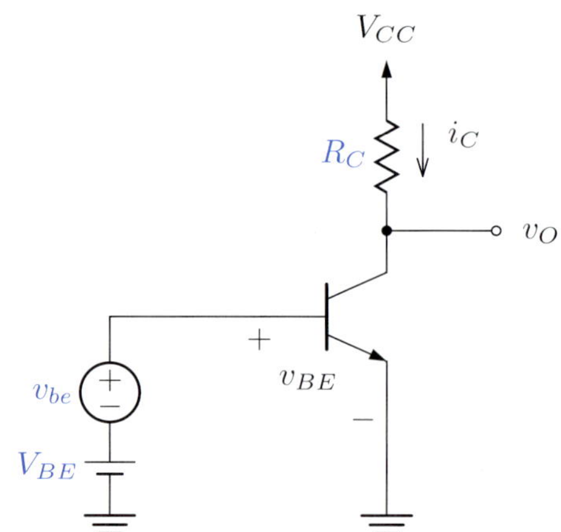

그림 **12.1** 바이폴라 트랜지스터의 소신호 동작을 설명하기 위한 회로.

력 신호는 베이스에 인가되고 출력 신호는 컬렉터에서 얻어지며 이미터 단자는 입력과 출력에 공통으로 사용된다. 그래서 이 증폭기 구성을 공통 이미터 증폭기 (common-emitter amplifier)라고 한다. 이 경우에 입력 신호 전압 v_{be}는 직류 바이어스 전압 V_{BE}에 중첩되고 증폭된 신호 전압은 출력인 컬렉터에 나타난다. 그러므로 베이스 이미터 순시 전압은

$$\boxed{v_{BE} = V_{BE} + v_{be}} \tag{12.1}$$

로 표현된다. 이 순시 전압으로 인한 컬렉터 순시 전류는

$$i_C = I_S e^{v_{BE}/V_T} = I_S e^{V_{BE}/V_T} e^{v_{be}/V_T} = I_C e^{v_{be}/V_T} \tag{12.2}$$

로 주어진다. 여기서 지수 함수를 급수 전개하고 신호 크기가 급수의 세 번째 이상의 항들을 무시하기 위한 소신호 조건 $v_{be} \ll 2V_T$를 만족하면

컬렉터 순시 전류는 다음과 같이 근사된다.

$$i_C \simeq I_C\left(1+\frac{v_{be}}{V_T}\right) = I_C + \frac{I_C}{V_T}v_{be} \tag{12.3}$$

이 근사를 소신호 근사 (small-signal approximation)이라고 한다. 보통 소신호 전압의 크기는 $2V_T$인 50 mV보다 충분히 작아야 한다. 이런 소신호에 대해서 컬렉터 전류는 직류 전류와 신호 전류의 합으로 다음과 같다.

$$\boxed{i_C = I_C + i_c} \tag{12.4}$$

여기서 컬렉터 신호 전류는 트랜스컨덕턴스 g_m을 사용하여

$$\boxed{i_c = \frac{I_C}{V_T}v_{be} \equiv g_m v_{be}} \tag{12.5}$$

로 기술된다.

동작점에서 컬렉터 신호 전류 i_c와 신호 전압 v_{be}의 관계를 나타내는 바이폴라 트랜지스터의 **트랜스컨덕턴스** (transconductance) g_m은

$$\boxed{g_m \equiv \left.\frac{\partial i_C}{\partial v_{BE}}\right|_{i_C=I_C} = \frac{i_c}{v_{be}} = \frac{I_C}{V_T} \simeq 40\,\mathrm{mS}} \tag{12.6}$$

로 표현되며, 동작점 Q에서 i_C–v_{BE} 전달 특성의 기울기를 의미한다. 이 트랜스컨덕턴스를 통하여 베이스와 이미터 사이의 신호 전압 v_{be}는 컬렉터 신호 전류 $i_c = g_m v_{be}$로 전달되고 결국 R_C에 의해 컬렉터 전압으로 변환된다. 따라서 신호 관점에서 바이폴라 트랜지스터는 전압 제어 전류 전원 (voltage-controlled current source)를 실현하는 전자 소자이다.

베이스 순시 전류와 베이스 소신호 저항은 각각

$$i_B = \frac{i_C}{\beta} = \frac{I_C + g_m v_{be}}{\beta} \equiv I_B + i_b \tag{12.7}$$

$$r_\pi \equiv \frac{v_{be}}{i_b} = \frac{\beta}{g_m} = \frac{V_T}{I_B} \tag{12.8}$$

로 주어지며, 이미터 순시 전류와 이미터 소신호 저항도 각각

$$i_E = \frac{i_C}{\alpha} = \frac{I_C + g_m v_{be}}{\alpha} \equiv I_E + i_e \tag{12.9}$$

$$r_e \equiv \frac{v_{be}}{i_e} = \frac{\alpha}{g_m} = \frac{V_T}{I_E} \tag{12.10}$$

로 주어진다. 얼리 효과에 기인한 출력 저항의 역수인 출력 컨덕턴스는

$$g_o \equiv \left.\frac{\partial i_C}{\partial v_{CE}}\right|_{v_{BE}=V_{BE}} = \frac{1}{r_o} \simeq \frac{I_C}{V_A} \tag{12.11}$$

로 근사될 수 있다. 이 출력 컨덕턴스를 고려한 컬렉터 소신호 전류는

$$i_c = g_m v_{be} + g_o v_{ce} \tag{12.12}$$

로 수정되고, 이러한 소신호 모델은 그림 12.2(a)와 같은 바이폴라 접합 트랜지스터의 **소신호 등가 회로** (small-signal equivalent circuit)로 표현된다. 이 소신호 모델을 하이브리드 파이 모델 (hybrid-π model)이라고 한다. 이 하이브리드 파이 모델은 그림 12.2(b)와 같은 T 모델로 변환될 수 있다. 소신호 모델 파라미터 g_m과 r_o는 바이폴라 트랜지스터의 직류 동작점에 의존하므로 동작점이 이 파라미터들로 결정되는 증폭기 특성에 직접적으로 영향을 미친다. 즉, 증폭기 설계는 동작점 설계로 귀착된다.

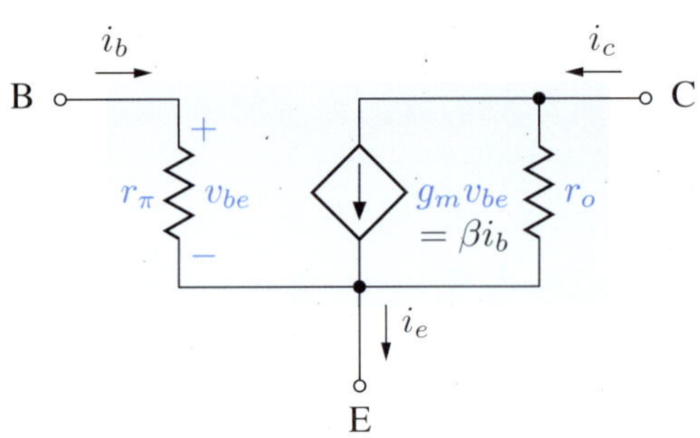

(a) Small-signal π model

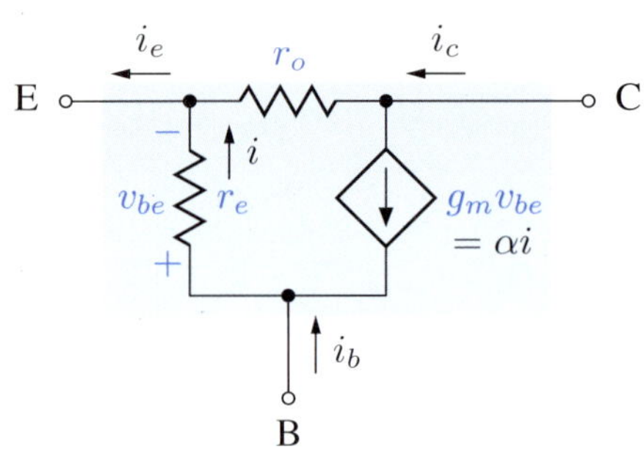

(b) Small-signal T model

그림 **12.2** 바이폴라 접합 트랜지스터의 소신호 등가 회로.

12.2.2 공통 이미터 증폭기

이미터 접지 증폭기 (grounded-emitter amplifier) 또는 공통 이미터 (CE) 증폭기는 바이폴라 트랜지스터 증폭기 회로 중에서 가장 널리 사용되는 증폭기 구성이다. 이 증폭기는 그림 12.3과 같은 회로로 실현될 수 있다. 베이스는 입력 단자로 사용되고 컬렉터는 출력 단자로 사용되며 이미터

는 입력과 출력 포트에 공통 단자로 사용된다. 전압 전원 v_s와 내부 저항 R_s는 신호원의 등가 회로를 나타내며, 신호 전압은 커패시터 C_B를 통해 베이스로 결합된다. 이 커패시터는 신호를 결합하고 직류는 차단하는 기능을 한다. 직류가 차단되면 신호원의 접속으로 트랜지스터의 직류 동작점이 변경되지 않으므로 신호원과 무관하게 동작점을 설계할 수 있다. 그래서 이 커패시터를 결합 커패시터 (coupling capacitor) 또는 차단 커패시터 (blocking capacitor)라고 한다. 보통 μF 정도의 큰 용량을 갖는 전해 커패시터를 사용하여 신호가 잘 결합되도록 한다. 그러나 임피던스 크기가 $1/\omega C$로 주파수에 반비례하는 결합 커패시터들은 저주파 신호를 감쇠시키는 요인이 된다. 컬렉터에서 얻어진 출력 신호는 결합 커패시터 C_C를 통해 부하 저항 R_L로 전달된다. 전압 분할기 R_1과 R_2는 베이스 직류 전압을 설정하고 이미터 저항 R_E는 부귀환 작용을 통해 바이어스 안정성 (bias stability)를 향상한다. 그러나 이미터 저항이 신호에 대해서도 부귀환 작용을 하므로 전압 이득의 안정성은 향상되지만 전압 이득의 크기는 감소된다. 이미터 단자가 신호적으로 접지되면 이득 감소가 방지되므로 우회 커패시터 (bypass capacitor) C_E를 사용하여 이미터에 신호 접지 (signal ground)를 실현할 수 있다. 그러나 R_E의 일부만 우회시킬 경우는 이미터가 접지되지 않으므로 이미터 접지 증폭기보다 공통 이미터 증폭기가 더욱 적합한 회로 명칭이 될 것이다.

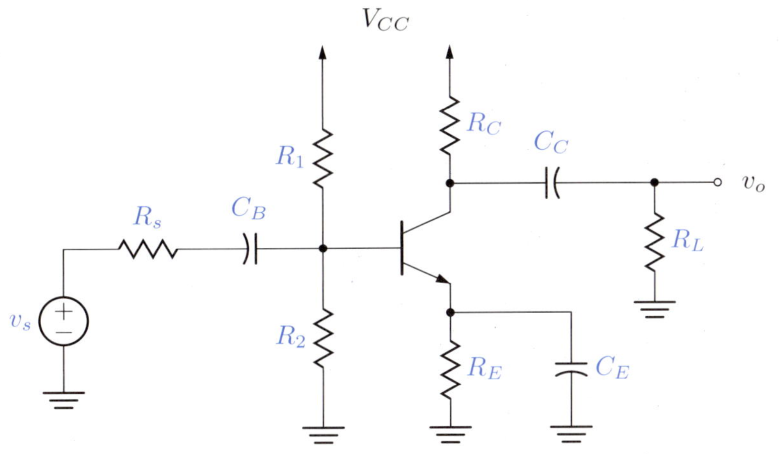

그림 **12.3** 공통 이미터 증폭기.

공통 이미터 증폭기의 특성을 구하기 위해 바이폴라 트랜지스터를 소신호 모델로 대치하여 신호 해석을 수행할 것이다. 그림 12.4의 회로는 이미터 저항 R_E의 영향을 고려하기 위하여 우회 커패시터 C_E를 개방하고 결합 커패시터들을 단락으로 근사한 등가 회로이다. 여기서 전압 분할기의 등가 저항은 $R_B = R_1 \parallel R_2$이며 출력 저항 r_o도 고려되었다.

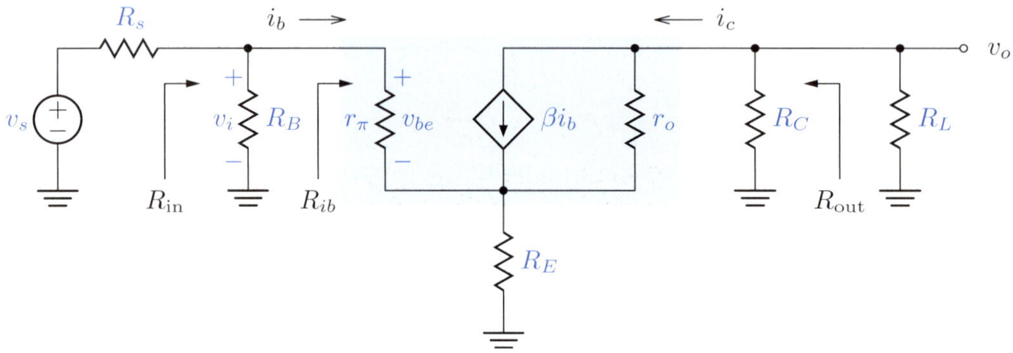

그림 12.4 소신호 해석을 위한 공통 이미터 증폭기의 등가 회로.

출력에 있는 R_C와 R_L의 병렬 등가 저항을 R'_L으로 표기하고, 베이스와 컬렉터 루프에 전압 법칙을 적용하여 구해진 방정식들을 정리하면

$$(r_\pi + R_E)i_b + R_E i_c = v_i \tag{12.13}$$

$$(R_E - \beta r_o)i_b + (r_o + R_E + R'_L)i_c = 0 \tag{12.14}$$

이 얻어진다. 여기서 베이스와 컬렉터 전류를 구하면 다음과 같다.

$$i_b = \frac{v_i(r_o + R_E + R'_L)}{r_\pi(r_o + R_E + R'_L) + [(\beta+1)r_o + R'_L]R_E} \tag{12.15}$$

$$i_c = \frac{v_i(\beta r_o - R_E)}{r_\pi(r_o + R_E + R'_L) + [(\beta+1)r_o + R'_L]R_E} \tag{12.16}$$

출력 저항이 $r_o \gg R_E + R'_L$인 경우에 베이스에서의 입력 저항 R_{ib}는

$$R_{ib} \equiv \frac{v_i}{i_b} = r_\pi + \frac{[(\beta+1)r_o + R'_L]R_E}{r_o + R_E + R'_L} \simeq r_\pi + (\beta+1)R_E \tag{12.17}$$

로 구해지며 증폭기 입력 저항과 입력 전압은 각각

$$R_{\text{in}} = R_B \parallel R_{ib}, \quad v_i = v_s \frac{R_{\text{in}}}{R_s + R_{\text{in}}} \tag{12.18}$$

으로 주어진다. 그리고 출력 전압은 다음과 같이 기술된다.

$$v_o = -(R_C \parallel R_L)i_c = -R'_L i_c \tag{12.19}$$

따라서 출력 저항이 $r_o \gg R_E + R'_L$이면 전압 이득 (voltage gain)은

$$A_v \equiv \frac{v_o}{v_i} = \frac{-(\beta r_o - R_E)R'_L}{r_\pi(r_o + R_E + R'_L) + [(\beta+1)r_o + R'_L]R_E} \tag{12.20}$$

$$\simeq -\frac{\alpha(R_C \parallel R_L)}{r_e + R_E} \simeq -\frac{\alpha(R_C \parallel R_L)}{r_e(1 + g_m R_E)} \tag{12.21}$$

로 근사된다. 부하 저항이 개방되면 전압 이득은 개방 회로 전압 이득 A_{vo}가 된다. 이미터 저항 R_E로 인해 전압 이득은 인자 $(1 + g_m R_E)$만큼 감소되지만 이득 변화도 줄어들게 되므로 이 저항을 이미터 감쇠 저항이라고 한다. 이 저항의 크기를 $g_m R_E \gg 1$로 설계하면 전압 이득은

$$\boxed{A_v \simeq -\frac{R_C \parallel R_L}{R_E}} \tag{12.22}$$

로 단순화되고 트랜지스터마다 편차가 있는 특성인 g_m에 무관하므로 증폭기는 이득 안정성 (gain stability)를 가지게 될 것이다. 반면에 C_E를 접속하면 이미터가 신호 접지되어 R_E가 신호에 영향을 주지 않으므로 전압 이득의 크기는 다음과 같이 증가하지만 g_m에 의존한다.

$$\boxed{A_v = -g_m(r_o \parallel R_C \parallel R_L) \simeq -g_m(R_C \parallel R_L)} \tag{12.23}$$

그리고 주어진 입력 전압 v_i에 대해 베이스 이미터 신호 전압은

$$v_{be} = \frac{v_i r_\pi(r_o + R_E + R'_L)}{r_\pi(r_o + R_E + R'_L) + [(\beta+1)r_o + R'_L]R_E} \simeq \frac{v_i}{1 + g_m R_E} \tag{12.24}$$

로 감소되어 소신호 조건을 더욱 잘 만족한다. 그래서 저항 R_E는 비선형 왜곡을 줄이는 작용도 하게 된다. $R_{\text{in}} \gg R_s$이면 전체 전압 이득은

$$G_v \equiv \frac{v_o}{v_s} = \frac{v_i}{v_s}\frac{v_o}{v_i} = \frac{R_{\text{in}}}{R_s + R_{\text{in}}} A_v \simeq A_v \tag{12.25}$$

로 기술된다. R_C에서 바라본 출력 저항은 신호원 v_s를 영으로 하고, 저항 R_C 대신에 테스트 전원 v_t를 인가하여 다음과 같이 구할 수 있다.

$$R_t \equiv \left.\frac{v_t}{i_c}\right|_{v_s=0} = r_o + \frac{[R_s \parallel R_B + r_\pi(g_m r_o + 1)]R_E}{R_s \parallel R_B + r_\pi + R_E} \tag{12.26}$$

저항 $r_\pi \gg R_s \parallel R_B + R_E$이면 출력 저항은 다음과 같이 근사된다.

$$\boxed{R_t \simeq r_o + (g_m r_o + 1)R_E, \quad R_{\text{out}} = R_t \parallel R_C \simeq R_C} \tag{12.27}$$

이제부터 공통 이미터 증폭기의 실험 회로에 대해서 정확한 특성과 근사적인 특성을 구하여 비교해 볼 것이다. 신호원의 내부 저항은 $R_s = 50\,\Omega$이고, 전압 분할기의 저항들은 $R_1 = 47\,\text{k}\Omega$과 $R_2 = 12\,\text{k}\Omega$이다. 그리고 이미터 감생 저항은 $R_E = 1\,\text{k}\Omega$이고, 컬렉터 저항은 $R_C = 3.3\,\text{k}\Omega$이며, 부하 저항은 $R_L = 18\,\text{k}\Omega$이다. 또한 직류 전원 전압은 $V_{DD} = 12\,\text{V}$이고, 바이폴라 트랜지스터의 직류 특성은 $\beta = 160$이며, $V_A = 80\,\text{V}$이다. 이 증폭기의 직류 동작점을 해석하면 컬렉터 전류는 $I_C = 1.63\,\text{mA}$이고 컬렉터 이미터 전압은 $V_{CE} = 5.0\,\text{V}$이다. 이 동작점에서 소신호 모델 파라미터인 트랜스컨덕턴스와 출력 저항을 구하면 다음과 같다.

$$g_m = \frac{I_C}{V_T} = \frac{1.63}{25} = 65\,\text{mS} \tag{12.28}$$

$$r_o = \frac{V_A}{I_C} = \frac{80}{1.63} = 49\,\text{k}\Omega \tag{12.29}$$

증폭기의 입력 저항과 출력 저항은 각각

$$R_{\text{in}} = R_B \parallel R_{ib} = 9.56 \parallel 151.96 = 8.99\,\text{k}\Omega \tag{12.30}$$

$$R_t = 2.28\,\text{M}\Omega \tag{12.31}$$

$$R_{\text{out}} = R_t \parallel R_C = 2280 \parallel 3.3 = 3.3\,\text{k}\Omega \tag{12.32}$$

으로 계산되고, 전압 이득과 전체 전압 이득도 각각

$$A_v = -2.73\,\text{V/V} \tag{12.33}$$

$$G_v = \frac{R_{\text{in}} A_v}{R_s + R_{\text{in}}} = \frac{8.99 \times (-2.73)}{50 \times 10^{-3} + 8.99} = -2.71\,\text{V/V} \tag{12.34}$$

로 계산된다. 표 12.1은 공통 이미터 증폭기의 특성에 대한 해석 결과를 나타낸다. 출력 저항 r_o를 무시한 경우는 고려한 경우와 특성이 거의 같고, 신호 해석에서 $R_E = 0$에 해당되는 $C_E = \infty$인 경우는 전압 이득이 크게 증가하지만 v_{be}/v_i의 증가로 왜곡도 증가한다. 보통 공통 이미

표 **12.1** 공통 이미터 증폭기의 특성

증폭기 특성	R_{in}	R_{out}	A_v	v_{be}/v_i
$r_o \neq \infty$	8.99 kΩ	3.29 kΩ	−2.73	0.016
$r_o = \infty$	9.03 kΩ	3.30 kΩ	−2.73	0.015
$C_E = \infty$	1.96 kΩ	3.09 kΩ	−172	1.0

터 증폭기는 큰 전압 이득을 얻기 위해 주로 사용되며, 필요하다면 여러 증폭단을 종속으로 접속하여 매우 큰 이득을 얻을 수도 있다. 그리고 이미터 저항 R_E의 일부는 신호에 대해 부귀환 작용을 하게 하고 나머지는 신호를 우회시켜 이득의 크기와 안정성을 절충하는 설계도 가능하다.

12.2.3 공통 컬렉터 증폭기

컬렉터 접지 증폭기 (grounded-collector amplifier) 또는 공통 컬렉터 (CC) 증폭기는 이미터 폴로어 (emitter follower)로 알려진 증폭기 구성이다. 이 증폭기는 공통 이미터 증폭기에서 컬렉터 저항을 단락하고 부하를 이미터에 결합하여 그림 12.5와 같은 회로로 실현될 수 있다. 여기서 베

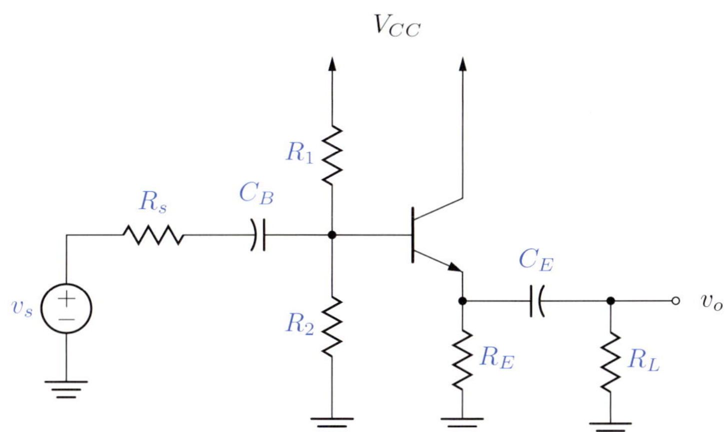

그림 **12.5** 공통 컬렉터 증폭기.

이스는 입력 단자로 사용되고 이미터는 출력 단자로 사용되며 컬렉터는 입력과 출력 포트에 공통 단자로 사용된다. 이미터 저항 R_E의 크기가 변경되면 바이어스 전압 분할기 R_1과 R_2의 크기를 다시 설계해야 한다. 그리고 **직접 결합** (direct coupling)을 사용하여 앞단인 공통 이미터 증폭기의 컬렉터 직류 전압 $V_C = 6.6\,\text{V}$로 바이어스할 경우에는 C_B, R_1, 그리고 R_2를 제거한 다음 v_s와 직렬로 V_C를 접속하고 R_s도 앞단의 출력 저항인 R_C로 교체하여 바이어스 해석과 신호 해석을 수행해야 한다.

공통 컬렉터 증폭기를 해석하기 위한 소신호 등가 회로가 그림 12.6에 나타나 있다. 여기서 결합 커패시터들은 단락으로 근사되었고 트랜지스터의 출력 저항 r_o는 고려되었다. 그리고 전압 분할기로 바이어스할 경우에는 그 등가 저항이 $R_B = R_1 \parallel R_2$이지만 앞단의 CE 증폭기와 직접 결합하여 바이어스할 경우는 $R_B = \infty$로 설정해야 한다.

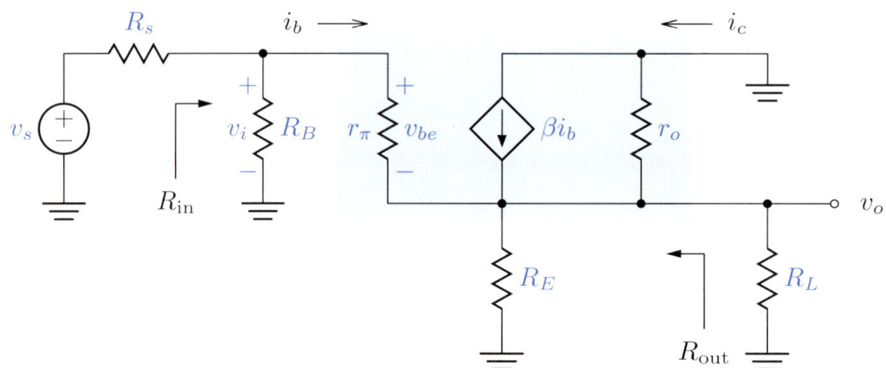

그림 12.6 소신호 해석을 위한 공통 컬렉터 증폭기의 등가 회로.

이미터 마디에 접속된 r_o, R_E, 그리고 R_L의 병렬 등가 저항을 R'_L으로 표기하면, 베이스에서의 입력 저항과 증폭기 입력 저항은 각각

$$\boxed{R_{ib} \equiv \frac{v_i}{i_b} = \frac{i_b r_\pi + i_b(\beta+1)R'_L}{i_b} = r_\pi + (\beta+1)R'_L} \tag{12.35}$$

$$R_{\text{in}} = R_B \parallel R_{ib} \tag{12.36}$$

로 표현된다. 보통 $R_{\text{in}} \gg R_s$이므로 입력 전압과 출력 전압은 각각

$$v_i = v_s \frac{R_{\text{in}}}{R_s + R_{\text{in}}} \simeq v_s, \quad v_o = (\beta+1) i_b R'_L \tag{12.37}$$

으로 기술된다. 또한 $v_i = i_b R_{ib}$이고 $\beta = g_m r_\pi \gg 1$이므로 전압 이득은

$$A_v \equiv \frac{v_o}{v_i} = \frac{(\beta+1)R'_L}{r_\pi + (\beta+1)R'_L} \simeq \frac{g_m R'_L}{1+g_m R'_L} \tag{12.38}$$

으로 근사된다. R_E와 R_L의 크기를 $g_m R'_L \gg 1$로 설계하면 전압 이득은

$$\boxed{A_v \simeq 1 - \frac{1}{1+g_m R'_L} \simeq 1} \tag{12.39}$$

로 단순화된다. 이는 이미터 신호 전압이 베이스 신호 전압을 그대로 따라가는 것을 의미하므로 이 증폭기를 **이미터 폴로어**라고 한다. 더불어 이득이 트랜지스터의 특성인 g_m에 무관하므로 이득 안정성 (gain stability)도 갖는다. 그리고 입력 전압 v_i에 대해 베이스 이미터 전압은

$$v_{be} = i_b r_\pi = \frac{v_i\, r_\pi}{r_\pi + (\beta+1)R'_L} \simeq \frac{v_i}{1+g_m R'_L} \tag{12.40}$$

로 감소되므로 비선형 왜곡도 감소된다. 전체 전압 이득은

$$G_v \equiv \frac{v_o}{v_s} = \frac{v_i}{v_s}\frac{v_o}{v_i} = \frac{R_{\text{in}}}{R_s + R_{\text{in}}} A_v \simeq A_v \tag{12.41}$$

로 근사된다. 출력 저항을 구하기 위해 내부 신호원 v_s를 영으로 하고 등가 저항 R'_L 대신에 테스트 전원 v_t를 인가한다. 이 전원의 출력 전류는

$$i_t = -(\beta+1)i_b = \frac{v_t\,(\beta+1)}{r_\pi + R_s \parallel R_B} \tag{12.42}$$

로 기술된다. $r_\pi \gg R_s$인 경우에는 출력 저항은 다음과 같이 근사된다.

$$\boxed{R_{\text{out}} = \frac{r_\pi + R_s \parallel R_B}{\beta+1} \parallel r_o \parallel R_E \simeq \frac{1}{g_m} \parallel R_E} \tag{12.43}$$

이제부터 앞단의 컬렉터 전압 $V_C = 6.6\,\text{V}$로 바이어스된 공통 컬렉터 증폭기에 대해 r_o가 고려된 정확한 특성과 r_o가 무시된 근사적인 특성을 구하여 비교해 보자. 직접 결합을 통하여 앞단의 신호를 접속하므로 신호원의 내부 저항 R_s는 공통 이미터 증폭기의 출력 저항인 $3.3\,\text{k}\Omega$으로 설정하여 해석한다. 그리고 이미터 감생 저항은 $R_E = 1\,\text{k}\Omega$이고 부하 저항은 $R_L = 100\,\Omega$이다. 또한 컬렉터 전류는 $I_C = 5.8\,\text{mA}$이고 $\beta = 190$이며, 소신호 파라미터들은 $g_m = 220\,\text{mS}$이고 $r_o = 13.7\,\text{k}\Omega$이다.

증폭기의 입력 저항과 출력 저항은 각각

$$R_{\text{in}} = R_B \parallel R_{ib} = R_{ib} = 18.11\,\text{k}\Omega \tag{12.44}$$

$$R_{\text{out}} = 21.8 \parallel 13.7 \times 10^3 \parallel 10^3 = 21.30\,\Omega \tag{12.45}$$

으로 계산되고, 전압 이득과 전체 전압 이득도 각각

$$A_v = \frac{191 \times 90.3}{0.86 + 191 \times 90.3} = 0.952\,\text{V/V} \tag{12.46}$$

$$G_v = \frac{R_{\text{in}} A_v}{R_s + R_{\text{in}}} = \frac{18.11 \times 0.952}{3.3 + 18.11} = 0.806\,\text{V/V} \tag{12.47}$$

로 계산된다. 표 12.2는 공통 컬렉터 증폭기의 특성에 대한 해석 결과를 나타낸다. 출력 저항 r_o를 무시한 경우는 고려한 경우와 특성이 거의 같으므로 그 해석이 정당화된다. 공통 컬렉터 증폭기는 전압 이득은 1에 가깝고 입력 저항은 크고 출력 저항은 작아서 전압 완충기로 사용된다.

표 **12.2** 공통 컬렉터 증폭기의 특성

증폭기 특성	R_{in}	R_{out}	A_v	v_{be}/v_i
$r_o \neq \infty$	18.11 kΩ	21.30 Ω	0.952	0.048
$r_o = \infty$	18.23 kΩ	21.33 Ω	0.953	0.047

12.3 예비 문제

1. 공통 이미터 증폭기에서 소신호 조건을 유도하라. n 번째 고조파 왜곡 HD$n = V_n/V_1$을 사용하여 총 고조파 왜곡 THD를 표현하고 신호가 $v_{be} = V_i \cos(\omega t) \ll 3V_T$인 경우 이 증폭기의 HD2를 구하라.

2. 바이폴라 접합 트랜지스터의 소신호 등가 회로인 하이브리드 파이 모델을 종속 전압원을 사용하여 표현하라.

3. 공통 이미터 증폭기에서 이미터 저항 R_E와 우회 커패시터 C_E의 기능을 설명하고 전압 이득을 가변할 수 있는 방안을 제시하라.

4. 증폭기에서 전압 이득의 안정성을 설명하라.

5. 공통 이미터 증폭기의 소신호 모델을 사용하여 입력 저항과 전압 이득을 Spice 해석으로 구하라. 출력 저항은 어떻게 구하는가?

```
CE amplifier model
.ac dec  1   1k 10k
Vi   1   0   dc 1 ac 1
RB   1   0   9.56k
rp   1   2   2.46k
RE   2   0   1k
gm   3   2   1  2  65m
ro   3   2   49k
RC   3   0   3.3k
RL   3   0   18k
.end
```

12.4 실험 부품 및 장비

부품 및 장비	규격 및 기능	수량
트랜지스터	2N2222 또는 2N3904	2
전해 커패시터	10 μF, 220 μF 50 V	2
커패시터	3.3 nF 50 V	1
가변 저항기	100 Ω, 1 kΩ 1/4 W	1
저항기	56 Ω, 430 Ω, 1 kΩ, 3.3 kΩ 1/4 W	1
저항기	100 Ω, 12 kΩ, 18 kΩ, 47 kΩ 1/4 W	1
스피커	100 Ω 0.2 W	1
MP3 파일	실험자의 애청곡	1
회로 시뮬레이터	PSpice, LTspice, 또는 Spice3	1

12.5 실험 내용

1. 함수 발생기의 출력 신호를 주파수가 1 kHz이고 진폭이 100 mV인 정현파로 설정하고 전원 공급기의 출력 전압을 12 V로 조정하라.

2. 그림 12.7의 공통 이미터 증폭기를 구성하라. 전해 커패시터의 긴 단자가 + 단자임을 유의하라. 축전기 C_E는 아직 접속하지 않는다.

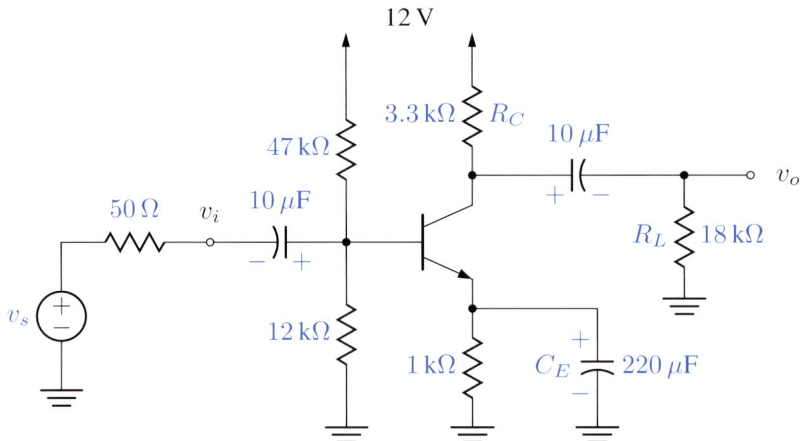

그림 **12.7** 트랜지스터 2N2222를 사용한 공통 이미터 증폭기의 실험 회로.

3. 전원과 신호를 공급하고 오실로스코프로 관측한 입력과 출력 신호 파형을 그림 12.8에 기록하라. 입력은 베이스 커패시터의 왼쪽이다.

4. 입력 전압과 출력 전압의 비인 전압 이득 $A_v = |A_v|\angle\phi$를 측정하여 표 12.3에 기록하라. 부하 저항 R_L을 개방하고 전압 이득 A_{vo}를 측정하여 기록하라. 부하 저항을 4.7 kΩ 가변 저항으로 교체하여 전압 이득의 크기가 $|A_v| = |A_{vo}|/2$가 되도록 가변 저항을 조절하라. 이 가변 저항의 크기가 출력 저항 R_{out}이므로 측정하여 기록하라.

5. 우회 커패시터 C_E를 접속하고 입력 신호를 주파수가 1 kHz이고 진폭이 20 mV인 정현파로 설정하라. 출력 신호를 관측하여 출력 신호 파형의 양과 음의 진폭이 같지 않고 모양도 대칭이 아님을 확인하라. 그리고 진폭들도 측정하라. ($V_o^+ =$ V, $V_o^- =$ V)

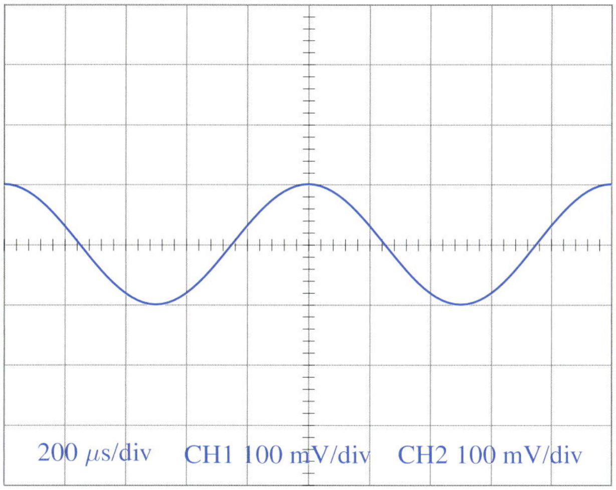

그림 **12.8** 공통 이미터 증폭기의 입력 신호와 출력 신호의 파형.

표 **12.3** 공통 이미터 증폭기의 특성

증폭기 특성	R_{in}	R_{out}	A_v	A_{vo}
계산값	8.99 kΩ	3.29 kΩ	−2.73 V/V	−3.22 V/V
측정값	8.99 kΩ			

6. 증폭기 특성을 측정하여 표 12.4에 기록하라. 우회 커패시터의 접속으로 전압 이득은 크게 증가한다. 그 결과 큰 진폭을 갖는 출력 파형은 왜곡된다. 그래서 소신호를 입력 신호로 사용해야 한다. 이를 위해 신호 진폭을 10 mV로 줄여야 한다. 함수 발생기의 출력이 10 mV 정도로 감소되지 않으면 그림 12.9와 같은 감쇠기를 사용하라.

표 **12.4** 우회 커패시터 C_E가 접속된 공통 이미터 증폭기의 특성

증폭기 특성	R_{in}	R_{out}	A_v	A_{vo}
계산값	1.96 kΩ	3.09 kΩ	−171 V/V	−201 V/V
측정값	1.96 kΩ			

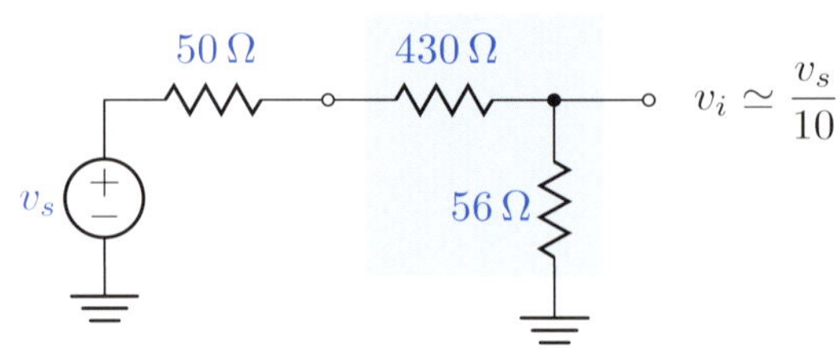

그림 **12.9** 소신호 생성을 위한 신호 감쇠기.

7. 컬렉터 저항 R_C와 병렬로 3.3 nF의 커패시터를 접속하라. 이는 고주파 차단 주파수를 가청 대역으로 낮추어 잡음을 제거하기 위함이다. 주어진 주파수들에 대해 전압 이득의 크기와 위상을 측정하여 표 12.5에 기록하라. 측정하기 어려우면 가능한 주파수만 측정하라.

표 **12.5** 우회 커패시터 C_E가 접속된 CE 증폭기에 대한 전압 이득 A_v의 주파수 특성

f (kHz)	0.01	0.03	0.06	0.1	0.3	1	3	10	30	60	100
$\lvert A_v \rvert$											
$\angle A_v$											

8. 공통 이미터 증폭기의 출력에 공통 컬렉터 증폭기를 직접 결합하여 그림 12.10의 오디오 증폭기를 구성하라. 커패시터의 극성에 유의하라. 주파수가 1 kHz인 입력 신호의 진폭을 10 mV로 설정하라.

9. 출력 파형에 왜곡이 적도록 가변 저항기를 조절하라. 공통 컬렉터 증폭기의 베이스와 이미터 전압을 비교함으로써 전압 이득 A_v를 측정하여 표 12.6에 기록하라. 부하 저항 R_L을 개방하고 전압 이득 A_{vo}를 측정하여 기록하라. 부하 저항을 100 Ω 가변 저항으로 교체하여 전압 이득의 크기가 $|A_v| = |A_{vo}|/2$가 되도록 가변 저항을 조절하라. 이 가변 저항의 크기를 측정하여 출력 저항으로 기록하라.

10. 부하 저항 R_L을 100 Ω 스피커로 대체하여 주파수가 1 kHz인 정현파 신호를 들어보라. 8 Ω 스피커를 사용할 경우는 그림 12.11과 같이 임피던스 크기를 증가시키기 위한 오디오 변압기 (audio transformer)를

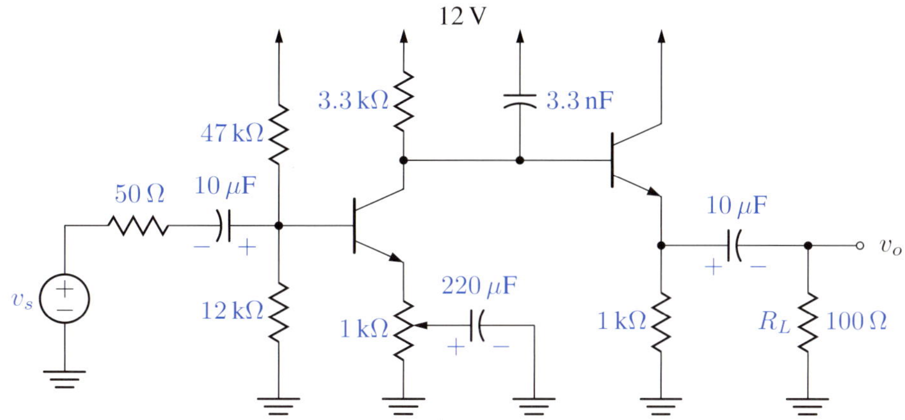

그림 **12.10** 공통 이미터와 공통 컬렉터 구조를 직접 결합한 오디오 증폭기.

표 **12.6** 오디오 증폭기에 사용된 공통 컬렉터 증폭기의 특성

증폭기 특성	R_{in}	R_{out}	A_v	A_{vo}
계산값	18.11 kΩ	21.30 Ω	0.952 V/V	0.995 V/V
측정값	18.11 kΩ			

사용하라. 가변 저항을 조절하면서 출력 신호의 파형에 왜곡이 수반되는 것을 오실로스코프로 확인하라. 이로 인해 기본 주파수의 신호음에 추가하여 고조파 (harmonic) 신호음도 들리는가? 지금 왜곡된 정현파에 대한 푸리에 급수의 계수들을 소리로 확인하고 있다.

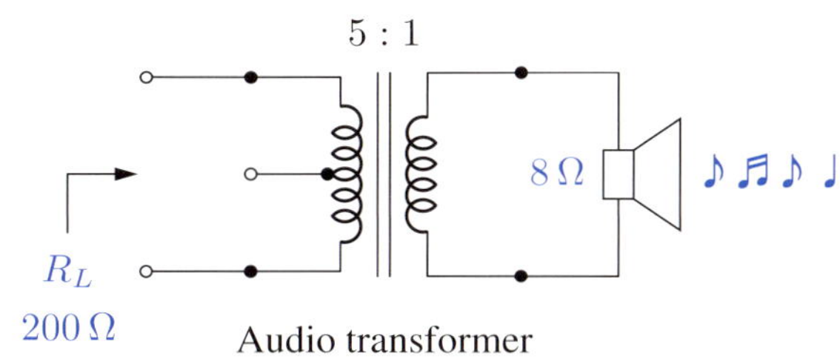

그림 **12.11** 임피던스 변환기로 오디오 변압기를 접속한 8 Ω 스피커.

11. 컴퓨터나 스마트폰에서 노래 파일을 재생하라. 함수 발생기 대신 이어폰 잭에서 나오는 신호를 오디오 증폭기의 입력에 접속하라. 스피커 음질에 왜곡이 적도록 가변 저항기를 조절하면서 감상하라.

12.6 연습 문제

1. 실험 7에서 측정한 CE 증폭기의 주파수 특성을 그림 12.12의 Spice 시뮬레이션 특성에 중첩하여 표시하라. 측정한 위상 ϕ가 양의 값이면 $\phi - 360°$를 사용하여 음의 값으로 변환하라. 저주파와 고주파 차단 주파수 f_L과 f_H를 구하여 증폭기의 대역폭 BW를 계산하라.

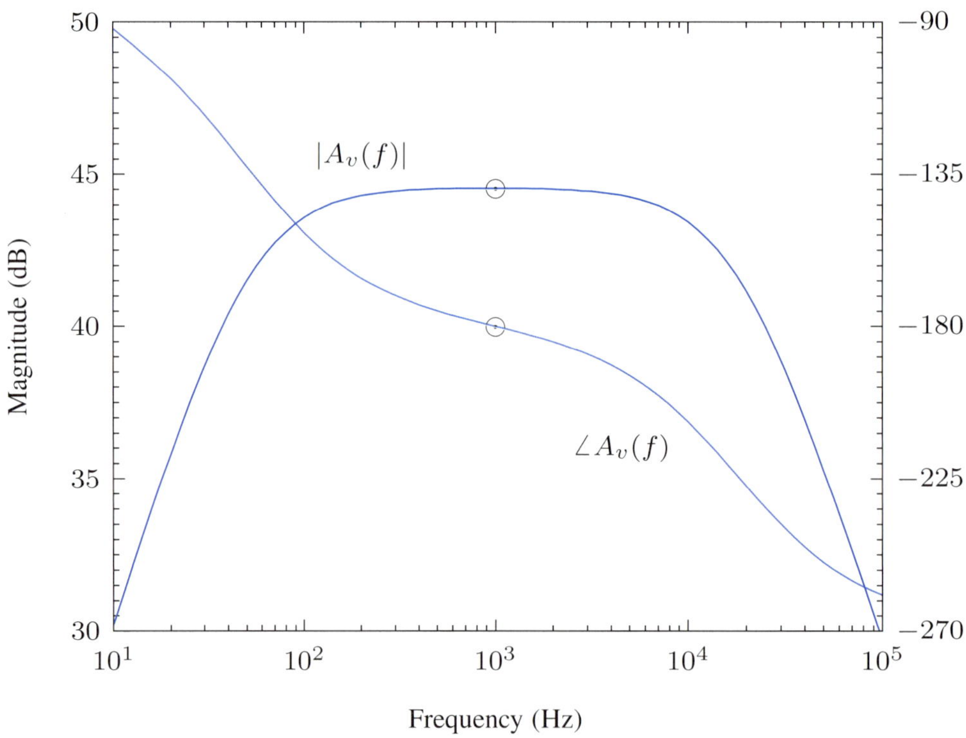

그림 **12.12** 공통 이미터 증폭기의 시뮬레이션한 주파수 특성. 베이스와 컬렉터의 결합 커패시터의 영향을 포함한다. 기호 ⊙는 1 kHz에서 전압 이득의 크기와 위상을 나타낸다.

2. 다음 Spice 문을 참고하여 우회 커패시터가 접속된 공통 이미터 증폭기의 회로 파일을 작성하고 주파수 1 kHz에 대해 .ac 해석을 수행하여 표 12.7을 완성하라. 특성에 따라 회로 수정이 필요할 수 있다.

```
Common emitter amplifier
Vi     1    0    dc 0v ac 1v 0
+      sin (0 10m 1k 0 0)
CB     1    2    10uF
R1     2    4    47k
R2     2    0    12k
Q1     3    2    5    0    2N2222
RC     3    4    3.3k
CH     3    4    3.3nF
RE     5    0    1k
CE     5    0    220uF
CC     3    6    10uF
RL     6    0    18k
Vcc    4    0    dc   12v
```

표 **12.7** 우회 커패시터가 접속된 공통 이미터 증폭기의 특성 해석

증폭기 특성	R_{in}	R_{out}	A_v	A_{vo}
계산값	1.96 kΩ	3.09 kΩ	−171 V/V	−201 V/V
해석값				

참고 문헌

1. A. S. Sedra and K. C. Smith, *Microelectronic Circuits*, 2021.
2. R. C. Jaeger and T. N. Blalock, *Microelectronic Circuit Design*, 2016.
3. G. W. Roberts and A. S. Sedra, *SPICE*, Oxford University Press, 1997.
4. M. H. Rashid, *SPICE for Circuits and Electronics Using PSpice*, 1990.

부록 A SPICE 사용자 안내서

SPICE Version 2G User's Guide

(10 Aug 1981)

A. Vladimirescu, K. Zhang, A. R. Newton, D. O. Pederson,

A. Sangiovanni-Vincentelli

Department of Electrical Engineering and Computer Sciences

University of California, Berkeley, CA., 94720

Acknowledgement: Dr. Richard Dowell and Dr. Sally Liu have contributed to develop the present SPICE version. SPICE was originally developed by Dr. Lawrence Nagel and has been modified extensively by Dr. Ellis Cohen.

SPICE is a general-purpose circuit simulation program for nonlinear dc, nonlinear transient, and linear ac analyses. Circuits may contain resistors, capacitors, inductors, mutual inductors, independent voltage and current sources, four types of dependent sources, transmission lines, and the four most common semiconductor devices: diodes, BJTs, JFETs, and MOSFETs.

SPICE has built-in models for the semiconductor devices, and the user need specify only the pertinent model parameter values. The model for the BJT is based on the integral charge model of Gummel and Poon; however, if the Gummel-Poon parameters are not specified, the model reduces to the simpler Ebers-Moll model. In either case, charge storage effects, ohmic resistances, and a current-dependent output conductance may be included. The diode model can be used for either junction diodes or Schottky barrier diodes. The JFET model is based on the FET model of Shichman and Hodges. Three MOSFET models are implemented; MOS1 is described by a square-law I-V characteristic, MOS2 is an analytical model while MOS3 is a semi-empirical model. Both MOS2 and MOS3 include second-order effects such as channel length modulation, subthreshold conduction, scattering limited velocity saturation, small-size effects and charge-controlled capacitances.

A.1 TYPES OF ANALYSIS

A.1.1 DC Analysis

The dc analysis portion of SPICE determines the dc operating point of the circuit with inductors shorted and capacitors opened. A dc analysis is automatically performed prior to a transient analysis to determine the transient initial conditions, and prior to an ac small-signal analysis to determine the linearized, small-signal models for nonlinear devices. If requested, the dc small-signal value of a transfer function (ratio of output variable to input source), input resistance, and output resistance will also be computed as a part of the dc solution. The dc analysis can also be used to generate dc transfer curves: a specified independent voltage or current source is stepped over a user-specified range and the dc output variables are stored for each sequential source value. If requested, SPICE also will determine the dc small-signal sensitivities of specified output variables with respect to circuit parameters. The dc analysis options are specified on the `.DC`, `.TF`, `.OP`, and `.SENS` control cards.

If one desires to see the small-signal models for nonlinear devices in conjunction with a transient analysis operating point, then the `.OP` card must be provided. The dc bias conditions will be identical for each case, but the more comprehensive operating point information is not available to be printed when transient initial conditions are computed.

A.1.2 AC Small-Signal Analysis

The ac small-signal portion of SPICE computes the ac output variables as a function of frequency. The program first computes the dc operating point of the circuit and determines linearized, small-signal models for all of the nonlinear devices in the circuit. The resultant linear circuit is then analyzed over a user-specified range of frequencies. The desired output of an ac small-signal analysis is usually a transfer function (voltage gain, transimpedance, etc). If the circuit has only one ac input, it is convenient to set that input to unity and zero phase, so that output variables have the same value as the transfer function of the output variable with respect to the input.

The generation of white noise by resistors and semiconductor devices can also be simulated with the ac small-signal portion of SPICE. Equivalent noise source values are determined automatically from the small-signal operating point of the circuit, and the contribution of each noise source is added at a given summing point. The total output noise level and the equivalent input noise level are determined at each frequency point. The output and input noise levels are normalized with respect to the square root of the noise bandwidth and have the units Volts/$\sqrt{\text{Hz}}$ or Amps/$\sqrt{\text{Hz}}$. The output noise and equivalent input noise can be printed or plotted in the same fashion as other output variables. No additional input data are necessary for this analysis.

Flicker noise sources can be simulated in the noise analysis by including values for the parameters `KF` and `AF` on the appropriate device model cards.

The distortion characteristics of a circuit in the small-signal mode can be simulated as a part of the ac small-signal analysis. The analysis is performed assuming that one or two signal frequencies are imposed at the input.

The frequency range and the noise and distortion analysis parameters are specified on the `.AC`, `.NOISE`, and `.DISTO` control lines.

A.1.3 Transient Analysis

The transient analysis portion of SPICE computes the transient output variables as a function of time over a user specified time interval. The initial conditions are automatically determined by a dc analysis. All sources which are not time dependent (for example, power supplies) are set to their dc value. For large-signal sinusoidal simulations, a Fourier analysis of the output waveform can be specified to obtain the frequency domain Fourier coefficients. The transient time interval and the Fourier analysis options are specified on the `.TRAN` and `.FOUR` control lines.

A.1.4 Analysis at Different Temperatures

All input data for SPICE is assumed to have been measured at 27 deg C (300 deg K). The simulation also assumes a nominal temperature of 27 deg C. The circuit can be simulated at other temperatures by using a `.TEMP` control line.

Temperature appears explicitly in the exponential terms of the BJT and diode model equations. In addition, saturation currents have a built-in temperature dependence. The temperature dependence of the saturation current in the BJT models is determined by:

$$I_S(T_1) = I_S(T_0)\left(\frac{T_1}{T_0}\right)^{\mathtt{XTI}} \exp\left[\frac{qE_G(T_1 - T_0)}{kT_1T_0}\right]$$

where k is Boltzmann's constant, q is the electronic charge, E_G is the energy gap which is a model parameter, and `XTI` is the saturation current temperature exponent (also a model parameter, and usually equal to 3). The temperature dependence of forward and reverse beta is according to the formula:

$$\beta(T_1) = \beta(T_0)\left(\frac{T_1}{T_0}\right)^{\mathtt{XTB}}$$

where T_1 and T_0 are in degrees Kelvin, and `XTB` is a user-supplied model parameter. Temperature effects on beta are carried out by appropriate adjustment to the values of SPICE model parameters `BF`, `ISE`, `BR`, and `ISC`. Temperature dependence of the saturation current in the junction diode model is determined by:

$$I_S(T_1) = I_S(T_0)\left(\frac{T_1}{T_0}\right)^{\texttt{XTI/N}} \exp\left[\frac{qE_G(T_1 - T_0)}{kT_1T_0\,\texttt{N}}\right]$$

where `N` is the emission coefficient, which is a model parameter, and the other symbols have the same meaning as above. Note that for Schottky barrier diodes, the value of the saturation current temperature exponent, `XTI`, is usually 2.

Temperature appears explicitly in the value of junction potential, ϕ (`PHI` in SPICE), for all the device models. The temperature dependence is determined by:

$$\phi(T) = \frac{kT}{q}\ln\left[\frac{N_aN_d}{n_i^2(T)}\right]$$

where k is Boltzmann's constant, q is the electronic charge, N_a is the acceptor impurity density, N_d is the donor impurity density, and n_i is the intrinsic concentration.

Temperature appears explicitly in the value of surface mobility, μ_0 (`UO` in SPICE), for the MOSFET model. The temperature dependence is determined by:

$$\mu_0(T) = \mu_0(T_0)\left(\frac{T}{T_0}\right)^{-1.5}$$

The effects of temperature on resistors is modeled by the formula:

$$R(T) = R(T_0)\left[1 + \texttt{TC1}(T - T_0) + \texttt{TC2}(T - T_0)^2\right]$$

where T is the circuit temperature, T_0 is the nominal temperature, and `TC1` and `TC2` are the first- and second-order temperature coefficients.

A.2 CONVERGENCE

Both dc and transient solutions are obtained by an iterative process which is terminated when both of the following conditions hold:

- The nonlinear branch currents converge to within a tolerance of 0.1 percent or 1 picoamp (1.0E−12 Amp), whichever is larger.
- The node voltages converge to within a tolerance of 0.1 percent or 1 microvolt (1.0E−6 Volt), whichever is larger.

Although the algorithm used in SPICE has been found to be very reliable, in some cases it will fail to converge to a solution. When this failure occurs, the program will print the node voltages at the last iteration and terminate the job. In such cases, the node voltages that are printed are not necessarily correct or even close to the correct solution.

Failure to converge in the dc analysis is usually due to an error in specifying circuit connections, element values, or model parameter values. Regenerative switching circuits or circuits with positive feedback probably will not converge in the dc analysis unless the `OFF` option is used for some of the devices in the feedback path, or the `.NODESET` card is used to force the circuit to converge to the desired state.

A.3 INPUT FORMAT

The input format for SPICE is of the free format type. Fields on a card are separated by one or more blanks, a comma, an equal (=) sign, or a left or right parenthesis; extra spaces are ignored. A card may be continued by entering a + (plus) in column 1 of the following card; SPICE continues reading beginning with column 2.

A name field must begin with a letter (A through Z) and can not contain any delimiters. Only the first eight characters of the name are used.

A number field may be an integer field (12, −44), a floating point field (3.14159), either an integer or floating point number followed by an integer exponent (1E−14, 2.65E3), or either an integer or a floating point number followed by one of the following scale factors:

```
T = 1E12    G = 1E9     MEG = 1E6    K = 1E3      MIL = 25.4E-6
M = 1E-3    U = 1E-6    N = 1E-9     P = 1E-12    F = 1E-15
```

Letters immediately following a number that are not scale factors are ignored, and letters immediately following a scale factor are ignored. Hence, `10`, `10V`, `10VOLTS`, and `10HZ` all represent the same number, and `M`, `MA`, `MSEC`, and `MMHOS` all represent the same scale factor. Note that `1000`, `1000.0`, `1000HZ`, `1E3`, `1.0E3`, `1KHZ`, and `1K` all represent the same number.

A.4 CIRCUIT DESCRIPTION

The circuit to be analyzed is described to SPICE by a set of element cards, which define the circuit topology and element values, and a set of control cards, which define the model parameters and the run controls. The first card in the input deck must be a title card, and the last card must be a `.END` card. The order of the remaining cards is arbitrary (except, of course, that continuation cards must immediately follow the card being continued).

Each element in the circuit is specified by an element card that contains the element name, the circuit nodes to which the element is connected, and the values of the parameters that determine the electrical characteristics of the element. The first letter of the element name specifies the element type. The format for the SPICE element types is given in what follows. The strings `XXXXXXX`, `YYYYYYY`, and `ZZZZZZZ` denote arbitrary alphanumeric strings. For example, a resistor name must begin with the letter `R` and can contain from one to eight characters. Hence, `R`, `R1`, `RSE`, `ROUT`, and `R3AC2ZY` are valid resistor names.

Data fields that are enclosed in lt and gt signs '$< >$' are optional. All indicated punctuation (parentheses, equal signs, etc.) are required. With respect to branch voltages and currents, SPICE uniformly uses the associated reference convention (current flows in the direction of voltage drop).

Nodes must be nonnegative integers but need not be numbered sequentially. The datum (ground) node must be numbered zero. The circuit cannot contain a loop of voltage sources and/or inductors and cannot contain a cutset of current sources and/or capacitors. Each node in the circuit must have a dc path to ground. Every node must have at least two connections except for transmission line nodes (to permit unterminated transmission lines) and MOSFET substrate nodes (which have two internal connections anyway).

A.5 TITLE, END, AND COMMENT CARDS

A.5.1 Title Card

Examples:

```
Common Source Amplifier Circuit
POWER AMPLIFIER CIRCUIT
TEST OF CAM CELL
```

This card must be the first card in the input deck. Its contents are printed verbatim as the heading for each section of output.

A.5.2 End Card

Examples:

```
.END
```

This card must always be the last card in the input deck. Note that the period is an integral part of the name.

A.5.3 Comment Card

General form:

```
* <any comment>
```

Examples:

```
* RF=1K      GAIN SHOULD BE 100
* MAY THE FORCE BE WITH MY CIRCUIT
```

The asterisk in the first column indicates that this card is a comment card. Comment cards may be placed anywhere in the circuit description.

A.6 ELEMENT CARDS

A.6.1 Resistors

General form:

```
RXXXXXXX N1 N2 VALUE <TC=TC1<,TC2>>
```

Examples:

```
R1 1 2 100
RC1 12 17 1K TC=0.001,0.015
```

`N1` and `N2` are the two element nodes. `VALUE` is the resistance (in ohms) and may be positive or negative but not zero.

`TC1` and `TC2` are the (optional) temperature coefficients; if not specified, zero is assumed for both. The value of the resistor as a function of temperature is given by:

$$R(T) = R(T_0)\left[1 + \texttt{TC1}(T - T_0) + \texttt{TC2}(T - T_0)^2\right]$$

A.6.2 Capacitors and Inductors

General form:

```
CXXXXXXX N+ N- VALUE <IC=INCOND>
LYYYYYYY N+ N- VALUE <IC=INCOND>
```

Examples:

```
CBYP 13 0 1UF
COSC 17 23 10U IC=3V
LLINK 42 69 1UH
LSHUNT 23 51 10U
IC=15.7MA
```

`N+` and `N-` are the positive and negative element nodes, respectively. `VALUE` is the capacitance in Farads or the inductance in Henries.

For the capacitor, the (optional) initial condition is the initial (time-zero) value of capacitor voltage (in Volts). For the inductor, the (optional) initial condition is the initial (time-zero) value of inductor current (in Amps) that flows from `N+`, through the inductor, to `N-`. Note that the initial conditions (if any) apply 'only' if the `UIC` option is specified on the `.TRAN` card.

Nonlinear capacitors and inductors can be described.

General form :

```
CXXXXXXX N+ N- POLY C0 C1 C2 ... <IC=INCOND>
LYYYYYYY N+ N- POLY L0 L1 L2 ... <IC=INCOND>
```

`C0 C1 C2 ...` (and `L0 L1 L2 ...`) are the coefficients of a polynomial describing the element value. The capacitance is expressed as a function of the voltage across the element while the inductance is a function of the current through the inductor. The value is computed as

$$C(v) = \mathtt{C0} + \mathtt{C1} * v + \mathtt{C2} * v^2 + \cdots$$
$$L(i) = \mathtt{L0} + \mathtt{L1} * i + \mathtt{L2} * i^2 + \cdots$$

where v is the voltage across the capacitor and i the current flowing in the inductor.

A.6.3 Coupled (Mutual) Inductors

General form:

```
KXXXXXXX LYYYYYYY LZZZZZZZ VALUE
```

Examples:

```
K43 LAA LBB 0.999
KXFRMR L1 L2 0.87
```

LYYYYYYY and LZZZZZZZ are the names of the two coupled inductors, and VALUE is the coefficient of coupling, K, which must be greater than 0 and less than or equal to 1. Using the 'dot' convention, place a 'dot' on the first node of each inductor.

A.6.4 Transmission Lines (Lossless)

General form:

```
TXXXXXXX N1 N2 N3 N4 Z0=VALUE <TD=VALUE> <F=FREQ
+ <NL=NRMLEN>> <IC=V1,I1,V2,I2>
```

Examples:

```
T1 1 0 2 0 Z0=50 TD=10NS
```

N1 and N2 are the nodes at port 1; N3 and N4 are the nodes at port 2. Z0 is the characteristic impedance. The length of the line may be expressed in either of two forms. The transmission delay, TD, may be specified directly (as TD = 10 ns, for example). Alternatively, a frequency F may be given, together with NL, the normalized electrical length of the transmission line with respect to the wavelength in the line at the frequency F. If a frequency is specified but NL is omitted, 0.25 is assumed (that is, the frequency is assumed to be the quarter-wave frequency). Note that although both forms for expressing the line length are indicated as optional, one of the two must be specified.

Note that this element models only one propagating mode. If all four nodes are distinct in the actual circuit, then two modes may be excited. To simulate such a situation, two transmission line elements are required. (see the example in Appendix A for further clarification.)

The (optional) initial condition specification consists of the voltage and current at each of the transmission line ports. Note that the initial conditions (if any) apply 'only' if the `UIC` option is specified on the `.TRAN` card.

One should be aware that SPICE will use a transient time-step which does not exceed 1/2 the minimum transmission line delay. Therefore very short transmission lines (compared with the analysis time frame) will cause long run times.

A.6.5 Linear Dependent Sources

SPICE allows circuits to contain linear dependent sources characterized by any of the four equations

$$i = g * v \quad v = e * v \quad i = f * i \quad v = h * i$$

where g, e, f, and h are constants representing transconductance, voltage gain, current gain, and transresistance, respectively.

A.6.6 Linear Voltage-Controlled Current Sources

General form:

```
GXXXXXXX N+ N- NC+ NC- VALUE
```

Examples:

```
G1 2 0 5 0 0.1MMHO
```

`N+` and `N-` are the positive and negative nodes, respectively. Current flow is from the positive node, through the source, to the negative node. `NC+` and `NC-` are the positive and negative controlling nodes, respectively. `VALUE` is the transconductance (in mhos).

A.6.7 Linear Voltage-Controlled Voltage Sources

General form:

```
EXXXXXXX N+ N- NC+ NC- VALUE
```

Examples:

```
E1 2 3 14 1 2.0
```

`N+` is the positive node, and `N-` is the negative node. `NC+` and `NC-` are the positive and negative controlling nodes, respectively. `VALUE` is the voltage gain.

A.6.8 Linear Current-Controlled Current Sources

General form:

```
FXXXXXXX N+ N- VNAM VALUE
```

Examples:

```
F1 13 5 VSENS 5
```

`N+` and `N-` are the positive and negative nodes, respectively. Current flow is from the positive node, through the source, to the negative node. `VNAM` is the name of a voltage source through which the controlling current flows. The direction of positive controlling current flow is from the positive node, through the source, to the negative node of `VNAM`. `VALUE` is the current gain.

A.6.9 Linear Current-Controlled Voltage Sources

General form:

```
HXXXXXXX N+ N- VNAM VALUE
```

Examples:

```
HX 5 17 VZ 0.5K
```

`N+` and `N-` are the positive and negative nodes, respectively. `VNAM` is the name of a voltage source through which the controlling current flows. The direction of positive controlling current flow is from the positive node, through the source, to the negative node of `VNAM`. `VALUE` is the transresistance (in ohms).

A.6.10 Independent Sources

General form:

```
VXXXXXXX N+ N- <<DC> DC/TRAN VALUE> <AC <ACMAG <ACPHASE>>>
IYYYYYYY N+ N- <<DC> DC/TRAN VALUE> <AC <ACMAG <ACPHASE>>>
```

Examples:

```
VCC 10 0 DC 6
```

```
VIN 13 2 0.001 AC 1 SIN (0 1 1MEG)
ISRC 23 21 AC 0.333 45.0 SFFM (0 1 10K 5 1K)
VMEAS 12 9
```

`N+` and `N-` are the positive and negative nodes, respectively. Note that voltage sources need not be grounded. Positive current is assumed to flow from the positive node, through the source, to the negative node. A current source of positive value, will force current to flow out of the `N+` node, through the source, and into the `N-` node. Voltage sources, in addition to being used for circuit excitation, are the 'ammeters' for SPICE, that is, zero valued voltage sources may be inserted into the circuit for the purpose of measuring current. They will, of course, have no effect on circuit operation since they represent short-circuits.

`DC/TRAN` is the dc and transient analysis value of the source. If the source value is zero both for dc and transient analyses, this value may be omitted. If the source value is time-invariant (e.g., a power supply), then the value may optionally be preceded by the letters `DC`.

`ACMAG` is the ac magnitude and `ACPHASE` is the ac phase. The source is set to this value in the ac analysis. If `ACMAG` is omitted following the keyword `AC`, a value of unity is assumed. If `ACPHASE` is omitted, a value of zero is assumed. If the source is not an ac small-signal input, the keyword `AC` and the ac values are omitted.

Any independent source can be assigned a time-dependent value for transient analysis. If a source is assigned a time dependent value, the time-zero value is used for dc analysis. There are five independent source functions: pulse, exponential, sinusoidal, piece-wise linear, and single-frequency FM. If parameters other than source values are omitted or set to zero, the default values shown will be assumed. `TSTEP` is the printing increment and `TSTOP` is the final time. (see the `.TRAN` card for explanation.) These parameters are used in defaulting some source parameters.

1. Pulse

   General form:

   ```
   PULSE (V1 V2 TD TR TF PW PER)
   ```

   Examples:

   ```
   VIN 3 0 PULSE (-1 1 2NS 2NS 2NS 50NS 100NS)
   ```

parameters	default values	units
V1 (initial value)		Volts or Amps
V2 (pulsed value)		Volts or Amps
TD (delay time)	0.0	seconds
TR (rise time)	TSTEP	seconds
TF (fall time)	TSTEP	seconds
PW (pulse width)	TSTOP	seconds
PER (period)	TSTOP	seconds

A single pulse so specified is described by the following table:

time	value
0	V1
TD	V1
TD + TR	V2
TD + TR + PW	V2
TD + TR + PW + TF	V1
TSTOP	V1

Intermediate points are determined by linear interpolation.

2. Sinusoidal

General form:

```
SIN (VO VA FREQ TD THETA)
```

Examples:

```
VIN 3 0 SIN (0 1 100MEG 1NS 1E10)
```

parameters	default values	units
VO (offset)		Volts or Amps
VA (amplitude)		Volts or Amps
FREQ (frequency)	1/TSTOP	Hz
TD (delay)	0.0	seconds
THETA (damping factor)	0.0	1/seconds

The shape of the waveform is described by the following table:

time	value
0 to TD	VO
TD to TSTOP	$\mathtt{VO} + \mathtt{VA} * \exp[-(t - \mathtt{TD}) * \mathtt{THETA}]$
	$* \sin[2\pi * \mathtt{FREQ} * (t - \mathtt{TD})]$

3. Exponential

General form:

```
EXP (V1 V2 TD1 TAU1 TD2 TAU2)
```

Examples:

```
VIN 3 0 EXP (-4 -1 2NS 30NS 60NS 40NS)
```

parameters	default values	units
V1 (initial value)		Volts or Amps
V2 (pulsed value)		Volts or Amps
TD1 (rise delay time)	0.0	seconds
TAU1 (rise time constant)	TSTEP	seconds
TD2 (fall delay time)	TD1 + TSTEP	seconds
TAU2 (fall time constant)	TSTEP	seconds

The shape of the waveform is described by the following table:

time	value
0 to TD1	V1
TD1 to TD2	$\mathtt{V1} + (\mathtt{V2} - \mathtt{V1}) * [1 - \exp(-(t - \mathtt{TD1})/\mathtt{TAU1})]$
TD2 to TSTOP	$\mathtt{V1} + (\mathtt{V2} - \mathtt{V1}) * [1 - \exp(-(t - \mathtt{TD1})/\mathtt{TAU1})]$
	$+ (\mathtt{V1} - \mathtt{V2}) * [1 - \exp(-(t - \mathtt{TD2})/\mathtt{TAU2})]$

4. Piecewise Linear

General form:

```
PWL (T1 V1 <T2 V2 T3 V3 T4 V4 ...>)
```

Examples:

```
VCLOCK 7 5 PWL (0 -7 10NS -7 11NS -3 17NS -3 18NS -7)
```

The shape of the waveform is described as follows:

Each pair of values (T_i, V_i) specifies that the value of the source is V_i (in Volts or Amps) at time = T_i. The value of the source at intermediate values of time is determined by using linear interpolation on the input values.

5. Single-Frequency FM

General form:

`SFFM (VO VA FC MDI FS)`

Examples:

`V1 12 0 SFFM (0 1M 20K 5 1K)`

parameters	default values	units
`VO` (offset)		Volts or Amps
`VA` (amplitude)		Volts or Amps
`FC` (carrier frequency)	`1/TSTOP`	Hz
`MDI` (modulation index)		
`FS` (signal frequency)	`1/TSTOP`	Hz

The shape of the waveform is described by the following equation:

$$v(t) = \mathtt{VO} + \mathtt{VA} * \sin[(2\pi * \mathtt{FC} * t) + \mathtt{MDI} * \sin(2\pi * \mathsf{FS} * t)]$$

A.7 SEMICONDUCTOR DEVICES

The elements that have been described to this point typically require only a few parameter values to specify completely the electrical characteristics of the element. However, the models for the four semiconductor devices that are included in the SPICE program require many parameter values. Moreover, many devices in a circuit often are defined by the same set of device model parameters. For these reasons, a set of device model parameters is defined on a separate `.MODEL` card and assigned a unique model name. The device element cards in SPICE then reference the model name. This scheme alleviates the need to specify all of the model parameters on each device element card. Each device element card contains the device name, the nodes to which the device is connected, and the device model name. In addition, other optional parameters may be specified for each device: geometric factors and an initial condition.

The area factor used on the diode, BJT and JFET device card determines the number of equivalent parallel devices of a specified model. The affected parameters are marked with an asterisk under the heading 'area' in the model descriptions below. Several geometric factors associated with the channel and the drain and source diffusions can be specified on the MOSFET device card.

Two different forms of initial conditions may be specified for devices. The first form is included to improve the dc convergence for circuits that contain more than one stable state. If a device is specified `OFF`, the dc operating point is determined with the terminal voltages for that device set to zero. After convergence is obtained, the program continues to iterate to obtain the exact value for the terminal voltages. If a circuit has more than one dc stable state, the `OFF` option can be used to force the solution to correspond to a desired state. If a device is specified `OFF` when in reality the device is conducting, the program will still obtain the correct solution (assuming the solutions converge) but more iterations will be required since the program must independently converge to two separate solutions. The `.NODESET` card serves a similar purpose as the `OFF` option. The `.NODESET` option is easier to apply and is the preferred means to aid convergence.

The second form of initial conditions are specified for use with the transient analysis. These are true 'initial conditions' as opposed to the convergence aids above. See the description of the `.IC` card and the `.TRAN` card for a detailed explanation of initial conditions.

A.7.1 Junction Diodes

General form:

```
DXXXXXXX N+ N- MNAME <AREA> <OFF> <IC=VD>
```

Examples:

```
DBRIDGE 2 10 DIODE1
DCLMP 3 7 DMOD 3.0 IC=0.2
```

`N+` and `N-` are the positive and negative nodes, respectively. `MNAME` is the model name, `AREA` is the area factor, and off indicates an (optional) starting condition on the device for dc analysis. If the area factor is omitted, a value of 1.0 is assumed. The (optional) initial condition specification using `IC=VD` is intended for use with the `UIC` option on the `.TRAN` card, when a transient analysis is desired starting from other than the quiescent operating point.

A.7.2 Bipolar Junction Transistors (BJTs)

General form:

```
QXXXXXXX NC NB NE <NS> MNAME <AREA> <OFF> <IC=VBE,VCE>
```

Examples:

```
Q23 10 24 13 QMOD IC=0.6,5.0 Q50A 11 26 4 20 MOD1
```

`NC`, `NB`, and `NE` are the collector, base, and emitter nodes, respectively. `NS` is the (optional) substrate node. If unspecified, ground is used. `MNAME` is the model name, `AREA` is the area factor, and `OFF` indicates an (optional) initial condition on the device for the dc analysis. If the area factor is omitted, a value of 1.0 is assumed. The (optional) initial condition specification using `IC=VBE,VCE` is intended for use with the `UIC` option on the `.TRAN` card, when a transient analysis is desired starting from other than the quiescent operating point. See the `.IC` card description for a better way to set transient initial conditions.

A.7.3 Junction Field-Effect Transistors (JFETs)

General form:

```
JXXXXXXX ND NG NS MNAME <AREA> <OFF> <IC=VDS,VGS>
```

Examples:

```
J1 7 2 3 JM1 OFF
```

`ND`, `NG`, and `NS` are the drain, gate, and source nodes, respectively. `MNAME` is the model name, `AREA` is the area factor, and `OFF` indicates an (optional) initial condition on the device for dc analysis. If the area factor is omitted, a value of 1.0 is assumed. The (optional) initial condition specification, using `IC=VDS,VGS` is intended for use with the `UIC` option on the `.TRAN` card, when a transient analysis is desired starting from other than the quiescent operating point (see the `.IC` card for a better way to set initial conditions).

A.7.4 MOSFETs

General form:

```
MXXXXXXX ND NG NS NB MNAME <L=VAL> <W=VAL> <AD=VAL> <AS=VAL>
```

```
+<PD=VAL> <PS=VAL> <NRD=VAL> <NRS=VAL> <OFF> <IC=VDS,VGS,VBS>
```

Examples:

```
M1 24 2 0 20 TYPE1
M31 2 17 6 10 MODM L=5U W=2U
M31 2 16 6 10 MODM 5U 2U
M1 2 9 3 0 MOD1 L=10U W=5U AD=100P AS=100P PD=40U PS=40U
M1 2 9 3 0 MOD1 10U 5U 2P 2P
```

ND, NG, NS, and NB are the drain, gate, source, and bulk (substrate) nodes, respectively. MNAME is the model name. L and W are the channel length and width, in meters. AD and AS are the areas of the drain and source diffusions, in square meters. Note that the suffix U specifies microns (1E-6 m) and P square microns (1E−12 sq-m). If any of L, W, AD, or AS are not specified, default values are used. The user may specify the values to be used for these default parameters on the .OPTIONS card. The use of defaults simplifies input deck preparation, as well as the editing required if device geometries are to be changed. PD and PS are the perimeters of the drain and source junctions, in meters. NRD and NRS designate the equivalent number of squares of the drain and source diffusions; these values multiply the sheet resistance RSH specified on the .MODEL card for an accurate representation of the parasitic series drain and source resistance of each transistor. PD and PS default to 0.0 while NRD and NRS to 1.0. OFF indicates an (optional) initial condition on the device for dc analysis. The (optional) initial condition specification using IC=VDS,VGS,VBS is intended for use with the UIC option on the .TRAN card, when a transient analysis is desired starting from other than the quiescent operating point. See the .IC card for a better and more convenient way to specify transient initial conditions.

A.7.5 .MODEL Card

General form:

```
.MODEL MNAME TYPE (PNAME1=PVAL1 PNAME2=PVAL2 ...)
```

Examples:

```
.MODEL MOD1 NPN BF=50 IS=1E-13 VBF=50
```

The .MODEL card specifies a set of model parameters that will be used by one or more devices. MNAME is the model name, and type is one of the following seven types:

NPN – NPN BJT model

PNP – PNP BJT model

D – diode model

NJF – N-channel JFET model

PJF – P-channel JFET model

NMOS – N-channel MOSFET model

PMOS – P-channel MOSFET model

Parameter values are defined by appending the parameter name, as given below for each model type, followed by an equal sign and the parameter value. Model parameters that are not given a value are assigned the default values given below for each model type.

A.7.6 Diode Model

The dc characteristics of the diode are determined by the parameters IS and N. An ohmic resistance, RS, is included. Charge storage effects are modeled by a transit time, TT, and a nonlinear depletion layer capacitance which is determined by the parameters CJO, VJ, and M. The temperature dependence of the saturation current is defined by the parameters EG, the energy and XTI, the saturation current temperature exponent. Reverse breakdown is modeled by an exponential increase in the reverse diode current and is determined by the parameters BV and IBV (both of which are positive numbers).

	name	parameter	units	default	example	area
1	IS	saturation current	A	1.0E-14	1.0E-14	*
2	RS	ohmic resistance	Ohm	0	10	*
3	N	emission coefficient	-	1	1.0	
4	TT	transit-time	sec	0	0.1Ns	
5	CJO	zero-bias junction capacitance	F	0	2PF	*
6	VJ	junction potential	V	1	0.6	
7	M	grading coefficient	-	0.5	0.5	
8	EG	activation energy	eV	1.11	1.11 Si	
					0.69 Sbd	
					0.67 Ge	
9	XTI	saturation-current temp. exp	-	3.0	3.0 jn	
					2.0 Sbd	

10	KF	flicker noise coefficient	-	0
11	AF	flicker noise exponent	-	1
12	FC	coefficient for forward-bias depletion capacitance formula	-	0.5
13	BV	reverse breakdown voltage	V	infinite 40.0
14	IBV	current at breakdown voltage	A	1.0E-3

A.7.7 BJT Models (both NPN and PNP)

The bipolar junction transistor model in SPICE is an adaptation of the integral charge control model of Gummel and Poon. This modified Gummel-Poon model extends the original model to include several effects at high bias levels. The model will automatically simplify to the simpler Ebers-Moll model when certain parameters are not specified. The parameter names used in the modified Gummel-Poon model have been chosen to be more easily understood by the program user, and to reflect better both physical and circuit design thinking.

The dc model is defined by the parameters IS, BF, NF, ISE, IKF, and NE which determine the forward current gain characteristics, IS, BR, NR, ISC, IKR, and NC which determine the reverse current gain characteristics, and VAF and VAR which determine the output conductance for forward and reverse regions. Three ohmic resistances RB, RC, and RE are included, where RB can be high current dependent. Base charge storage is modeled by forward and reverse transit times, TF and TR, the forward transit time TF being bias dependent if desired, and nonlinear depletion layer capacitances which are determined by CJE, VJE, and MJE for the B-E junction, CJC, VJC, and MJC for the B-C junction and CJS, VJS, and MJS for the C-S (Collector-Substrate) junction. The temperature dependence of the saturation current, IS, is determined by the energy gap, EG, and the saturation current temperature exponent, XTI. Additionally base current temperature dependence is modeled by the beta temperature exponent XTB in the new model.

The BJT parameters used in the modified Gummel-Poon model are listed below. The parameter names used in earlier versions of SPICE2 are still accepted.

Modified Gummel-Poon BJT Parameters.

	name	parameter	units	default	example	area
1	IS	transport saturation current	A	1.0E-16	1.0E-15	*
2	BF	ideal maximum forward beta	-	100	100	
3	NF	forward current emission coefficient	-	1.0	1	

4	VAF	forward Early voltage	V	infinite	200	
5	IKF	corner for forward beta high current roll-off	A	infinite	0.01	*
6	ISE	B-E leakage saturation current	A	0	1.0E-13	*
7	NE	B-E leakage emission coefficient	-	1.5	2	
8	BR	ideal maximum reverse beta	-	1	0.1	
9	NR	reverse current emission coefficient	-	1	1	
10	VAR	reverse Early voltage	V	infinite	200	
11	IKR	corner for reverse beta high current roll-off	A	infinite	0.01	*
12	ISC	B-C leakage saturation current	A	0	1.0E-13	*
13	NC	B-C leakage emission coefficient	-	2	1.5	
14	RB	zero bias base resistance	Ohms	0	100	*
15	IRB	current where base resistance falls halfway to its min value	A	infinite	0.1	*
16	RBM	minimum base resistance at high currents	Ohms	RB	10	*
17	RE	emitter resistance	Ohms	0	1	*
18	RC	collector resistance	Ohms	0	10	*
19	CJE	B-E zero-bias depletion capacitance	F	0	2PF	*
20	VJE	B-E built-in potential	V	0.75	0.6	
21	MJE	B-E junction exponential factor	-	0.33	0.33	
22	TF	ideal forward transit time	sec	0	0.1Ns	
23	XTF	coefficient for bias dependence of TF	-	0		
24	VTF	voltage describing VBC dependence of TF	V	infinite		
25	ITF	high-current parameter for effect on TF	A	0		*
26	PTF	excess phase at freq=1.0/(TF*2PI) Hz	deg	0		
27	CJC	B-C zero-bias depletion capacitance	F	0	2PF	*
28	VJC	B-C built-in potential	V	0.75	0.5	
29	MJC	B-C junction exponential factor	-	0.33	0.5	
30	XCJC	fraction of B-C depletion capacitance connected to internal base node	-	1		
31	TR	ideal reverse transit time	sec	0	10Ns	
32	CJS	zero-bias collector-substrate capacitance	F	0	2PF	*

33 VJS	substrate junction built-in potential	V	0.75	
34 MJS	substrate junction exponential factor	-	0	0.5
35 XTB	forward and reverse beta temperature exponent	-	0	
36 EG	energy gap for temperature effect on IS	eV	1.11	
37 XTI	temperature exponent for effect on IS	-	3	
38 KF	flicker-noise coefficient	-	0	
39 AF	flicker-noise exponent	-	1	
40 FC	coefficient for forward-bias depletion capacitance formula	-	0.5	

A.7.8 JFET Models (both N and P Channel)

The JFET model is derived from the FET model of Shichman and Hodges. The dc characteristics are defined by the parameters VTO and BETA, which determine the variation of drain current with gate voltage, LAMBDA, which determines the output conductance, and IS, the saturation current of the two gate junctions. Two ohmic resistances, RD and RS, are included. Charge storage is modeled by nonlinear depletion layer capacitances for both gate junctions which vary as the $-1/2$ power of junction voltage and are defined by the parameters CGS, CGD, and PB.

	name	parameter	units	default	example	area
1	VTO	threshold voltage	V	-2.0	-2.0	
2	BETA	transconductance parameter	A/V**2	1.0E-4	1.0E-3	*
3	LAMBDA	channel length modulation parameter	1/V	0	1.0E-4	
4	RD	drain ohmic resistance	Ohm	0	100	*
5	RS	source ohmic resistance	Ohm	0	100	*
6	CGS	zero-bias G-S junction capacitance	F	0	5PF	*
7	CGD	zero-bias G-D junction capacitance	F	0	1PF	*
8	PB	gate junction potential	V	1	0.6	
9	IS	gate junction saturation current	A	1.0E-14	1.0E-14	*
10	KF	flicker noise coefficient	-	0		
11	AF	flicker noise exponent	-	1		
12	FC	coefficient for forward-bias depletion capacitance formula	-	0.5		

A.7.9 MOSFET Models (both N and P channel)

SPICE provides three MOSFET device models which differ in the formulation of the I-V characteristic. The variable `LEVEL` specifies the model to be used:

`LEVEL` = 1 – Shichman-Hodges

`LEVEL` = 2 – MOS2 (as described in [1])

`LEVEL` = 3 – MOS3, a semi-empirical model (see [1])

The dc characteristics of the MOSFET are defined by the device parameters `VTO`, `KP`, `LAMBDA`, `PHI` and `GAMMA`. These parameters are computed by SPICE if process parameters (`NSUB`, `TOX`, ...) are given, but user-specified values always override. `VTO` is positive (negative) for enhancement mode and negative (positive) for depletion mode N-channel (P-channel) devices. Charge storage is modeled by three constant capacitors, `CGSO`, `CGDO`, and `CGBO` which represent overlap capacitances, by the nonlinear thin-oxide capacitance which is distributed among the gate, source, drain, and bulk regions, and by the nonlinear depletion-layer capacitances for both substrate junctions divided into bottom and periphery, which vary as the `MJ` and `MJSW` power of junction voltage respectively, and are determined by the parameters `CBD`, `CBS`, `CJ`, `CJSW`, `MJ`, `MJSW` and `PB`. There are two built-in models of the charge storage effects associated with the thin-oxide. The default is the piecewise linear voltage-dependent capacitance model proposed by Meyer. The second choice is the charge-controlled capacitance model of Ward and Dutton [1]. The `XQC` model parameter acts as a flag and a coefficient at the same time. As the former it causes the program to use Meyer's model whenever larger than 0.5 or not specified, and the charge-controlled model when between 0 and 0.5. In the latter case its value defines the share of the channel charge associated with the drain terminal in the saturation region. The thin-oxide charge storage effects are treated slightly different for the `LEVEL=1` model. These voltage dependent capacitances are included only if `TOX` is specified in the input description and they are represented using Meyer's formulation.

There is some overlap among the parameters describing the junctions, e.g. the reverse current can be input either as `IS` (in A) or as `JS` (in A/m^2). Whereas the first is an absolute value, the second is multiplied by `AD` and `AS` to give the reverse current of the drain and source junctions respectively. This methodology has been chosen since there is no sense in relating always junction characteristics with `AD` and `AS` entered on the device card; the areas can be defaulted. The same idea applies also to the zero-bias junction capacitances `CBD` and `CBS` (in F) on one hand, and `CJ` (in F/m^2) on the other. The parasitic drain and source series resistance can be expressed as either RD and RS (in ohms) or RSH (in ohms/sq.), the latter being multiplied by the number of squares NRD and NRS input on the device card.

	name	parameter	units	default	example
1	LEVEL	model index	-	1	
2	VTO	zero-bias threshold voltage	V	0.0	1.0
3	KP	transconductance parameter	A/V**2	2.0E-5	3.1E-5
4	GAMMA	bulk threshold parameter	V**0.5	0.0	0.37
5	PHI	surface potential	V	0.6	0.65
6	LAMBDA	channel-length modulation (MOS1 and MOS2 only)	1/V	0.0	0.02
7	RD	drain ohmic resistance	Ohm	0.0	1.0
8	RS	source ohmic resistance	Ohm	0.0	1.0
9	CBD	zero-bias B-D junction capacitance	F	0.0	20FF
10	CBS	zero-bias B-S junction capacitance	F	0.0	20FF
11	IS	bulk junction saturation current	A	1.0E-14	1.0E-15
12	PB	bulk junction potential	V	0.8	0.87
13	CGSO	gate-source overlap capacitance per meter channel width	F/m	0.0	4.0E-11
14	CGDO	gate-drain overlap capacitance per meter channel width	F/m	0.0	4.0E-11
15	CGBO	gate-bulk overlap capacitance per meter channel length	F/m	0.0	2.0E-10
16	RSH	drain and source diffusion sheet resisitance	Ohm/sq.	0.0	10.0
17	CJ	zero-bias bulk junction bottom cap. per square meter of junction area	F/m**2	0.0	2.0E-4
18	MJ	bulk junction bottom grading coef.	-	0.5	0.5
19	CJSW	zero-bias bulk junction sidewall cap. per meter of junction perimeter	F/m	0.0	1.0E-9
20	MJSW	bulk junction sidewall grading coef.	-	0.33	
21	JS	bulk junction saturation current per square meter of junction area	A/m**2		1.0E-8
22	TOX	oxide thickness	meter	1.0E-7	1.0E-7
23	NSUB	substrate doping	1/cm**3	0.0	4.0E15
24	NSS	surface state density	1/cm**2	0.0	1.0E10
25	NFS	fast surface state density	1/cm**2	0.0	1.0E10

```
26 TPG    type of gate material:               -          1.0
              +1 opp. to substrate
              -1 same as substrate
               0  Al gate
27 XJ     metallurgical junction depth         meter      0.0      1U
28 LD     lateral diffusion                    meter      0.0      0.8U
29 UO     surface mobility                     cm**2/Vs   600      700
30 UCRIT  critical field for mobility
          degradation (MOS2 only)              V/cm       1.0E4    1.0E4
31 UEXP   critical field exponent in
          mobility degradation (MOS2 only)     -          0.0      0.1
32 UTRA   transverse field coef (mobility)
          (deleted for MOS2)                   -          0.0      0.3
33 VMAX   maximum drift velocity of carriers   m/s        0.0      5.0E4
34 NEFF   total channel charge (fixed and
          mobile) coefficient (MOS2 only)      -          1.0      5.0
35 XQC    thin-oxide capacitance model flag
          and coefficient of channel charge
          share attributed to drain (0 - 0.5)  -          1.0      0.4
36 KF     flicker noise coefficient            -          0.0      1.0E-26
37 AF     flicker noise exponent               -          1.0      1.2
38 FC     coefficient for forward-bias
          depletion capacitance formula        -          0.5
39 DELTA  width effect on threshold voltage
          (MOS2 and MOS3)                      -          0.0      1.0
40 THETA  mobility modulation (MOS3 only)      1/V        0.0      0.1
41 ETA    static feedback (MOS3 only)          -          0.0      1.0
42 KAPPA  saturation field factor (MOS3 only)  -          0.2      0.5
```

[1] A. Vladimirescu and S. Liu, "The Simulation of MOS Integrated Circuits Using SPICE2", Memo No. UCB/ERL M80/7, Electronics Research Laboratory, University of California, Berkeley, Oct. 1980.

A.8 SUBCIRCUITS

A subcircuit that consists of SPICE elements can be defined and referenced in a fashion similar to device models. The subcircuit is defined in the input deck by a grouping of element cards; the program then automatically inserts the group of elements wherever the subcircuit is referenced. There is no limit on the size or complexity of subcircuits, and subcircuits may contain other subcircuits. An example of subcircuit usage is given in Appendix A.

A.8.1 .SUBCKT Card

General form:

```
.SUBCKT subnam N1 <N2 N3 ...>
```

Examples:

```
.SUBCKT OPAMP 1 2 3 4
```

A circuit definition is begun with a `.SUBCKT` card. `SUBNAM` is the subcircuit name, and `N1`, `N2`, ... are the external nodes, which cannot be zero. The group of element cards which immediately follow the `.SUBCKT` card define the subcircuit. The last card in a subcircuit definition is the `.ENDS` card (see below). Control cards may not appear within a subcircuit definition; however, subcircuit definitions may contain anything else, including other subcircuit definitions, device models, and subcircuit calls (see below). Note that any device models or subcircuit definitions included as part of a subcircuit definition are strictly local (i.e., such models and definitions are not known outside the subcircuit definition). Also, any element nodes not included on the `.SUBCKT` card are strictly local, with the exception of 0 (ground) which is always global.

A.8.2 .ENDS Card

General form:

```
.ENDS <SUBNAM>
```

Examples:

```
.ENDS OPAMP
```

This card must be the last one for any subcircuit definition. The subcircuit name, if included, indicates which subcircuit definition is being terminated; if omitted, all subcircuits being defined are terminated. The name is needed only when nested subcircuit definitions are being made.

A.8.3 Subcircuit Calls

General form:

```
XYYYYYYY N1 <N2 N3 ...> SUBNAM
```

Examples:

```
X1 2 4 17 3 1 MULTI
```

Subcircuits are used in SPICE by specifying pseudo-elements beginning with the letter `X`, followed by the circuit nodes to be used in expanding the subcircuit.

A.9 CONTROL CARDS

A.9.1 .TEMP Card

General form:

```
.TEMP T1 <T2 <T3 ...>>
```

Examples:

```
.TEMP -55.0 25.0 125.0
```

This card specifies the temperatures at which the circuit is to be simulated. `T1`, `T2`, `...` are the different temperatures, in degrees C. Temperatures less than -223.0 deg C are ignored. Model data are specified at `TNOM` degrees (see the `.OPTIONS` card for `TNOM`); if the `.TEMP` card is omitted, the simulation will also be performed at a temperature equal to `TNOM`.

A.9.2 .WIDTH Card

General form:

```
.WIDTH IN=COLNUM OUT=COLNUM
```

Examples:

```
.WIDTH IN=72 OUT=133
```

`COLNUM` is the last column read from each line of input; the setting takes effect with the next line read. The default value for `COLNUM` is 80. The out parameter specifies the output print width. Permissible values for the output print width are 80 and 133.

A.9.3 .OPTIONS Card

General form:

```
.OPTIONS OPT1 OPT2 ... (or OPT=OPTVAL ...)
```

Examples:

```
.OPTIONS ACCT LIST NODE
```

This card allows the user to reset program control and user options for specific simulation purposes. Any combination of the following options may be included, in any order. 'x' (below) represents some positive number.

```
option      effect

ACCT        causes accounting and run time statistics to be printed
LIST        causes the summary listing of the input data to be printed
NOMOD       suppresses the printout of the model parameters.
NOPAGE      suppresses page ejects
NODE        causes the printing of the node table.
OPTS        causes the option values to be printed.
GMIN=x      resets the value of GMIN, the minimum conductance
            allowed by the program.  The default value is 1.0E-12.
RELTOL=x    resets the relative error tolerance of the program.  The
            default value is 0.001 (0.1 percent).
ABSTOL=x    resets the absolute current error tolerance of the
            program.  The default value is 1 picoamp.
VNTOL=x     resets the absolute voltage error tolerance of the
            program.  The default value is 1 microvolt.
TRTOL=x     resets the transient error tolerance.  The default value
            is 7.0.  This parameter is an estimate of the factor by
            which SPICE overestimates the actual truncation error.
CHGTOL=x    resets the charge tolerance of the program.  The default
            value is 1.0E-14.
PIVTOL=x    resets the absolute minimum value for a matrix entry
            to be accepted as a pivot.  The default value is 1.0E-13.
PIVREL=x    resets the relative ratio between the largest column entry
            and an acceptable pivot value. The default value is 1.0E-3.
```

	In the numerical pivoting algorithm the allowed minimum pivot value is determined by EPSREL=AMAX1(PIVREL*MAXVAL,PIVTOL) where MAXVAL is the maximum element in the column where a pivot is sought (partial pivoting).
NUMDGT=x	resets the number of significant digits printed for output variable values. X must satisfy the relation 0 < x < 8. The default value is 4. Note: this option is independent of the error tolerance used by SPICE (i.e., if the values of options RELTOL, ABSTOL, etc., are not changed then one may be printing numerical 'noise' for NUMDGT > 4.
TNOM=x	resets the nominal temperature. The default value is 27 deg C (300 deg K).
ITL1=x	resets the dc iteration limit. The default is 100.
ITL2=x	resets the dc transfer curve iteration limit. The default is 50.
ITL3=x	resets the lower transient analysis iteration limit. the default value is 4.
ITL4=x	resets the transient analysis timepoint iteration limit. the default is 10.
ITL5=x	resets the transient analysis total iteration limit. the default is 5000. Set ITL5=0 to omit this test.
ITL6=x	resets the dc iteration limit at each step of the source stepping method. The default is 0 which means not to use this method.
CPTIME=x	the maximum cpu time in seconds allowed for this job.
LIMTIM=x	resets the amount of cpu time reserved by SPICE for generating plots should a cpu time limit cause job termination. The default value is 2 (seconds).
LIMPTS=x	resets the total number of points that can be printed or plotted in a dc, ac, or transient analysis. The default value is 201.
LVLCOD=x	if x is 2 (two), then machine code for the matrix solution will be generated. Otherwise, no machine code is generated. The default value is 2. Applies only to CDC computers.
LVLTIM=x	if x is 1 (one), the iteration timestep control is used.

```
              if x is 2 (two), the truncation-error timestep is used.
              The default value is 2. If method=Gear and MAXORD>2 then
              LVLTIM is set to 2 by SPICE.
METHOD=name   sets the numerical integration method used by SPICE.
              Possible names are Gear or trapezoidal. The default is
              trapezoidal.
MAXORD=x      sets the maximum order for the integration method if
              Gear's variable-order method is used. X must be between
              2 and 6.  The default value is 2.
DEFL=x        resets the value for MOS channel length; the default
              is 100.0 micrometer.
DEFW=x        resets the value for MOS channel width; the default
              is 100.0 micrometer.
DEFAD=x       resets the value for MOS drain diffusion area; the
              default is 0.0.
DEFAS=x       resets the value for MOS source diffusion area; the
              default is 0.0.
```

A.9.4 .OP Card

General form:

```
.OP
```

The inclusion of this card in an input deck will force SPICE to determine the dc operating point of the circuit with inductors shorted and capacitors opened. Note: a dc analysis is automatically performed prior to a transient analysis to determine the transient initial conditions, and prior to an ac small-signal analysis to determine the linearized, small-signal models for nonlinear devices.

SPICE performs a dc operating point analysis if no other analyses are requested.

A.9.5 .DC Card

General form:

```
.DC SRCNAM VSTART VSTOP VINCR [SRC2 START2 STOP2 INCR2]
```

Examples:

```
.DC VIN 0.25 5.0 0.25
```

```
.DC VDS 0 10 .5 VGS 0 5 1
.DC VCE 0 10 .25 IB 0 10U 1U
```

This card defines the dc transfer curve source and sweep limits. SRCNAM is the name of an independent voltage or current source. VSTART, VSTOP, and VINCR are the starting, final, and incrementing values respectively. The first example will cause the value of the voltage source VIN to be swept from 0.25 Volts to 5.0 Volts in increments of 0.25 Volts. A second source (SRC2) may optionally be specified with associated sweep parameters. In this case, the first source will be swept over its range for each value of the second source. This option can be useful for obtaining semiconductor device output characteristics. See the second example data deck in that section of the guide.

A.9.6 .NODESET Card

General form:

```
.NODESET V(NODNUM)=VAL V(NODNUM)=VAL ...
```

Examples:

```
.NODESET V(12)=4.5 V(4)=2.23
```

This card helps the program find the dc or initial transient solution by making a preliminary pass with the specified nodes held to the given voltages. The restriction is then released and the iteration continues to the true solution. The .NODESET card may be necessary for convergence on bistable or astable circuits. In general, this card should not be necessary.

A.9.7 .IC Card

General form:

```
.IC V(NODNUM)=VAL V(NODNUM)=VAL ...
```

Examples:

```
.IC V(11)=5 V(4)=-5 V(2)=2.2
```

This card is for setting transient initial conditions. It has two different interpretations, depending on whether the UIC parameter is specified on the .TRAN card. Also, one should not confuse this card with the `.NODESET` card. The `.NODESET` card is only to help dc convergence, and does not affect final bias solution (except for multi-stable circuits). The two interpretations of this card are as follows:

1. When the `UIC` parameter is specified on the `.TRAN` card, then the node voltages specified on the `.IC` card are used to compute the capacitor, diode, BJT, JFET, and MOSFET initial conditions. This is equivalent to specifying the `IC=...` parameter on each device card, but is much more convenient. The `IC=...` parameter can still be specified and will take precedence over the `.IC` values. Since no dc bias (initial transient) solution is computed before the transient analysis, one should take care to specify all dc source voltages on the `.IC` card if they are to be used to compute device initial conditions.
2. When the `UIC` parameter is not specified on the `.TRAN` card, the dc bias (initial transient) solution will be computed before the transient analysis. In this case, the node voltages specified on the `.IC` card will be forced to the desired initial values during the bias solution. During transient analysis, the constraint on these node voltages is removed.

A.9.8 .TF Card

General form:

```
.TF OUTVAR INSRC
```

Examples:

```
.TF V(5,3) VIN
.TF I(VLOAD) VIN
```

This card defines the small-signal output and input for the dc small-signal analysis. `OUTVAR` is the small-signal output variable and `INSRC` is the small-signal input source. If this card is included, SPICE will compute the dc small-signal value of the transfer function (output/input), input resistance, and output resistance. For the first example, SPICE would compute the ratio of `V(5,3)` to `VIN`, the small-signal input resistance at `VIN`, and the small-signal output resistance measured across nodes 5 and 3.

A.9.9 .SENS Card

General form:

```
.SENS OV1 <OV2 ... >
```

Examples:

```
.SENS V(9) V(4,3) V(17) I(VCC)
```

If a .SENS card is included in the input deck, SPICE will determine the dc small-signal sensitivities of each specified output variable with respect to every circuit parameter. Note: for large circuits, large amounts of output can be generated.

A.9.10 .AC Card

General form:

```
.AC DEC ND FSTART FSTOP
.AC OCT NO FSTART FSTOP
.AC LIN NP FSTART FSTOP
```

Examples:

```
.AC DEC 10 1 10K
.AC DEC 10 1K 100MEG
.AC LIN 100 1 100HZ
```

DEC stands for decade variation, and ND is the number of points per decade. OCT stands for octave variation, and NO is the number of points per octave. LIN stands for linear variation, and NP is the number of points. FSTART is the starting frequency, and FSTOP is the final frequency. If this card is included in the deck, SPICE will perform an ac analysis of the circuit over the specified frequency range. Note that in order for this analysis to be meaningful, at least one independent source must have been specified with an ac value.

A.9.11 .DISTO Card

General form:

```
.DISTO RLOAD <INTER <SKW2 <REFPWR <SPW2>>>>
```

Examples:

```
.DISTO RL 2 0.95 1.0E-3 0.75
```

This card controls whether SPICE will compute the distortion characteristic of the circuit in a small-signal mode as a part of the ac small-signal sinusoidal steady-state analysis. The analysis is performed assuming that one or two signal frequencies are imposed at the input; let the two frequencies be f_1 (the nominal analysis frequency) and f_2 (= `SKW2`$* f_1$). The program then computes the following distortion measures:

`HD2` – the magnitude of the frequency component $2 * f_1$ assuming that f_2 is not present.

`HD3` – the magnitude of the frequency component $3 * f_1$ assuming that f_2 is not present.

`SIM2` – the magnitude of the frequency component $f_1 + f_2$.

`DIM2` – the magnitude of the frequency component $f_1 - f_2$.

`DIM3` – the magnitude of the frequency component $2 * f_1 - f_2$.

`RLOAD` is the name of the output load resistor into which all distortion power products are to be computed. `INTER` is the interval at which the summary printout of the contributions of all nonlinear devices to the total distortion is to be printed. If omitted or set to zero, no summary printout will be made. `REFPWR` is the reference power level used in computing the distortion products; if omitted, a value of 1 mW (that is, dbm) is used. `SKW2` is the ratio of f_2 to f_1. If omitted, a value of 0.9 is used (i.e., $f_2 = 0.9 * f_1$). `SPW2` is the amplitude of f_2. If omitted, a value of 1.0 is assumed.

The distortion measures `HD2`, `HD3`, `SIM2`, `DIM2`, and `DIM3` may also be be printed and/or plotted (see the description of the `.PRINT` and `.PLOT` cards).

A.9.12 .NOISE Card

General form:

```
.NOISE OUTV INSRC NUMS
```

Examples:

```
.NOISE V(5) VIN 10
```

This card controls the noise analysis of the circuit. The noise analysis is performed in conjunction with the ac analysis (see `.AC` card). `OUTV` is an output voltage which defines the summing point. `INSRC` is the name of the independent voltage or current source which is the noise input reference. NUMS is the summary interval. SPICE will compute the equivalent output noise at the specified output as well as the equivalent input noise at the specified input. In addition, the contributions of every noise generator in the circuit will be printed at every NUMS frequency points (the summary interval). If NUMS is zero, no summary printout will be made.

The output noise and the equivalent input noise may also be printed and/or plotted (see the description of the .PRINT and .PLOT cards).

A.9.13 .TRAN Card

General form:

```
.TRAN TSTEP TSTOP <TSTART <TMAX>> <UIC>
```

Examples:

```
.TRAN 1NS 100NS
.TRAN 1NS 1000NS 500NS
.TRAN 10NS 1US UIC
```

TSTEP is the printing or plotting increment for line-printer output. For use with the post processor, TSTEP is the suggested computing increment. TSTOP is the final time, and TSTART is the initial time. If TSTART is omitted, it is assumed to be zero. The transient analysis always begins at time zero. In the interval (zero, TSTART), the circuit is analyzed (to reach a steady state), but no outputs are stored. In the interval (TSTART, TSTOP), the circuit is analyzed and outputs are stored. TMAX is the maximum stepsize that SPICE will use (for default, the program chooses either TSTEP or (TSTOP − TSTART)/50, whichever is smaller. TMAX is useful when one wishes to guarantee a computing interval which is smaller than the printer increment, TSTEP.

UIC (use initial conditions) is an optional keyword which indicates that the user does not want SPICE to solve for the quiescent operating point before beginning the transient analysis. If this keyword is specified, SPICE uses the values specified using IC=... on the various elements as the initial transient condition and proceeds with the analysis. If the .IC card has been specified, then the node voltages on the .IC card are used to compute the initial conditions for the devices. Look at the description on the .IC card for its interpretation when UIC is not specified.

A.9.14 .FOUR Card

General form:

```
.FOUR FREQ OV1 <OV2 OV3 ...>
```

Examples:

```
.FOUR 100K  V(5)
```

This card controls whether SPICE performs a Fourier analysis as a part of the transient analysis. FREQ is the fundamental frequency, and OV1, ..., are the output variables for which the analysis is desired. The Fourier analysis is performed over the interval (TSTOP – period, TSTOP), where TSTOP is the final time specified for the transient analysis, and period is one period of the fundamental frequency. The dc component and the first nine components are determined. For maximum accuracy, TMAX (see the .TRAN card) should be set to period/100 (or less for very high-Q circuits).

A.9.15 .PRINT Cards

General form:

```
.PRINT PRTYPE OV1 <OV2 ... OV8>
```

Examples:

```
.PRINT TRAN V(4) I(VIN)
.PRINT AC VM(4,2) VR(7) VP(8,3)
.PRINT DC V(2) I(VSRC) V(23,17)
.PRINT NOISE INOISE
.PRINT DISTO HD3 SIM2(DB)
```

This card defines the contents of a tabular listing of one to eight output variables. PRTYPE is the type of the analysis (DC, AC, TRAN, NOISE, or DISTO) for which the specified outputs are desired. The form for voltage or current output variables is as follows:

V(N1<,N2>) specifies the voltage difference between nodes N1 and N2. If N2 (and the preceding comma) is omitted, ground (0) is assumed. For the ac analysis, five additional outputs can be accessed by replacing the letter V by:

VR – real part

VI – imaginary part

VM – magnitude

VP – phase

VDB – 20*log10(magnitude)

I(VXXXXXXX) specifies the current flowing in the independent voltage source named VXXXXXXX. Positive current flows from the positive node, through the source, to the negative node. For the ac analysis, the corresponding replacements for the letter I may be made in the same way as described for voltage outputs.

Output variables for the noise and distortion analyses have a different general form from that of the other analyses, i.e.,

OV<(X)> where OV is any of ONOISE (output noise), INOISE (equivalent input noise), D2, HD3, SIM2, DIM2, or DIM3 (see description of distortion analysis), and X may be any of:

R – real part

I – imaginary part

M – magnitude (default if nothing specified)

P – phase

DB – 20*log10(magnitude)

thus, SIM2 (or SIM2(M)) describes the magnitude of the SIM2 distortion measure, while HD2(R) describes the real part of the HD2 distortion measure.

There is no limit on the number of .PRINT cards for each type of analysis.

A.9.16 .PLOT Cards

General form:

```
.PLOT PLTYPE OV1 <(PLO1,PHI1)> <OV2 <(PLO2,PHI2)> ... OV8>
```

Examples:

```
.PLOT DC V(4) V(5) V(1)
.PLOT TRAN V(17,5) (2,5) I(VIN) V(17) (1,9)
.PLOT AC VM(5) VM(31,24) VDB(5) VP(5)
```

```
.PLOT DISTO HD2 HD3(R) SIM2
.PLOT TRAN V(5,3) V(4) (0,5) V(7) (0,10)
```

This card defines the contents of one plot of from one to eight output variables. `PLTYPE` is the type of analysis (`DC`, `AC`, `TRAN`, `NOISE`, or `DISTO`) for which the specified outputs are desired. The syntax for the `OVI` is identical to that for the `.PRINT` card, described above.

The optional plot limits (`PLO,PHI`) may be specified after any of the output variables. All output variables to the left of a pair of plot limits (`PLO,PHI`) will be plotted using the same lower and upper plot bounds. If plot limits are not specified, SPICE will automatically determine the minimum and maximum values of all output variables being plotted and scale the plot to fit. More than one scale will be used if the output variable values warrant (i.e., mixing output variables with values which are orders-of-magnitude different still gives readable plots).

The overlap of two or more traces on any plot is indicated by the letter `X`.

When more than one output variable appears on the same plot, the first variable specified will be printed as well as plotted. If a printout of all variables is desired, then a companion `.PRINT` card should be included.

There is no limit on the number of `.PLOT` cards specified for each type of analysis.

A.10 EXAMPLE DATA DECKS

A.10.1 Circuit 1

The following deck determines the dc operating point and small-signal transfer function of a simple differential pair. In addition, the ac small-signal response is computed over the frequency range 1 Hz to 100 MHz.

```
SIMPLE DIFFERENTIAL PAIR
VCC 7 0 12
VEE 8 0 -12
VIN 1 0 AC 1
RS1 1 2 1K
RS2 6 0 1K
Q1 3 2 4 MOD1
Q2 5 6 4 MOD1
RC1 7 3 10K
RC2 7 5 10K
```

```
RE 4 8 10K
.MODEL MOD1 NPN BF=50 VAF=50 IS=1.E-12 RB=100 CJC=.5PF TF=.6NS
.TF V(5) VIN
.AC DEC 10 1 100MEG
.PLOT AC VM(5) VP(5)
.PRINT AC VM(5) VP(5)
.END
```

A.10.2 Circuit 2

The following deck computes the output characteristics of a MOSFET device over the range 0 – 10 V for VDS and 0 – 5 V for VGS.

```
MOS OUTPUT CHARACTERISTICS
.OPTIONS NODE NOPAGE
VDS 3 0
VGS 2 0
M1 1 2 0 0 MOD1 L=4U W=6U AD=10P AS=10P
.MODEL MOD1 NMOS VTO=-2 NSUB=1.0E15 UO=550
* VIDS MEASURES ID, WE COULD HAVE USED VDS, BUT ID WOULD BE NEGATIVE
VIDS 3 1
.DC VDS 0 10 .5 VGS 0 5 1
.PRINT DC I(VIDS) V(2)
.PLOT DC I(VIDS)
.END
```

A.10.3 Circuit 3

The following deck determines the dc transfer curve and the transient pulse response of a simple RTL inverter. The input is a pulse from 0 to 5 Volts with delay, rise, and fall times of 2 ns and a pulse width of 30 ns. The transient interval is 0 to 100 ns, with printing to be done every nanosecond.

```
SIMPLE RTL INVERTER
VCC 4 0 5
VIN 1 0 PULSE 0 5 2NS 2NS 2NS 30NS
RB 1 2 10K
Q1 3 2 0 Q1
RC 3 4 1K
```

```
.PLOT DC V(3)
.PLOT TRAN V(3) (0,5)
.PRINT TRAN V(3)
.MODEL Q1 NPN BF 20 RB 100 TF .1NS CJC 2PF
.DC VIN 0 5 0.1
.TRAN 1NS 100NS
.END
```

A.10.4 Circuit 4

The following deck simulates a four-bit binary adder, using several subcircuits to describe various pieces of the overall circuit.

```
ADDER - 4 BIT ALL-NAND-GATE BINARY ADDER

*** SUBCIRCUIT DEFINITIONS
.SUBCKT NAND 1 2 3 4
*   NODES:  INPUT(2), OUTPUT, VCC
Q1 9 5 1 QMOD
D1CLAMP 0 1 DMOD
Q2 9 5 2 QMOD
D2CLAMP 0 2 DMOD
RB 4 5 4K
R1 4 6 1.6K
Q3 6 9 8 QMOD
R2 8 0 1K
RC 4 7 130
Q4 7 6 10 QMOD
DVBEDROP 10 3 DMOD
Q5 3 8 0 QMOD
.ENDS NAND

.SUBCKT ONEBIT 1 2 3 4 5 6
*   NODES:  INPUT(2), CARRY-IN, OUTPUT, CARRY-OUT, VCC
X1 1 2 7 6 NAND
X2 1 7 8 6 NAND
X3 2 7 9 6 NAND
X4 8 9 10 6 NAND
```

```
X5 3 10 11 6 NAND
X6 3 11 12 6 NAND
X7 10 11 13 6 NAND
X8 12 13 4 6 NAND
X9 11 7 5 6 NAND
.ENDS ONEBIT
.SUBCKT TWOBIT 1 2 3 4 5 6 7 8 9
*   NODES:  INPUT - BIT0(2) / BIT1(2), OUTPUT - BIT0 / BIT1,
* CARRY-IN, CARRY-OUT, VCC
X1 1 2 7 5 10 9 ONEBIT
X2 3 4 10 6 8 9 ONEBIT
.ENDS TWOBIT

.SUBCKT FOURBIT 1 2 3 4 5 6 7 8 9 10 11 12 13 14 15
*   NODES:  INPUT - BIT0(2) / BIT1(2) / BIT2(2) / BIT3(2),
* OUTPUT - BIT0 / BIT1 / BIT2 / BIT3, CARRY-IN, CARRY-OUT, VCC
X1 1 2 3 4 9 10 13 16 15 TWOBIT
X2 5 6 7 8 11 12 16 14 15 TWOBIT
.ENDS FOURBIT

*** DEFINE NOMINAL CIRCUIT
.MODEL DMOD D
.MODEL QMOD NPN (BF=75 RB=100 CJE=1PF CJC=3PF)
VCC 99 0 DC 5V
VIN1A 1 0 PULSE (0 3 0 10NS 10NS   10NS   50NS)
VIN1B 2 0 PULSE (0 3 0 10NS 10NS   20NS  100NS)
VIN2A 3 0 PULSE (0 3 0 10NS 10NS   40NS  200NS)
VIN2B 4 0 PULSE (0 3 0 10NS 10NS   80NS  400NS)
VIN3A 5 0 PULSE (0 3 0 10NS 10NS  160NS  800NS)
VIN3B 6 0 PULSE (0 3 0 10NS 10NS  320NS 1600NS)
VIN4A 7 0 PULSE (0 3 0 10NS 10NS  640NS 3200NS)
VIN4B 8 0 PULSE (0 3 0 10NS 10NS 1280NS 6400NS)
X1 1 2 3 4 5 6 7 8 9 10 11 12 0 13 99 FOURBIT
RBIT0 9 0 1K
RBIT1 10 0 1K
RBIT2 11 0 1K
RBIT3 12 0 1K
```

```
RCOUT 13 0 1K
.PLOT TRAN V(1) V(2) V(3) V(4) V(5) V(6) V(7) V(8)
.PLOT TRAN V(9) V(10) V(11) V(12) V(13)
.PRINT TRAN V(1) V(2) V(3) V(4) V(5) V(6) V(7) V(8)
.PRINT TRAN V(9) V(10) V(11) V(12) V(13)

*** (FOR THOSE WITH MONEY (AND MEMORY) TO BURN)
.TRAN 1NS 6400NS
.OPTIONS ACCT LIST NODE LIMPTS=6401
.END
```

A.10.5 Circuit 5

The following deck simulates a transmission-line inverter. Two transmission-line elements are required since two propagation modes are excited. In the case of a coaxial line, the first line (T1) models the inner conductor with respect to the shield, and the second line (T2) models the shield with respect to the outside world.

```
TRANSMISSION-LINE INVERTER
V1 1 0 PULSE (0 1 0 0.1N)
R1 1 2 50
X1 2 0 0 4 TLINE
R2 4 0 50
.SUBCKT TLINE 1 2 3 4
T1 1 2 3 4 Z0=50 TD=1.5NS
T2 2 0 4 0 Z0=100 TD=1NS
.ENDS TLINE
.TRAN 0.1NS 20NS
.PLOT TRAN V(2) V(4)
.END
```

부록 B 전자 소자의 규격

B.1 Germanium diode 1N270

B.2 Rectifier diode 1N4004

B.3 Switching diode 1N4148

B.4 Zener diode 1N5234B

B.5 Bipolar operational amplifier LM741

B.6 Bipolar junction transistor 2N2222A

B.7 MOS field effect transistor 2N7000

Gold Bonded 1N270 Germanium Diodes

Optimized for Radio Frequency Response

Can be used in many AM, FM and TV-IF applications, replacing point contact devices.

Applications

- AM/FM detectors
- Ratio detectors
- FM discriminators
- TV audio detectors
- RF input probes
- TV video detectors

DO-7 Glass Package

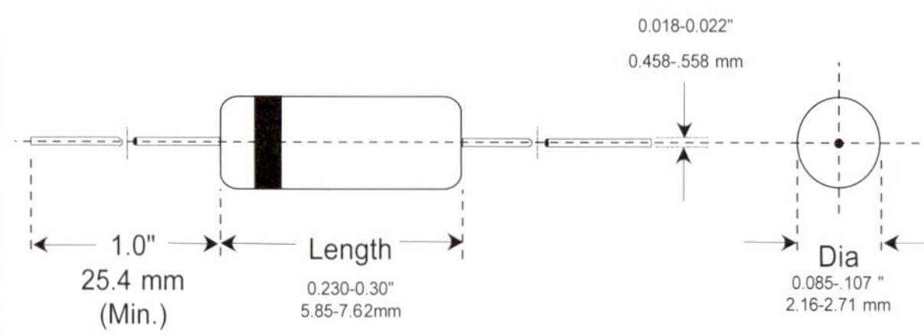

Features

- Lower leakage current
- Flat junction capacitance
- High mechanical strength
- At least 1 million hours MTBF
- BKC's Sigma-Bond™ plating for problem free solderability

Absolute Maximum Ratings at T_{amb} = 25 °C

Parameter	Symbols	Min.	Max.	Units
Peak Inverse Voltage	PIV	**	100	Volts
Surge Current , t = 1 Second	I_{FSM}		0.5	Amps
Average Rectified Forward Current	I_O		40	mA
Peak Operating Current	I_{OS}		325	mA
Operating and Storage Temperatures	$T_{J\,\&\,STG}$	-65	+90	°C

Electrical Characteristics at T_{amb} = 25 °C

Parameter	Test Conditions	Symbols	Min.	Typ.	Max.	Units
Forward Voltage Drop	I_F = 200 mA	V_F			1.00	Volts
Breakdown Voltage @ I_R = 1.0 mA		PIV	100			Volts
Reverse Leakage	V_R = 50 Volts	I_R		**	100	μA
Junction Capacitance	f = 1MHz, V_R = 1 volt	C_J		0.8		pF

Microsemi

6 Lake Street - Lawrence, MA 01841

Tel: 978-681-0392 - Fax: 978-681-9135

1N4001 thru 1N4007

Vishay General Semiconductor

General Purpose Plastic Rectifier

DO-204AL (DO-41)

PRIMARY CHARACTERISTICS	
$I_{F(AV)}$	1.0 A
V_{RRM}	50 V to 1000 V
I_{FSM} (8.3 ms sine-wave)	30 A
I_{FSM} (square wave t_p = 1 ms)	45 A
V_F	1.1 V
I_R	5.0 μA
T_J max.	150 °C

FEATURES

- Low forward voltage drop
- Low leakage current
- High forward surge capability
- Solder dip 275 °C max. 10 s, per JESD 22-B106
- Compliant to RoHS Directive 2002/95/EC and in accordance to WEEE 2002/96/EC

RoHS COMPLIANT

TYPICAL APPLICATIONS

For use in general purpose rectification of power supplies, inverters, converters and freewheeling diodes application.

Note

- These devices are not AEC-Q101 qualified.

MECHANICAL DATA

Case: DO-204AL, molded epoxy body
Molding compound meets UL 94 V-0 flammability rating
Base P/N-E3 - RoHS compliant, commercial grade

Terminals: Matte tin plated leads, solderable per J-STD-002 and JESD 22-B102
E3 suffix meets JESD 201 class 1A whisker test

Polarity: Color band denotes cathode end

MAXIMUM RATINGS (T_A = 25 °C unless otherwise noted)

PARAMETER	SYMBOL	1N4001	1N4002	1N4003	1N4004	1N4005	1N4006	1N4007	UNIT
Maximum repetitive peak reverse voltage	V_{RRM}	50	100	200	400	600	800	1000	V
Maximum RMS voltage	V_{RMS}	35	70	140	280	420	560	700	V
Maximum DC blocking voltage	V_{DC}	50	100	200	400	600	800	1000	V
Maximum average forward rectified current 0.375" (9.5 mm) lead length at T_A = 75 °C	$I_{F(AV)}$	1.0							A
Peak forward surge current 8.3 ms single half sine-wave superimposed on rated load	I_{FSM}	30							A
Non-repetitive peak forward surge current square waveform T_A = 25 °C (fig. 3) t_p = 1 ms	I_{FSM}	45							A
t_p = 2 ms		35							
t_p = 5 ms		30							
Maximum full load reverse current, full cycle average 0.375" (9.5 mm) lead length T_L = 75 °C	$I_{R(AV)}$	30							μA
Rating for fusing (t < 8.3 ms)	I^2t [1]	3.7							A^2s
Operating junction and storage temperature range	T_J, T_{STG}	- 50 to + 150							°C

Note

[1] For device using on bridge rectifier appliaction

1N4001 thru 1N4007

Vishay General Semiconductor

ELECTRICAL CHARACTERISTICS (T_A = 25 °C unless otherwise noted)											
PARAMETER	TEST CONDITIONS		SYMBOL	1N4001	1N4002	1N4003	1N4004	1N4005	1N4006	1N4007	UNIT
Maximum instantaneous forward voltage	1.0 A		V_F	1.1							V
Maximum DC reverse current at rated DC blocking voltage		T_A = 25 °C	I_R	5.0							μA
		T_A = 125 °C		50							
Typical junction capacitance	4.0 V, 1 MHz		C_J	15							pF

THERMAL CHARACTERISTICS (T_A = 25 °C unless otherwise noted)									
PARAMETER	SYMBOL	1N4001	1N4002	1N4003	1N4004	1N4005	1N4006	1N4007	UNIT
Typical thermal resistance	$R_{\theta JA}$ (1)	50							°C/W
	$R_{\theta JL}$ (1)	25							

Note

(1) Thermal resistance from junction to ambient at 0.375" (9.5 mm) lead length, PCB mounted

ORDERING INFORMATION (Example)				
PREFERRED P/N	UNIT WEIGHT (g)	PREFERRED PACKAGE CODE	BASE QUANTITY	DELIVERY MODE
1N4004-E3/54	0.33	54	5500	13" diameter paper tape and reel
1N4004-E3/73	0.33	73	3000	Ammo pack packaging

RATINGS AND CHARACTERISTICS CURVES

(T_A = 25 °C unless otherwise noted)

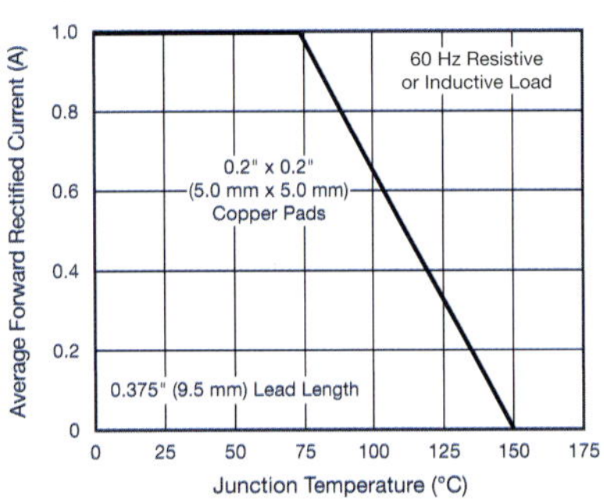

Fig. 1 - Forward Current Derating Curve

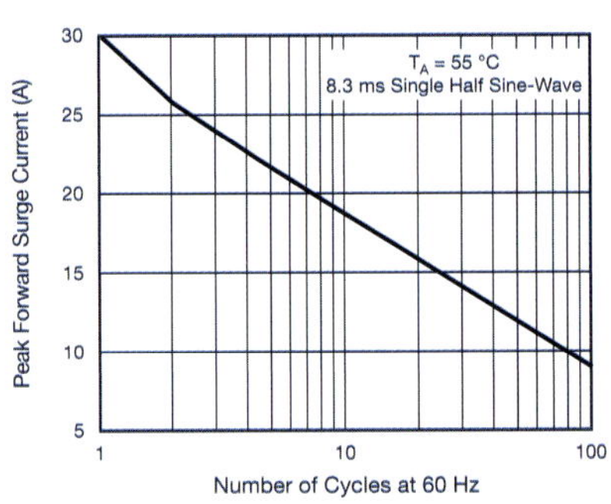

Fig. 2 - Maximum Non-repetitive Peak Forward Surge Current

VISHAY. www.vishay.com

1N4148

Vishay Semiconductors

Small Signal Fast Switching Diodes

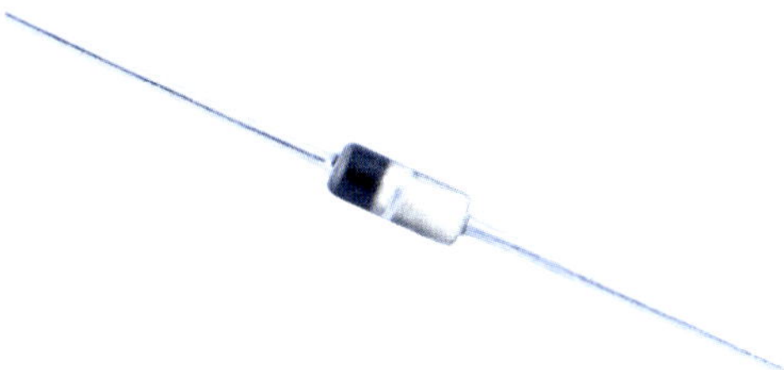

FEATURES

- Silicon epitaxial planar diode
- Electrically equivalent diodes: 1N4148 - 1N914
- Material categorization: For definitions of compliance please see www.vishay.com/doc?99912

RoHS COMPLIANT HALOGEN FREE

APPLICATIONS

- Extreme fast switches

MECHANICAL DATA

Case: DO-35

Weight: approx. 105 mg

Cathode band color: black

Packaging codes/options:

TR/10K per 13" reel (52 mm tape), 50K/box

TAP/10K per ammopack (52 mm tape), 50K/box

PARTS TABLE

PART	ORDERING CODE	TYPE MARKING	INTERNAL CONSTRUCTION	REMARKS
1N4148	1N4148-TAP or 1N4148TR	V4148	Single diode	Tape and reel/ammopack

ABSOLUTE MAXIMUM RATINGS (T_{amb} = 25 °C, unless otherwise specified)

PARAMETER	TEST CONDITION	SYMBOL	VALUE	UNIT
Repetitive peak reverse voltage		V_{RRM}	100	V
Reverse voltage		V_R	75	V
Peak forward surge current	t_p = 1 μs	I_{FSM}	2	A
Repetitive peak forward current		I_{FRM}	500	mA
Forward continuous current		I_F	300	mA
Average forward current	V_R = 0	$I_{F(AV)}$	150	mA
Power dissipation	l = 4 mm, T_L = 45 °C	P_{tot}	440	mW
	l = 4 mm, $T_L \leq$ 25 °C	P_{tot}	500	mW

THERMAL CHARACTERISTICS (T_{amb} = 25 °C, unless otherwise specified)

PARAMETER	TEST CONDITION	SYMBOL	VALUE	UNIT
Thermal resistance junction to ambient air	l = 4 mm, T_L = constant	R_{thJA}	350	K/W
Junction temperature		T_j	175	°C
Storage temperature range		T_{stg}	- 65 to + 150	°C

ELECTRICAL CHARACTERISTICS (T_{amb} = 25 °C, unless otherwise specified)						
PARAMETER	**TEST CONDITION**	**SYMBOL**	**MIN.**	**TYP.**	**MAX.**	**UNIT**
Forward voltage	I_F = 10 mA	V_F			1	V
Reverse current	V_R = 20 V	I_R			25	nA
	V_R = 20 V, T_j = 150 °C	I_R			50	μA
	V_R = 75 V	I_R			5	μA
Breakdown voltage	I_R = 100 μA, t_p/T = 0.01, t_p = 0.3 ms	$V_{(BR)}$	100			V
Diode capacitance	V_R = 0 V, f = 1 MHz, V_{HF} = 50 mV	C_D			4	pF
Rectification effiency	V_{HF} = 2 V, f = 100 MHz	η_r	45			%
Reverse recovery time	$I_F = I_R$ = 10 mA, i_R = 1 mA	t_{rr}			8	ns
	I_F = 10 mA, V_R = 6 V, $i_R = 0.1 \times I_R$, R_L = 100 Ω	t_{rr}			4	ns

TYPICAL CHARACTERISTICS (T_{amb} = 25 °C, unless otherwise specified)

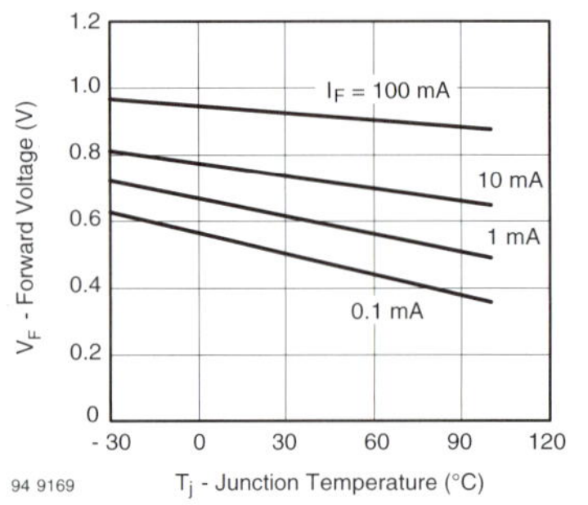

Fig. 1 - Forward Voltage vs. Junction Temperature

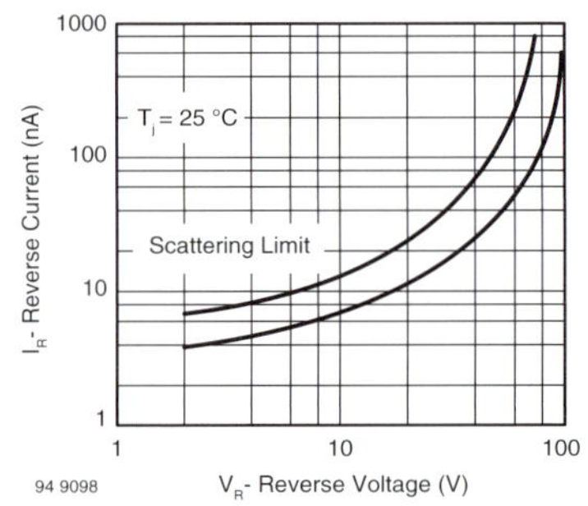

Fig. 3 - Reverse Current vs. Reverse Voltage

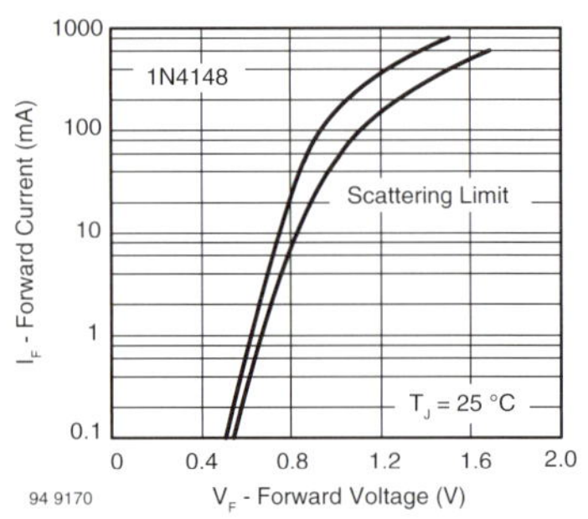

Fig. 2 - Forward Current vs. Forward Voltage

1N5221 to 1N5267

Vishay Semiconductors

Small Signal Zener Diodes

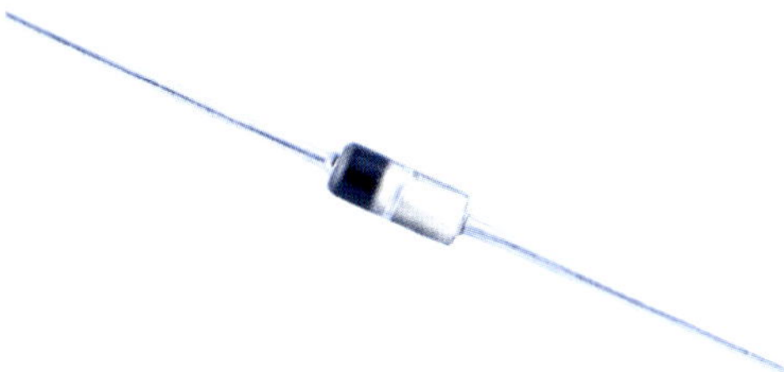

FEATURES

- Silicon planar power Zener diodes
- Standard Zener voltage tolerance is ± 5 % with a "B" suffix in the ordering code (e.g.: 1N5221B), suffix "C" is ± 2 % tolerance
- These diodes are also available in MiniMELF case with the type designation TZM5221 to TZM5267, SOT-23 case with the type designations MMBZ5225 to MMBZ5267 and SOD-123 case with the types designations MMSZ5225 to MMSZ5267
- AEC-Q101 qualified
- Material categorization: for definitions of compliance please see www.vishay.com/doc?99912

RoHS COMPLIANT
HALOGEN FREE

APPLICATIONS

- Voltage stabilization

PRIMARY CHARACTERISTICS		
PARAMETER	VALUE	UNIT
V_Z range nom.	2.4 to 75	V
Test current I_{ZT}	1.7 to 20	mA
V_Z specification	Thermal equilibrium	
Int. construction	Single	

ORDERING INFORMATION			
DEVICE NAME	ORDERING CODE	TAPED UNITS PER REEL	MINIMUM ORDER QUANTITY
1N5221B to 1N5267B	1N5221B to 1N5267B-series-TR	10 000 per 13" reel	30 000/box
1N5221C to 1N5267C	1N5221C to 1N5267C-series-TR		
1N5221B to 1N5267B	1N5221B to 1N5267B-series-TAP	10 000 per ammopack (52 mm tape)	
1N5221C to 1N5267C	1N5221C to 1N5267C-series-TAP		

PACKAGE				
PACKAGE NAME	WEIGHT	MOLDING COMPOUND FLAMMABILITY RATING	MOISTURE SENSITIVITY LEVEL	SOLDERING CONDITIONS
DO-35	125 mg	UL 94 V-0	MSL level 1 (according J-STD-020)	260 °C/10 s at terminals

ABSOLUTE MAXIMUM RATINGS (T_{amb} = 25 °C, unless otherwise specified)				
PARAMETER	TEST CONDITION	SYMBOL	VALUE	UNIT
Power dissipation	$T_L \leq 25$ °C	P_{tot}	500	mW
Zener current		I_Z	P_{tot}/V_Z	mA
Thermal resistance junction to ambient air	l = 4 mm, T_L = constant	R_{thJA}	300	K/W
Junction temperature		T_j	175	°C
Storage temperature range		T_{stg}	-65 to +175	°C
Forward voltage (max.)	I_F = 200 mA	V_F	1.1	V

1N5221 to 1N5267

ELECTRICAL CHARACTERISTICS (T_{amb} = 25 °C, unless otherwise specified)

PART NUMBER	ZENER VOLTAGE RANGE (1)	TEST CURRENT		REVERSE LEAKAGE CURRENT		DYNAMIC RESISTANCE f = 1 kHz		TEMPERATURE COEFFICIENT
	V_Z at I_{ZT1}	I_{ZT1}	I_{ZT2}	I_R at V_R		Z_Z at I_{ZT1} (1)	Z_{ZK} at I_{ZT2}	α_{VZ}
	V	mA		μA	V	Ω		%/K
	NOM.			MAX.		MAX.	MAX.	TYP.
1N5221	2.4	20	0.25	100	1	30	1200	- 0.085
1N5222	2.5	20	0.25	100	1	30	1250	- 0.085
1N5223	2.7	20	0.25	75	1	30	1300	- 0.08
1N5224	2.8	20	0.25	75	1	30	1400	- 0.08
1N5225	3	20	0.25	50	1	29	1600	- 0.075
1N5226	3.3	20	0.25	25	1	28	1600	- 0.07
1N5227	3.6	20	0.25	15	1	24	1700	- 0.065
1N5228	3.9	20	0.25	10	1	23	1900	- 0.06
1N5229	4.3	20	0.25	5	1	22	2000	0.055
1N5230	4.7	20	0.25	5	2	19	1900	0.03
1N5231	5.1	20	0.25	5	2	17	1600	0.03
1N5232	5.6	20	0.25	5	3	11	1600	0.038
1N5233	6	20	0.25	5	3.5	7	1600	0.038
1N5234	6.2	20	0.25	5	4	7	1000	0.045
1N5235	6.8	20	0.25	3	5	5	750	0.05
1N5236	7.5	20	0.25	3	6	6	500	0.058
1N5237	8.2	20	0.25	3	6.5	8	500	0.062
1N5238	8.7	20	0.25	3	6.5	8	600	0.065
1N5239	9.1	20	0.25	3	7	10	600	0.068
1N5240	10	20	0.25	3	8	17	600	0.075
1N5241	11	20	0.25	2	8.4	22	600	0.076
1N5242	12	20	0.25	1	9.1	30	600	0.077
1N5243	13	9.5	0.25	0.5	9.9	13	600	0.079
1N5244	14	9	0.25	0.1	10	15	600	0.082
1N5245	15	8.5	0.25	0.1	11	16	600	0.082
1N5246	16	7.8	0.25	0.1	12	17	600	0.083
1N5247	17	7.4	0.25	0.1	13	19	600	0.084
1N5248	18	7	0.25	0.1	14	21	600	0.085
1N5249	19	6.6	0.25	0.1	14	23	600	0.086
1N5250	20	6.2	0.25	0.1	15	25	600	0.086
1N5251	22	5.6	0.25	0.1	17	29	600	0.087
1N5252	24	5.2	0.25	0.1	18	33	600	0.088
1N5253	25	5	0.25	0.1	19	35	600	0.089
1N5254	27	4.6	0.25	0.1	21	41	600	0.09
1N5255	28	4.5	0.25	0.1	21	44	600	0.091
1N5256	30	4.2	0.25	0.1	23	49	600	0.091
1N5257	33	3.8	0.25	0.1	25	58	700	0.092
1N5258	36	3.4	0.25	0.1	27	70	700	0.093
1N5259	39	3.2	0.25	0.1	30	80	800	0.094
1N5260	43	3	0.25	0.1	33	93	900	0.095
1N5261	47	2.7	0.25	0.1	36	105	1000	0.095
1N5262	51	2.5	0.25	0.1	39	125	1100	0.096
1N5263	56	2.2	0.25	0.1	43	150	1300	0.096
1N5264	60	2.1	0.25	0.1	46	170	1400	0.097
1N5265	62	2	0.25	0.1	47	185	1400	0.097
1N5266	68	1.8	0.25	0.1	52	230	1600	0.097
1N5267	75	1.7	0.25	0.1	56	270	1700	0.098

Note

(1) Based on DC measurement at thermal equilibrium; lead length = 9.5 (3/8"); thermal resistance of heat sink = 30 K/W

National Semiconductor

May 1998

LM741
Operational Amplifier

General Description

The LM741 series are general purpose operational amplifiers which feature improved performance over industry standards like the LM709. They are direct, plug-in replacements for the 709C, LM201, MC1439 and 748 in most applications.

The amplifiers offer many features which make their application nearly foolproof: overload protection on the input and output, no latch-up when the common mode range is exceeded, as well as freedom from oscillations.

The LM741C/LM741E are identical to the LM741/LM741A except that the LM741C/LM741E have their performance guaranteed over a 0˚C to +70˚C temperature range, instead of −55˚C to +125˚C.

Schematic Diagram

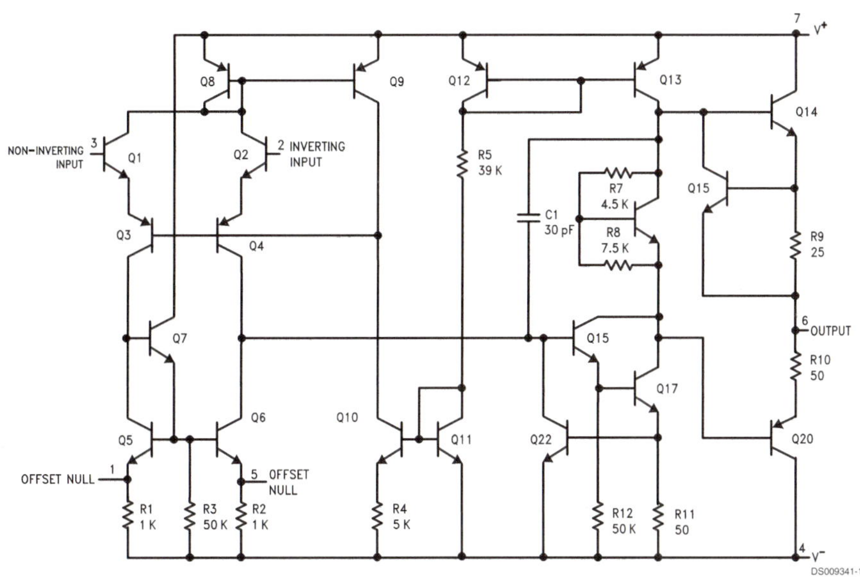

Offset Nulling Circuit

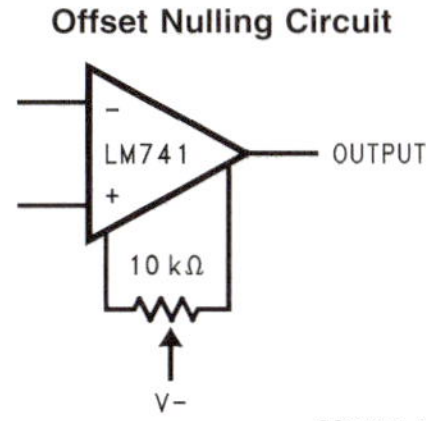

Absolute Maximum Ratings (Note 1)

If Military/Aerospace specified devices are required, please contact the National Semiconductor Sales Office/ Distributors for availability and specifications.

(Note 6)

	LM741A	LM741E	LM741	LM741C
Supply Voltage	±22V	±22V	±22V	±18V
Power Dissipation (Note 2)	500 mW	500 mW	500 mW	500 mW
Differential Input Voltage	±30V	±30V	±30V	±30V
Input Voltage (Note 3)	±15V	±15V	±15V	±15V
Output Short Circuit Duration	Continuous	Continuous	Continuous	Continuous
Operating Temperature Range	−55°C to +125°C	0°C to +70°C	−55°C to +125°C	0°C to +70°C
Storage Temperature Range	−65°C to +150°C	−65°C to +150°C	−65°C to +150°C	−65°C to +150°C
Junction Temperature	150°C	100°C	150°C	100°C
Soldering Information				
N-Package (10 seconds)	260°C	260°C	260°C	260°C
J- or H-Package (10 seconds)	300°C	300°C	300°C	300°C
M-Package				
Vapor Phase (60 seconds)	215°C	215°C	215°C	215°C
Infrared (15 seconds)	215°C	215°C	215°C	215°C

See AN-450 "Surface Mounting Methods and Their Effect on Product Reliability" for other methods of soldering surface mount devices.

	LM741A	LM741E	LM741	LM741C
ESD Tolerance (Note 7)	400V	400V	400V	400V

Electrical Characteristics (Note 4)

Parameter	Conditions	LM741A/LM741E			LM741			LM741C			Units
		Min	Typ	Max	Min	Typ	Max	Min	Typ	Max	
Input Offset Voltage	$T_A = 25°C$										
	$R_S \leq 10\ k\Omega$					1.0	5.0		2.0	6.0	mV
	$R_S \leq 50\Omega$		0.8	3.0							mV
	$T_{AMIN} \leq T_A \leq T_{AMAX}$										
	$R_S \leq 50\Omega$			4.0							mV
	$R_S \leq 10\ k\Omega$						6.0			7.5	mV
Average Input Offset Voltage Drift				15							μV/°C
Input Offset Voltage Adjustment Range	$T_A = 25°C$, $V_S = \pm 20V$	±10				±15			±15		mV
Input Offset Current	$T_A = 25°C$		3.0	30		20	200		20	200	nA
	$T_{AMIN} \leq T_A \leq T_{AMAX}$			70		85	500			300	nA
Average Input Offset Current Drift				0.5							nA/°C
Input Bias Current	$T_A = 25°C$		30	80		80	500		80	500	nA
	$T_{AMIN} \leq T_A \leq T_{AMAX}$			0.210			1.5			0.8	μA
Input Resistance	$T_A = 25°C$, $V_S = \pm 20V$	1.0	6.0		0.3	2.0		0.3	2.0		MΩ
	$T_{AMIN} \leq T_A \leq T_{AMAX}$, $V_S = \pm 20V$	0.5									MΩ
Input Voltage Range	$T_A = 25°C$							±12	±13		V
	$T_{AMIN} \leq T_A \leq T_{AMAX}$				±12	±13					V

Electrical Characteristics (Note 4) (Continued)

Parameter	Conditions	LM741A/LM741E			LM741			LM741C			Units
		Min	Typ	Max	Min	Typ	Max	Min	Typ	Max	
Large Signal Voltage Gain	T_A = 25°C, R_L ≥ 2 kΩ										
	V_S = ±20V, V_O = ±15V	50									V/mV
	V_S = ±15V, V_O = ±10V				50	200		20	200		V/mV
	T_{AMIN} ≤ T_A ≤ T_{AMAX},										
	R_L ≥ 2 kΩ,										
	V_S = ±20V, V_O = ±15V	32									V/mV
	V_S = ±15V, V_O = ±10V				25			15			V/mV
	V_S = ±5V, V_O = ±2V	10									V/mV
Output Voltage Swing	V_S = ±20V										
	R_L ≥ 10 kΩ	±16									V
	R_L ≥ 2 kΩ	±15									V
	V_S = ±15V										
	R_L ≥ 10 kΩ				±12	±14		±12	±14		V
	R_L ≥ 2 kΩ				±10	±13		±10	±13		V
Output Short Circuit	T_A = 25°C	10	25	35		25			25		mA
Current	T_{AMIN} ≤ T_A ≤ T_{AMAX}	10		40							mA
Common-Mode	T_{AMIN} ≤ T_A ≤ T_{AMAX}										
Rejection Ratio	R_S ≤ 10 kΩ, V_{CM} = ±12V				70	90		70	90		dB
	R_S ≤ 50Ω, V_{CM} = ±12V	80	95								dB
Supply Voltage Rejection	T_{AMIN} ≤ T_A ≤ T_{AMAX},										
Ratio	V_S = ±20V to V_S = ±5V										
	R_S ≤ 50Ω	86	96								dB
	R_S ≤ 10 kΩ				77	96		77	96		dB
Transient Response	T_A = 25°C, Unity Gain										
Rise Time			0.25	0.8		0.3			0.3		µs
Overshoot			6.0	20		5			5		%
Bandwidth (Note 5)	T_A = 25°C	0.437	1.5								MHz
Slew Rate	T_A = 25°C, Unity Gain	0.3	0.7			0.5			0.5		V/µs
Supply Current	T_A = 25°C					1.7	2.8		1.7	2.8	mA
Power Consumption	T_A = 25°C										
	V_S = ±20V		80	150							mW
	V_S = ±15V					50	85		50	85	mW
LM741A	V_S = ±20V										
	T_A = T_{AMIN}			165							mW
	T_A = T_{AMAX}			135							mW
LM741E	V_S = ±20V										
	T_A = T_{AMIN}			150							mW
	T_A = T_{AMAX}			150							mW
LM741	V_S = ±15V										
	T_A = T_{AMIN}					60	100				mW
	T_A = T_{AMAX}					45	75				mW

Note 1: "Absolute Maximum Ratings" indicate limits beyond which damage to the device may occur. Operating Ratings indicate conditions for which the device is functional, but do not guarantee specific performance limits.

Electrical Characteristics (Note 4) (Continued)

Note 2: For operation at elevated temperatures, these devices must be derated based on thermal resistance, and T_j max. (listed under "Absolute Maximum Ratings"). $T_j = T_A + (\theta_{jA} P_D)$.

Thermal Resistance	Cerdip (J)	DIP (N)	HO8 (H)	SO-8 (M)
θ_{jA} (Junction to Ambient)	100˚C/W	100˚C/W	170˚C/W	195˚C/W
θ_{jC} (Junction to Case)	N/A	N/A	25˚C/W	N/A

Note 3: For supply voltages less than ±15V, the absolute maximum input voltage is equal to the supply voltage.

Note 4: Unless otherwise specified, these specifications apply for V_S = ±15V, −55˚C ≤ T_A ≤ +125˚C (LM741/LM741A). For the LM741C/LM741E, these specifications are limited to 0˚C ≤ T_A ≤ +70˚C.

Note 5: Calculated value from: BW (MHz) = 0.35/Rise Time(μs).

Note 6: For military specifications see RETS741X for LM741 and RETS741AX for LM741A.

Note 7: Human body model, 1.5 kΩ in series with 100 pF.

Connection Diagram

Metal Can Package

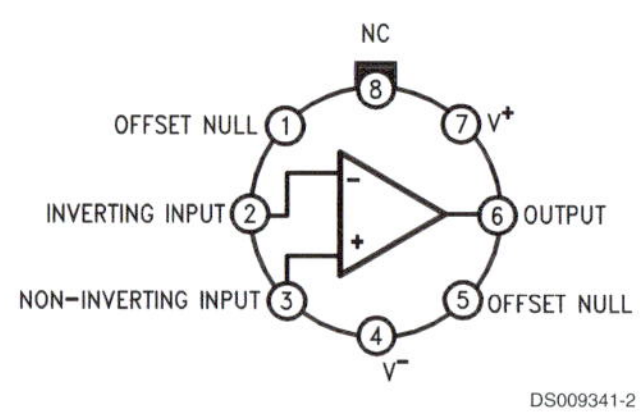

Note 8: LM741H is available per JM38510/10101

Order Number LM741H, LM741H/883 (Note 8),
LM741AH/883 or LM741CH
See NS Package Number H08C

Dual-In-Line or S.O. Package

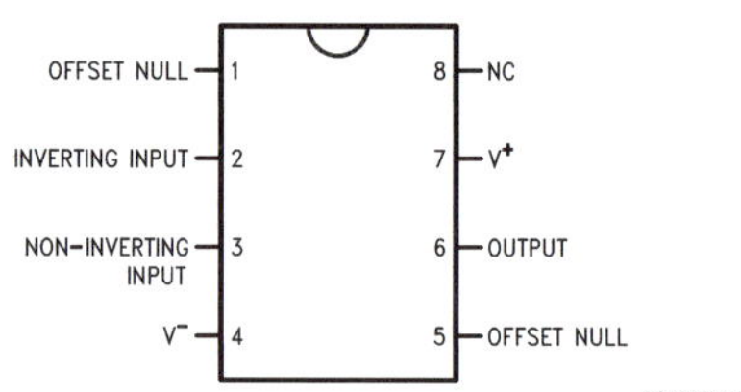

Order Number LM741J, LM741J/883,
LM741CM, LM741CN or LM741EN
See NS Package Number J08A, M08A or N08E

Ceramic Dual-In-Line Package

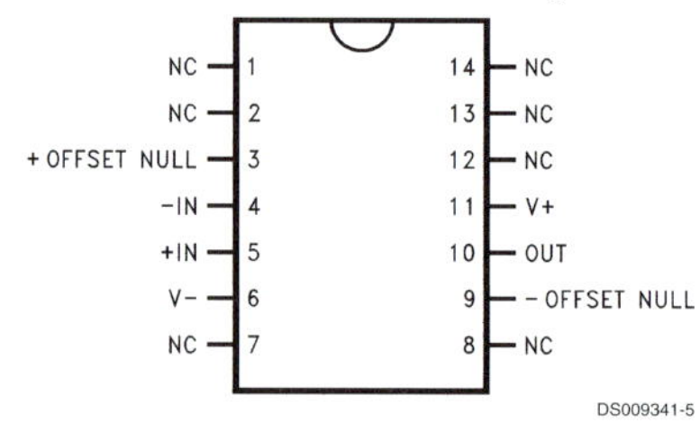

Note 9: also available per JM38510/10101

Note 10: also available per JM38510/10102

Order Number LM741J-14/883 (Note 9),
LM741AJ-14/883 (Note 10)
See NS Package Number J14A

Ceramic Flatpak

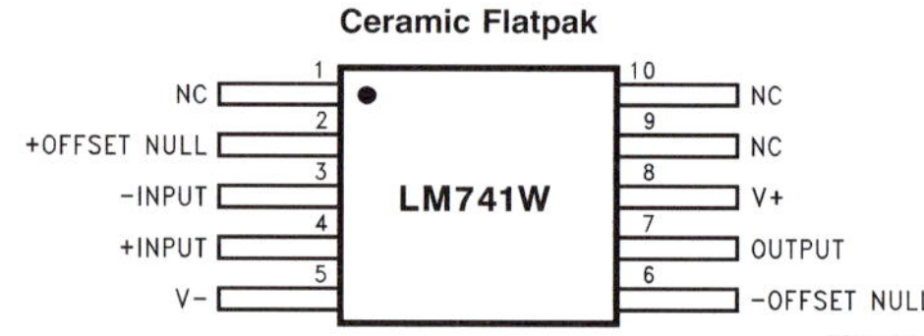

Order Number LM741W/883
See NS Package Number W10A

MOTOROLA
SEMICONDUCTOR TECHNICAL DATA

Order this document
by P2N2222A/D

Amplifier Transistors
NPN Silicon

P2N2222A

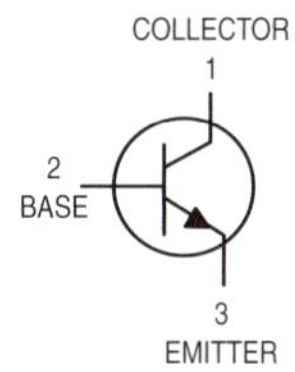

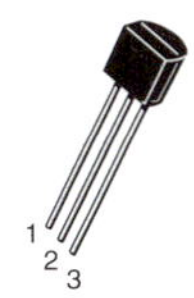

CASE 29–04, STYLE 17
TO–92 (TO–226AA)

MAXIMUM RATINGS

Rating	Symbol	Value	Unit
Collector–Emitter Voltage	V_{CEO}	40	Vdc
Collector–Base Voltage	V_{CBO}	75	Vdc
Emitter–Base Voltage	V_{EBO}	6.0	Vdc
Collector Current — Continuous	I_C	600	mAdc
Total Device Dissipation @ T_A = 25°C Derate above 25°C	P_D	625 5.0	mW mW/°C
Total Device Dissipation @ T_C = 25°C Derate above 25°C	P_D	1.5 12	Watts mW/°C
Operating and Storage Junction Temperature Range	T_J, T_{stg}	−55 to +150	°C

THERMAL CHARACTERISTICS

Characteristic	Symbol	Max	Unit
Thermal Resistance, Junction to Ambient	$R_{\theta JA}$	200	°C/W
Thermal Resistance, Junction to Case	$R_{\theta JC}$	83.3	°C/W

ELECTRICAL CHARACTERISTICS (T_A = 25°C unless otherwise noted)

Characteristic	Symbol	Min	Max	Unit
OFF CHARACTERISTICS				
Collector–Emitter Breakdown Voltage (I_C = 10 mAdc, I_B = 0)	$V_{(BR)CEO}$	40	—	Vdc
Collector–Base Breakdown Voltage (I_C = 10 μAdc, I_E = 0)	$V_{(BR)CBO}$	75	—	Vdc
Emitter–Base Breakdown Voltage (I_E = 10 μAdc, I_C = 0)	$V_{(BR)EBO}$	6.0	—	Vdc
Collector Cutoff Current (V_{CE} = 60 Vdc, $V_{EB(off)}$ = 3.0 Vdc)	I_{CEX}	—	10	nAdc
Collector Cutoff Current (V_{CB} = 60 Vdc, I_E = 0) (V_{CB} = 60 Vdc, I_E = 0, T_A = 150°C)	I_{CBO}	 — —	 0.01 10	μAdc
Emitter Cutoff Current (V_{EB} = 3.0 Vdc, I_C = 0)	I_{EBO}	—	10	nAdc
Collector Cutoff Current (V_{CE} = 10 V)	I_{CEO}	—	10	nAdc
Base Cutoff Current (V_{CE} = 60 Vdc, $V_{EB(off)}$ = 3.0 Vdc)	I_{BEX}	—	20	nAdc

MOTOROLA

P2N2222A

ELECTRICAL CHARACTERISTICS (T_A = 25°C unless otherwise noted) (Continued)

Characteristic		Symbol	Min	Max	Unit
ON CHARACTERISTICS					
DC Current Gain		h_{FE}			—
(I_C = 0.1 mAdc, V_{CE} = 10 Vdc)			35	—	
(I_C = 1.0 mAdc, V_{CE} = 10 Vdc)			50	—	
(I_C = 10 mAdc, V_{CE} = 10 Vdc)			75	—	
(I_C = 10 mAdc, V_{CE} = 10 Vdc, T_A = −55°C)			35	—	
(I_C = 150 mAdc, V_{CE} = 10 Vdc)(1)			100	300	
(I_C = 150 mAdc, V_{CE} = 1.0 Vdc)(1)			50	—	
(I_C = 500 mAdc, V_{CE} = 10 Vdc)(1)			40	—	
Collector–Emitter Saturation Voltage(1)		$V_{CE(sat)}$			Vdc
(I_C = 150 mAdc, I_B = 15 mAdc)			—	0.3	
(I_C = 500 mAdc, I_B = 50 mAdc)			—	1.0	
Base–Emitter Saturation Voltage(1)		$V_{BE(sat)}$			Vdc
(I_C = 150 mAdc, I_B = 15 mAdc)			0.6	1.2	
(I_C = 500 mAdc, I_B = 50 mAdc)			—	2.0	
SMALL–SIGNAL CHARACTERISTICS					
Current–Gain — Bandwidth Product(2) (I_C = 20 mAdc, V_{CE} = 20 Vdc, f = 100 MHz)		f_T	300	—	MHz
Output Capacitance (V_{CB} = 10 Vdc, I_E = 0, f = 1.0 MHz)		C_{obo}	—	8.0	pF
Input Capacitance (V_{EB} = 0.5 Vdc, I_C = 0, f = 1.0 MHz)		C_{ibo}	—	25	pF
Input Impedance		h_{ie}			kΩ
(I_C = 1.0 mAdc, V_{CE} = 10 Vdc, f = 1.0 kHz)			2.0	8.0	
(I_C = 10 mAdc, V_{CE} = 10 Vdc, f = 1.0 kHz)			0.25	1.25	
Voltage Feedback Ratio		h_{re}			X 10^{-4}
(I_C = 1.0 mAdc, V_{CE} = 10 Vdc, f = 1.0 kHz)			—	8.0	
(I_C = 10 mAdc, V_{CE} = 10 Vdc, f = 1.0 kHz)			—	4.0	
Small–Signal Current Gain		h_{fe}			—
(I_C = 1.0 mAdc, V_{CE} = 10 Vdc, f = 1.0 kHz)			50	300	
(I_C = 10 mAdc, V_{CE} = 10 Vdc, f = 1.0 kHz)			75	375	
Output Admittance		h_{oe}			μmhos
(I_C = 1.0 mAdc, V_{CE} = 10 Vdc, f = 1.0 kHz)			5.0	35	
(I_C = 10 mAdc, V_{CE} = 10 Vdc, f = 1.0 kHz)			25	200	
Collector Base Time Constant (I_E = 20 mAdc, V_{CB} = 20 Vdc, f = 31.8 MHz)		$rb'C_c$	—	150	ps
Noise Figure (I_C = 100 μAdc, V_{CE} = 10 Vdc, R_S = 1.0 kΩ, f = 1.0 kHz)		N_F	—	4.0	dB
SWITCHING CHARACTERISTICS					
Delay Time	(V_{CC} = 30 Vdc, $V_{BE(off)}$ = −2.0 Vdc, I_C = 150 mAdc, I_{B1} = 15 mAdc) (Figure 1)	t_d	—	10	ns
Rise Time		t_r	—	25	ns
Storage Time	(V_{CC} = 30 Vdc, I_C = 150 mAdc, I_{B1} = I_{B2} = 15 mAdc) (Figure 2)	t_s	—	225	ns
Fall Time		t_f	—	60	ns

1. Pulse Test: Pulse Width ≤ 300 μs, Duty Cycle ≤ 2.0%.
2. f_T is defined as the frequency at which $|h_{fe}|$ extrapolates to unity.

SWITCHING TIME EQUIVALENT TEST CIRCUITS

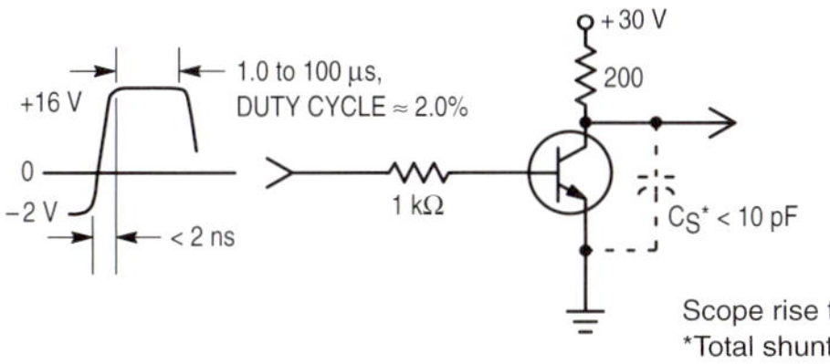

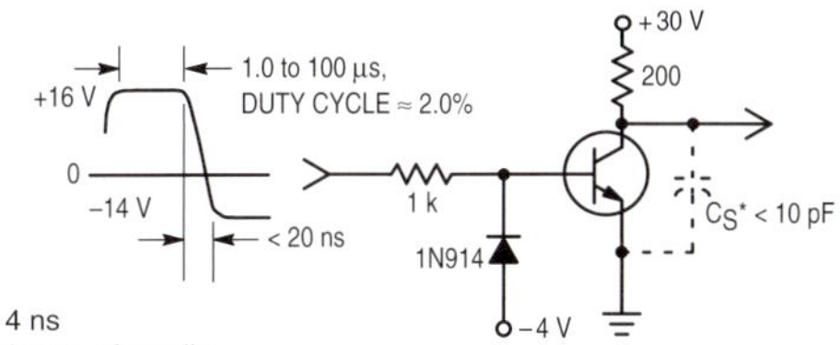

Scope rise time < 4 ns
*Total shunt capacitance of test jig, connectors, and oscilloscope.

Figure 1. Turn–On Time **Figure 2. Turn–Off Time**

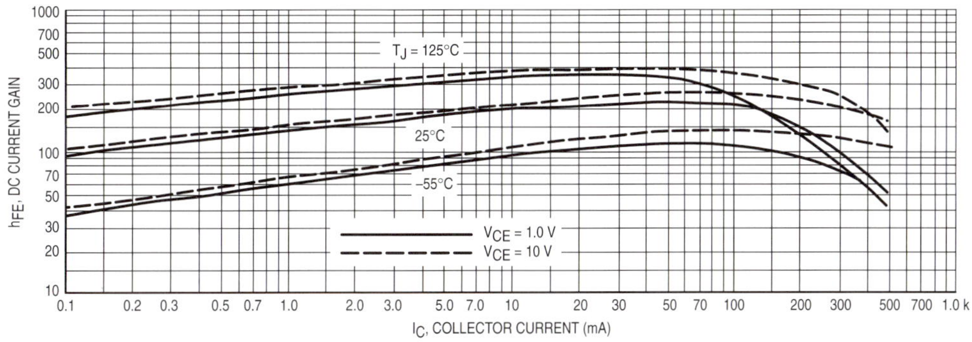

Figure 3. DC Current Gain

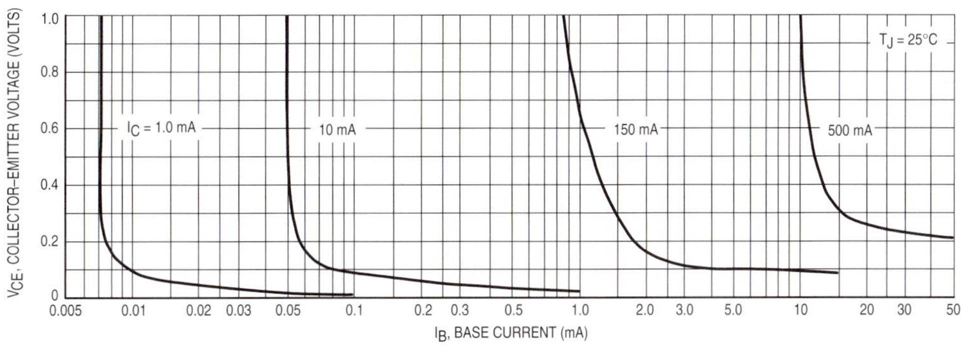

Figure 4. Collector Saturation Region

P2N2222A

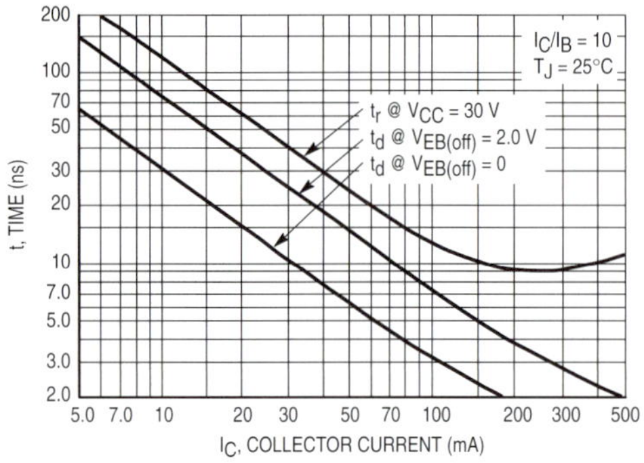

Figure 5. Turn–On Time

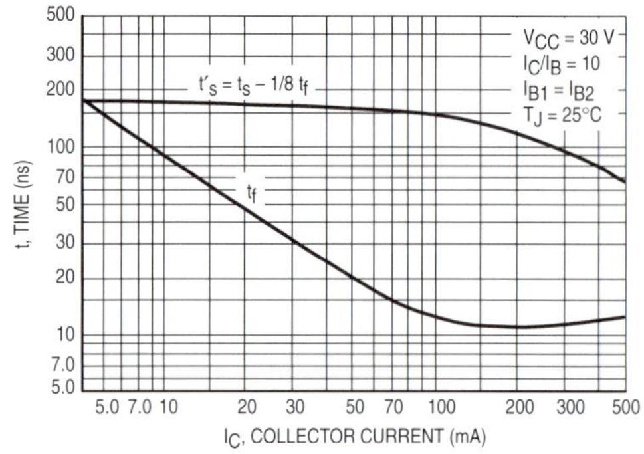

Figure 6. Turn–Off Time

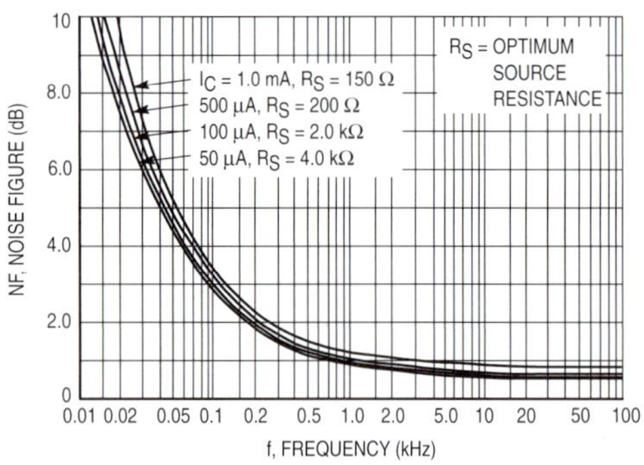

Figure 7. Frequency Effects

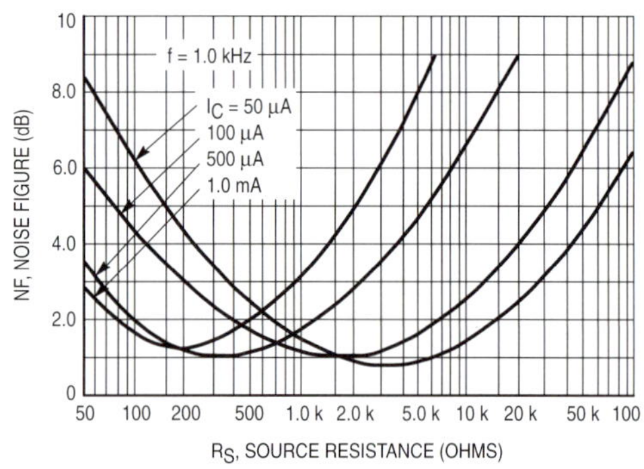

Figure 8. Source Resistance Effects

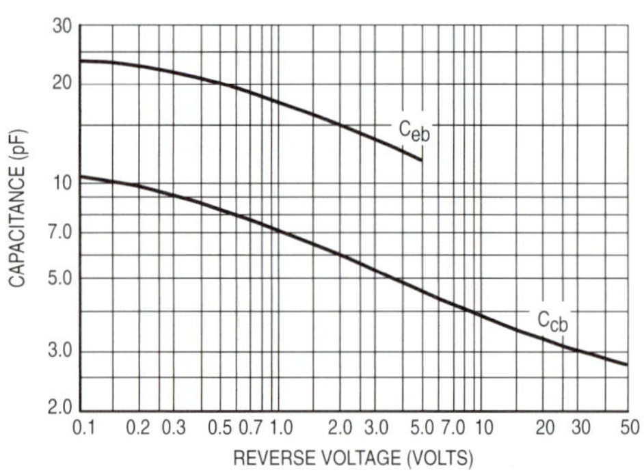

Figure 9. Capacitances

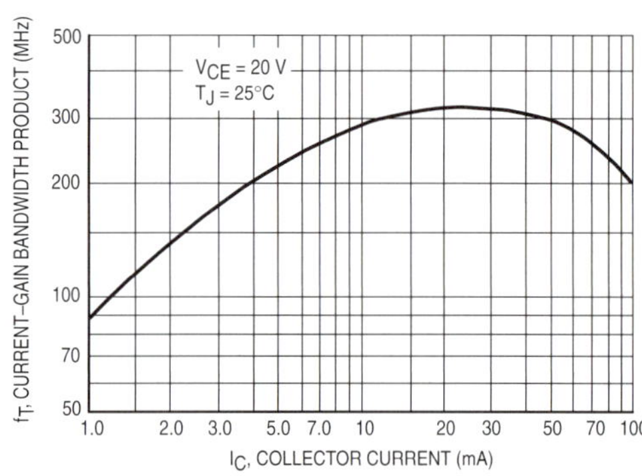

Figure 10. Current–Gain Bandwidth Product

MOTOROLA
SEMICONDUCTOR TECHNICAL DATA

Order this document
by 2N7000/D

TMOS FET Transistor
N–Channel — Enhancement

2N7000
Motorola Preferred Device

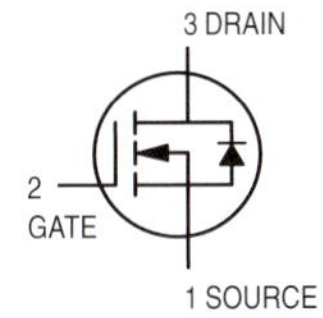

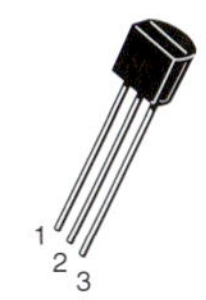

CASE 29–04, STYLE 22
TO–92 (TO–226AA)

MAXIMUM RATINGS

Rating	Symbol	Value	Unit
Drain Source Voltage	V_{DSS}	60	Vdc
Drain–Gate Voltage (R_{GS} = 1.0 MΩ)	V_{DGR}	60	Vdc
Gate–Source Voltage — Continuous — Non–repetitive ($t_p \le 50$ μs)	 V_{GS} V_{GSM}	 ±20 ±40	 Vdc Vpk
Drain Current Continuous Pulsed	 I_D I_{DM}	 200 500	mAdc
Total Power Dissipation @ T_C = 25°C Derate above 25°C	P_D	350 2.8	mW mW/°C
Operating and Storage Temperature Range	T_J, T_{stg}	–55 to +150	°C

THERMAL CHARACTERISTICS

Characteristic	Symbol	Max	Unit
Thermal Resistance, Junction to Ambient	$R_{\theta JA}$	357	°C/W
Maximum Lead Temperature for Soldering Purposes, 1/16″ from case for 10 seconds	T_L	300	°C

ELECTRICAL CHARACTERISTICS (T_C = 25°C unless otherwise noted)

Characteristic	Symbol	Min	Max	Unit
OFF CHARACTERISTICS				
Drain–Source Breakdown Voltage (V_{GS} = 0, I_D = 10 μAdc)	$V_{(BR)DSS}$	60	—	Vdc
Zero Gate Voltage Drain Current (V_{DS} = 48 Vdc, V_{GS} = 0) (V_{DS} = 48 Vdc, V_{GS} = 0, T_J = 125°C)	I_{DSS}	 — —	 1.0 1.0	 μAdc mAdc
Gate–Body Leakage Current, Forward (V_{GSF} = 15 Vdc, V_{DS} = 0)	I_{GSSF}	—	–10	nAdc
ON CHARACTERISTICS(1)				
Gate Threshold Voltage (V_{DS} = V_{GS}, I_D = 1.0 mAdc)	$V_{GS(th)}$	0.8	3.0	Vdc
Static Drain–Source On–Resistance (V_{GS} = 10 Vdc, I_D = 0.5 Adc) (V_{GS} = 4.5 Vdc, I_D = 75 mAdc)	$r_{DS(on)}$	 — —	 5.0 6.0	Ohm
Drain–Source On–Voltage (V_{GS} = 10 Vdc, I_D = 0.5 Adc) (V_{GS} = 4.5 Vdc, I_D = 75 mAdc)	$V_{DS(on)}$	 — —	 2.5 0.45	Vdc

1. Pulse Test: Pulse Width ≤ 300 μs, Duty Cycle ≤ 2.0%.

Preferred devices are Motorola recommended choices for future use and best overall value.

REV 3

MOTOROLA

2N7000

ELECTRICAL CHARACTERISTICS (T_C = 25°C unless otherwise noted) (Continued)

Characteristic		Symbol	Min	Max	Unit
ON CHARACTERISTICS(1) (continued)					
On–State Drain Current (V_{GS} = 4.5 Vdc, V_{DS} = 10 Vdc)		$I_{d(on)}$	75	—	mAdc
Forward Transconductance (V_{DS} = 10 Vdc, I_D = 200 mAdc)		g_{fs}	100	—	μmhos
DYNAMIC CHARACTERISTICS					
Input Capacitance	(V_{DS} = 25 V, V_{GS} = 0, f = 1.0 MHz)	C_{iss}	—	60	pF
Output Capacitance		C_{oss}	—	25	
Reverse Transfer Capacitance		C_{rss}	—	5.0	
SWITCHING CHARACTERISTICS(1)					
Turn–On Delay Time	(V_{DD} = 15 V, I_D = 500 mA, R_{gen} = 25 ohms, R_L = 25 ohms)	t_{on}	—	10	ns
Turn–Off Delay Time		t_{off}	—	10	

1. Pulse Test: Pulse Width ≤ 300 μs, Duty Cycle ≤ 2.0%.

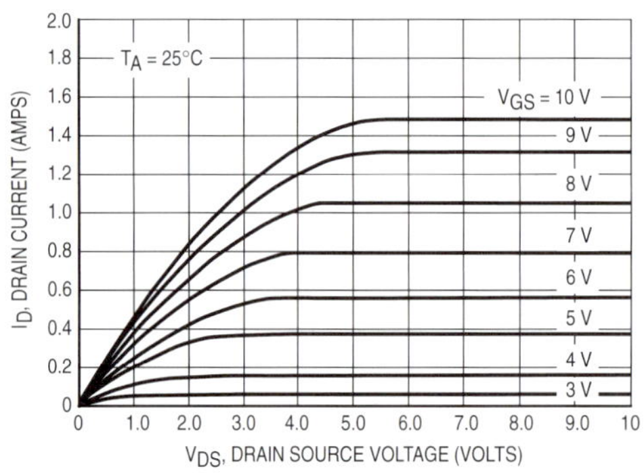

Figure 1. Ohmic Region

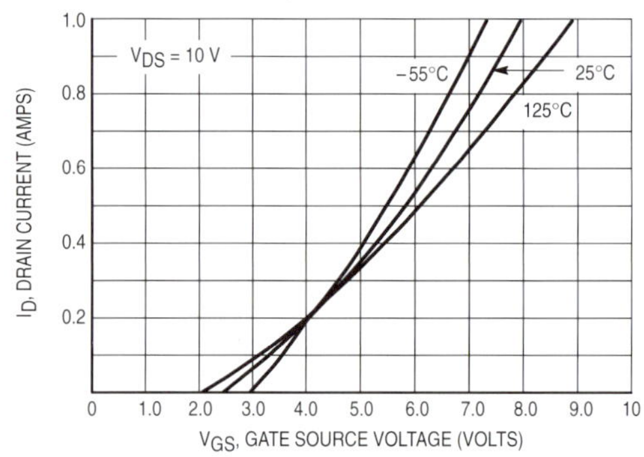

Figure 2. Transfer Characteristics

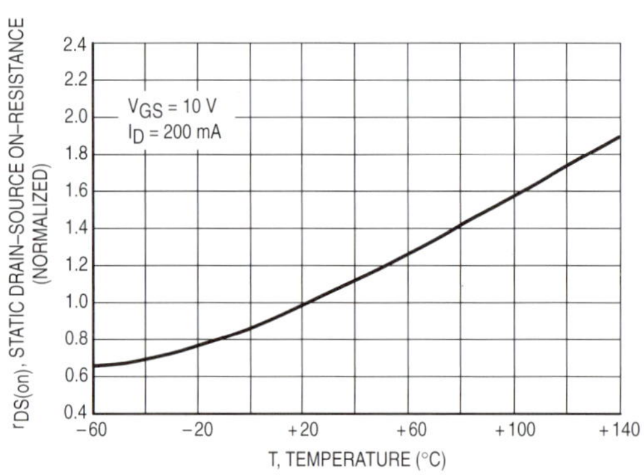

Figure 3. Temperature versus Static Drain–Source On–Resistance

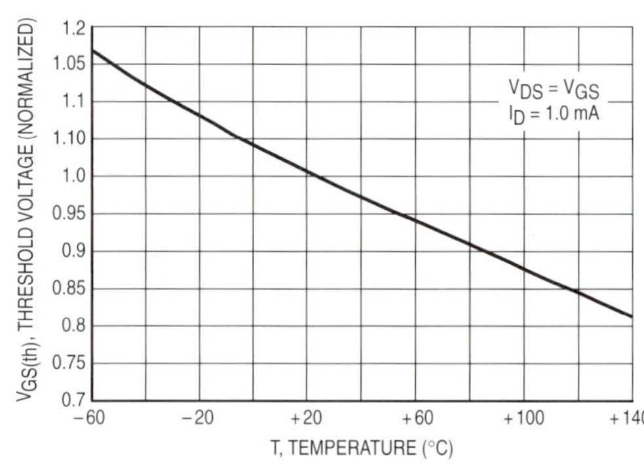

Figure 4. Temperature versus Gate Threshold Voltage

찾아보기